建筑施工关键岗位管理人员上岗指南丛书

# 建筑质检员上岗指南
## ——不可不知的500个关键细节

本书编写组 编

中国建材工业出版社

图书在版编目(CIP)数据

建筑质检员上岗指南:不可不知的500个关键细节/《建筑质检员上岗指南:不可不知的500个关键细节》编写组编.—北京:中国建材工业出版社,2012.9
(建筑施工关键岗位管理人员上岗指南丛书)
ISBN 978-7-5160-0283-4

Ⅰ.①建… Ⅱ.①建… Ⅲ.①建筑工程-质量检验-指南 Ⅳ.①TU712-62

中国版本图书馆 CIP 数据核字(2012)第 216781 号

---

**建筑质检员上岗指南——不可不知的 500 个关键细节**
本书编写组　编

出版发行：中国建材工业出版社
地　　址：北京市西城区车公庄大街 6 号
邮　　编：100044
经　　销：全国各地新华书店
印　　刷：北京紫瑞利印刷有限公司
开　　本：710mm×1000mm　1/16
印　　张：16
字　　数：370 千字
版　　次：2012 年 9 月第 1 版
印　　次：2012 年 9 月第 1 次
定　　价：38.00 元

---

本社网址：www.jccbs.com.cn
本书如出现印装质量问题，由我社发行部负责调换。电话：(010)88386906
对本书内容有任何疑问及建议，请与本书责编联系。邮箱：dayi51@sina.com

# 内 容 提 要

本书结合现行国家标准规范，参考工程建设中新材料、新技术、新设备、新工艺的应用方法，适时穿插建筑工程质检员上岗工作不可不知的关键细节，有主有次地阐述了建筑工程质检员必须掌握的工作技能和专业知识，并对其上岗工作进行了方便有效的指导。本书主要内容包括地基与基础工程、砌体工程、混凝土结构工程、装饰装修工程、楼地面工程、地下防水工程、建筑安装工程等。

本书体例新颖，内容通俗易懂，可作为建筑质检员上岗培训的教材，也可供建筑工程施工监理及相关管理人员使用。

# 建筑质检员上岗指南
## ——不可不知的500个关键细节

## 编写组

**主　编：** 伊　飞
**副主编：** 范　迪　徐梅芳
**编　委：** 孙邦丽　王　冰　秦礼光　何晓卫
　　　　　　葛彩霞　汪永涛　王刚领　郭　靖
　　　　　　方　芳　侯双燕　杜雪海　徐梅芳
　　　　　　马　静　梁金钊

# 前言

建筑施工现场管理人员处在工程建设的第一线，是工程建设的直接参与者，肩负着建设好工程的重要职责，其专业技术水平及管理能力的高低，将直接对工程能否顺利开展、竣工产生重要影响。

近年来，随着我国建筑业的迅速发展，各种建筑施工新技术、新材料、新设备、新工艺的广泛应用，一些标准规范已不能与之相适应，为此，国家正对建筑工程设计与施工质量验收、工程材料、工程造价等一系列标准规范进行修订与完善。

为了使广大建筑施工现场管理人员了解最新行业动态，掌握最新施工技术、材料、工艺标准，提高自身业务水平；为了使有意愿加入建筑施工管理行业的读者，以及刚步入建筑施工管理行业需要进一步深入学习与自身工作相关的业务技能的读者充分了解、掌握建筑工程各关键岗位的职责与技能，我们组织建筑工程领域的相关专家、学者，结合建筑工程施工现场管理人员的工作实际以及现行国家标准，编写了《建筑施工关键岗位管理人员上岗指南丛书》。本套丛书共有以下分册：

1. 《建筑施工员上岗指南——不可不知的 500 个关键细节》
2. 《建筑监理员上岗指南——不可不知的 500 个关键细节》
3. 《建筑质检员上岗指南——不可不知的 500 个关键细节》
4. 《建筑测量员上岗指南——不可不知的 500 个关键细节》
5. 《建筑资料员上岗指南——不可不知的 500 个关键细节》
6. 《建筑安全员上岗指南——不可不知的 500 个关键细节》
7. 《建筑材料员上岗指南——不可不知的 500 个关键细节》
8. 《建筑预算员上岗指南——不可不知的 500 个关键细节》
9. 《安装预算员上岗指南——不可不知的 500 个关键细节》
10. 《项目经理上岗指南——不可不知的 500 个关键细节》
11. 《现场电工上岗指南——不可不知的 500 个关键细节》
12. 《甲方代表上岗指南——不可不知的 500 个关键细节》

与市面上同类书籍相比，本套丛书具有下列特点：

（1）本套丛书紧密联系建筑施工现场关键岗位管理人员工作实际，对各岗位人员应具备的基本素质、工作职责及工作技能做了详细阐述，具有一定的可操作性。

（2）本套丛书以指导建筑施工现场管理人员上岗工作为编写目的，编写语言通俗易懂，编写层次清晰合理，编写方式新颖易学，以关键细节的形式重点指导管理人员处理工作中的问题，提醒管理人员注意工作中容易忽视的安全问题。

（3）本套丛书针对性强，针对各关键岗位的工作特点，紧扣"上岗指南"的编写理念，有主有次，有详有略，有基础知识，有细节拓展，图文并茂地编述了各关键岗位不可不知的关键细节，方便读者查阅、学习各种岗位知识。

（4）本套丛书注意结合国家最新标准规范与工程施工的新技术、新方法、新工艺，有效地保证了丛书的先进性和规范性，便于读者了解行业最新动态，适应行业的发展。

丛书编写过程中，得到了有关部门和专家的大力支持与帮助，在此深表谢意。限于编者的水平，丛书中错误与疏漏之处在所难免，敬请广大读者批评指正。

编　者

# 目录

## 第一章　地基与基础工程　/1

### 第一节　地基　/1

#### 一、灰土地基　/1
- 关键细节1　灰土地基施工前的处理要求　/2
- 关键细节2　灰土地基施工质量控制要点　/2

#### 二、砂和砂石地基　/3
- 关键细节3　砂和砂石地基铺设前的处理要求　/4
- 关键细节4　砂和砂石地基施工质量控制要点　/4

#### 三、土工合成材料地基　/4
- 关键细节5　土工合成材料地基施工前的处理要求　/5
- 关键细节6　土工合成材料地基施工质量控制要点　/5

#### 四、粉煤灰地基　/5
- 关键细节7　粉煤灰地基铺设前的处理要求　/6
- 关键细节8　粉煤灰地基铺设质量控制要点　/6

#### 五、强夯地基　/7
- 关键细节9　强夯地基铺设前的准备要求　/9
- 关键细节10　强夯地基施工质量控制要点　/9
- 关键细节11　高饱和度的粉土、黏性土与新饱和填土进行强夯时的措施　/9

#### 六、注浆地基　/10
- 关键细节12　注浆地基施工前的准备要求　/11
- 关键细节13　注浆地基施工质量控制要点　/12

#### 七、预压地基　/12
- 关键细节14　加载预压法施工质量控制要点　/13
- 关键细节15　真空预压法施工质量控制要点　/14

#### 八、振冲地基　/14
- 关键细节16　振冲地基施工前的准备要求　/15
- 关键细节17　振冲地基施工质量控制要点　/16

#### 九、高压喷射注浆地基　/16
- 关键细节18　高压喷射注浆地基施工前的准备要求　/17
- 关键细节19　高压喷射注浆地基施工质量控制要点　/18

#### 十、水泥土搅拌桩地基　/18
- 关键细节20　水泥土搅拌桩施工前的准备要求　/20
- 关键细节21　混凝土搅拌桩施工质量控制要点　/21

### 第二节　桩基础　/21

#### 一、混凝土预制桩　/21
- 关键细节22　预制桩钢筋网架质量控制应注意的问题　/24
- 关键细节23　混凝土预制桩的起吊、运输和堆存　/24
- 关键细节24　混凝土预制桩接桩施工质量控制要点　/24
- 关键细节25　混凝土预制桩打桩施工质量控制要点　/24

#### 二、混凝土灌注桩　/25
- 关键细节26　灌注桩钢筋笼制作时应注意的问题　/29
- 关键细节27　钢筋笼的安放处理　/29
- 关键细节28　钢筋笼主筋保护层设置要求　/29
- 关键细节29　泥浆制备和处理的施工质量控制要点　/30
- 关键细节30　正反循环钻孔灌注桩施工质量控制要点　/30
- 关键细节31　水下混凝土灌注施工质量控制要点　/30

#### 三、钢桩　/31
- 关键细节32　钢桩施工质量控制要点　/33
- 关键细节33　钢桩焊接要求　/33

### 第三节　土方工程　/33

#### 一、土方开挖　/33
- 关键细节34　土方开挖工程操作工艺　/34
- 关键细节35　土方开挖时应注意的问题　/35
- 关键细节36　表面检查法验槽的步骤　/36

| 关键细节 37 | 如何使用钎探进行验槽 / 36
| 关键细节 38 | 如何利用洛阳铲钎探进行验槽 / 37
| 关键细节 39 | 应用轻型动力触探法进行验槽 / 38

二、土方回填 / 38
| 关键细节 40 | 土方回填的处理细节 / 40
| 关键细节 41 | 分层压实系数的检查方法 / 41

三、季节性施工 / 42
| 关键细节 42 | 雨期施工的常用防护措施 / 42
| 关键细节 43 | 冬期施工的技术措施 / 42

## 第二章 砌体工程 / 44

### 第一节 砌筑砂浆 / 44
一、砌筑砂浆的材料要求 / 44
二、砂浆的拌制和使用 / 45
| 关键细节 1 | 砂浆拌制时的要求 / 46
| 关键细节 2 | 砂浆使用中应注意的问题 / 46

### 第二节 砖砌体与小砌块砌体工程 / 47
一、砖砌体工程 / 47
| 关键细节 3 | 放线和皮数杆质量控制要点 / 49
| 关键细节 4 | 砌体工作段的划分要点 / 49
| 关键细节 5 | 砌体留槎和拉结筋质量控制要点 / 50
| 关键细节 6 | 砖砌体灰缝质量控制要点 / 50

二、小砌块砌体工程 / 51
| 关键细节 7 | 小砌块砌筑质量控制要点 / 52
| 关键细节 8 | 小砌块砌体灰缝的设置要求 / 52
| 关键细节 9 | 浇灌芯柱混凝土的要求 / 53

### 第三节 石砌体与配筋砌体工程 / 53
一、石砌体工程 / 53
| 关键细节 10 | 石砌体接槎质量控制要点 / 55
| 关键细节 11 | 石砌体基础质量控制要点 / 55
| 关键细节 12 | 石砌挡土墙质量控制要点 / 56

二、配筋砌体工程 / 56
| 关键细节 13 | 配筋砖砌体配筋质量控制要点 / 60
| 关键细节 14 | 构造柱、芯柱质量控制要点 / 61
| 关键细节 15 | 构造柱、芯柱中的箍筋质量控制要点 / 61

### 第四节 填充墙砌体 / 61
一、填充墙砌体对材料的要求 / 61
二、填充墙砌体的墙体砌筑方法 / 62

| 关键细节 16 | 填充墙砌体工程质量控制要点 / 63
| 关键细节 17 | 砌体砌筑时应注意的问题 / 64

### 第五节 砌体冬期施工 / 65
一、砌体冬期施工时材料的要求 / 65
二、冬期施工措施 / 65
| 关键细节 18 | 外加剂法进行冬期施工质量控制 / 65
| 关键细节 19 | 暖棚法进行冬期施工质量控制 / 66
| 关键细节 20 | 冻结法进行冬期施工质量控制 / 67

## 第三章 混凝土结构工程 / 68

### 第一节 模板工程 / 68
一、模板安装 / 68
| 关键细节 1 | 模板安装偏差质量控制要点 / 71
| 关键细节 2 | 模板的支架要求 / 72
| 关键细节 3 | 模板变形控制要点 / 72

二、模板拆除 / 72
| 关键细节 4 | 模板拆除质量控制要点 / 74
| 关键细节 5 | 模板拆模时应注意的问题 / 74

### 第二节 钢筋工程 / 75
一、钢筋进场质量检验 / 75
二、钢筋冷加工 / 75
| 关键细节 6 | 控制应力进行钢筋冷加工质量控制要点 / 76
| 关键细节 7 | 控制冷拉率的方法进行钢筋冷加工质量控制要点 / 76
| 关键细节 8 | 冷拉钢筋的质量要求 / 77
| 关键细节 9 | 钢筋冷拉的操作要点 / 77
| 关键细节 10 | 钢筋冷拔质量控制要点 / 77

三、钢筋的配料与加工 / 78
| 关键细节 11 | 钢筋配料质量控制要点 / 81
| 关键细节 12 | 钢筋加工弯钩和弯折质量控制要点 / 81
| 关键细节 13 | 焊接封闭环式箍筋末端弯钩的做法 / 81

四、钢筋的连接 / 82
| 关键细节 14 | 钢筋绑扎连接细节处理 / 84
| 关键细节 15 | 钢筋焊接骨架和焊接网质量检验试件的抽取 / 84
| 关键细节 16 | 焊接骨架外观质量要求 / 85
| 关键细节 17 | 焊接网外观质量要求 / 85

| 关键细节 18 | 钢筋机械连接操作要点 | /85 |
| 关键细节 19 | 钢筋闪光接头质量控制要点 | /86 |

## 第三节　混凝土工程　/86

### 一、原材料及配合比　/86

| 关键细节 20 | 混凝土原材料及配合比设计质量控制要点 | /87 |
| 关键细节 21 | 混凝土搅拌质量控制要点 | /88 |
| 关键细节 22 | 混凝土运输质量控制要点 | /88 |

### 二、混凝土浇筑　/89

| 关键细节 23 | 条形基础浇筑质量控制要点 | /92 |
| 关键细节 24 | 如何进行独立基础的浇筑 | /92 |
| 关键细节 25 | 柱子混凝土浇筑质量控制要点 | /92 |
| 关键细节 26 | 浇筑混凝土梁、板时应注意的细节 | /93 |
| 关键细节 27 | 剪力墙混凝土浇筑质量控制要点 | /93 |

## 第四章　装饰装修工程　/94

### 第一节　抹灰工程　/94

#### 一、一般抹灰　/94

| 关键细节 1 | 一般抹灰施工质量控制要点 | /97 |
| 关键细节 2 | 外墙抹灰常见质量问题处理 | /98 |

#### 二、装饰抹灰　/99

| 关键细节 3 | 装饰抹灰施工质量控制要点 | /103 |

#### 三、清水砌体勾缝　/104

| 关键细节 4 | 清水砌体勾缝质量控制要点 | /104 |

### 第二节　门窗工程　/105

#### 一、木门窗的制作与安装　/105

| 关键细节 5 | 木门窗安装质量控制要点 | /109 |

#### 二、金属门窗的安装　/109

| 关键细节 6 | 金属门窗安装质量控制要点 | /113 |

#### 三、塑料门窗的安装　/113

| 关键细节 7 | 塑料门窗安装质量控制要点 | /117 |

#### 四、特种门的安装　/117

| 关键细节 8 | 特种门安装施工质量控制要点 | /120 |

#### 五、门窗玻璃的安装　/120

| 关键细节 9 | 门窗玻璃安装尺寸要求 | /121 |

### 第三节　吊顶工程　/122

#### 一、暗龙骨吊顶　/122

| 关键细节 10 | 暗龙骨吊顶施工前的处理 | /124 |
| 关键细节 11 | 暗龙骨安装施工质量控制要点 | /124 |

#### 二、明龙骨吊顶　/125

| 关键细节 12 | 明龙骨吊顶施工前的处理 | /127 |
| 关键细节 13 | 明龙骨吊顶安装施工质量控制要点 | /127 |

### 第四节　隔墙工程　/128

#### 一、骨架隔墙施工　/128

| 关键细节 14 | 骨架隔墙施工质量控制要点 | /130 |
| 关键细节 15 | 隔墙施工应注意的问题 | /131 |

#### 二、板材隔墙施工　/131

| 关键细节 16 | 板材隔墙施工质量控制要点 | /132 |

#### 三、玻璃隔墙施工　/132

| 关键细节 17 | 玻璃隔墙施工质量控制要点 | /133 |
| 关键细节 18 | 空心玻璃砖隔墙施工控制要点 | /133 |
| 关键细节 19 | 玻璃隔墙质量控制要点 | /134 |

### 第五节　饰面板工程　/134

#### 一、饰面板的安装　/134

| 关键细节 20 | 石材面板安装质量控制要点 | /137 |
| 关键细节 21 | 金属饰面板安装质量控制要点 | /137 |

#### 二、饰面砖的粘贴　/137

| 关键细节 22 | 饰面砖粘贴质量控制要点 | /141 |
| 关键细节 23 | 饰面砖粘贴应注意的问题 | /141 |

### 第六节　幕墙工程　/142

#### 一、玻璃幕墙工程　/142

| 关键细节 24 | 玻璃幕墙设计质量控制要点 | /145 |
| 关键细节 25 | 玻璃幕墙材料质量控制要点 | /145 |
| 关键细节 26 | 玻璃幕墙施工质量控制要点 | /145 |

#### 二、金属幕墙工程　/146

| 关键细节 27 | 金属幕墙质量控制要点 | /147 |
| 关键细节 28 | 金属幕墙施工应注意的问题 | /148 |

#### 三、石材幕墙工程　/148

| 关键细节 29 | 石材幕墙材料质量控制要点 | /150 |
| 关键细节 30 | 石材幕墙施工质量控制要点 | /151 |
| 关键细节 31 | 石材幕墙施工应注意的问题 | /151 |

### 第七节　涂饰工程　/151

#### 一、水性涂料涂饰　/151

| 关键细节 32 | 水性涂料质量控制要点 | /153 |
| 关键细节 33 | 水性涂料涂饰施工质量控制要点 | /153 |
| 关键细节 34 | 水性涂料涂饰施工应注意的问题 | /154 |

#### 二、溶剂型涂料涂饰　/154

| 关键细节 35 | 溶剂型涂料质量控制要点 / 157
| 关键细节 36 | 木材表面涂饰溶剂型混合涂料应符合的要求 / 157
| 关键细节 37 | 金属表面涂饰溶剂型涂料应符合的要求 / 158
三、美术涂料工程 / 158
| 关键细节 38 | 美术涂饰质量控制要点 / 158
| 关键细节 39 | 美术涂饰施工应注意的问题 / 159

### 第八节 裱糊与软包工程 / 159
一、裱糊工程 / 159
| 关键细节 40 | 裱糊工程基层处理质量控制要点 / 160
| 关键细节 41 | 裱糊工程材料质量控制要点 / 160
| 关键细节 42 | 裱糊工程施工质量控制要点 / 160
二、软包工程 / 161
| 关键细节 43 | 软包工程质量控制要点 / 162
| 关键细节 44 | 软包工程施工应注意的问题 / 162

## 第五章　楼地面工程 / 163

### 第一节　基层铺设工程 / 163
一、基土 / 163
| 关键细节 1 | 基土施工质量控制要点 / 163
二、垫层 / 163
| 关键细节 2 | 灰土垫层质量控制要点 / 165
| 关键细节 3 | 砂垫层和砂石垫层质量控制要点 / 165
| 关键细节 4 | 碎石垫层和碎砖垫层质量控制要点 / 166
| 关键细节 5 | 三合土垫层质量控制要点 / 166
| 关键细节 6 | 炉渣垫层质量控制要点 / 166
| 关键细节 7 | 水泥混凝土垫层质量控制要点 / 167
三、找平层 / 167
| 关键细节 8 | 找平层施工质量控制要点 / 168
四、隔离层 / 168
| 关键细节 9 | 隔离层施工质量控制要点 / 169
五、填充层 / 169
| 关键细节 10 | 填充层施工质量控制要点 / 170

### 第二节　地面面层 / 170
一、混凝土面层 / 170
| 关键细节 11 | 混凝土面层材料质量控制要点 / 171
| 关键细节 12 | 水泥混凝土面层施工质量控制要点 / 171
二、水泥砂浆面层 / 172

| 关键细节 13 | 水泥砂浆面层材料质量控制要点 / 173
| 关键细节 14 | 水泥砂浆面层施工质量控制要点 / 173
三、水磨石面层 / 173
| 关键细节 15 | 水磨石面层施工质量控制要点 / 174
四、水泥钢(铁)屑面层 / 175
| 关键细节 16 | 水泥钢(铁)屑面层施工质量控制要点 / 175
五、防油渗面层 / 175
| 关键细节 17 | 防油渗面层施工质量控制要点 / 176
| 关键细节 18 | 防油渗水泥砂浆的配置规定 / 176

### 第三节　板块面层 / 176
一、砖面层 / 176
| 关键细节 19 | 砖面层施工质量控制要点 / 177
二、大理石面层和花岗石面层 / 178
| 关键细节 20 | 大理石、花岗石面层施工质量控制要点 / 179
三、料石面层 / 179
| 关键细节 21 | 料石面层施工质量控制要点 / 179
四、塑料板面层 / 180
| 关键细节 22 | 涂刷胶粘剂质量控制要点 / 181
| 关键细节 23 | 塑料地板铺贴施工质量控制要点 / 182
五、活动地板面层 / 182
| 关键细节 24 | 活动地板面层铺设质量控制要点 / 182
六、竹地板面层 / 183
| 关键细节 25 | 竹地板面层施工质量控制要点 / 184

## 第六章　地下防水工程 / 185

### 第一节　地下防水 / 185
一、防水混凝土 / 185
| 关键细节 1 | 防水混凝土材料质量控制要点 / 185
| 关键细节 2 | 防水混凝土浇筑时施工缝的设置处理 / 186
| 关键细节 3 | 防水混凝土抗渗试块的留置 / 186
二、水泥砂浆防水层 / 186
| 关键细节 4 | 水泥砂浆防水层施工质量控制要点 / 187

| 关键细节 5 | 水泥砂浆防水层施工留槎的处理 / 187

**三、卷材防水层** / 188
| 关键细节 6 | 冷黏法进行板材铺设的要求 / 188
| 关键细节 7 | 热熔法进行板材铺设的要求 / 188
| 关键细节 8 | 外防外贴法铺贴卷材防水层的要求 / 189
| 关键细节 9 | 外防内贴法铺贴卷材防水层的要求 / 189

**四、涂料防水层** / 189
| 关键细节 10 | 涂料防水层施工质量控制要点 / 190
| 关键细节 11 | 有机防水涂料对保护层的处理要求 / 190

## 第二节 卷材防水屋面 / 191
**一、卷材防水屋面一般规定** / 191
| 关键细节 12 | 找平层分隔缝留设应注意的问题 / 192
| 关键细节 13 | 基层为装配式混凝土板时的处理要点 / 192
| 关键细节 14 | 防水卷材搭接质量控制要点 / 192

**二、卷材防水层** / 192
| 关键细节 15 | 防水卷材冷粘法铺设质量控制要点 / 195
| 关键细节 16 | 防水卷材热熔法铺设质量控制要点 / 195
| 关键细节 17 | 防水卷材自粘法铺设质量控制要点 / 195

**三、涂膜防水层** / 195
| 关键细节 18 | 涂膜防水层厚度要求 / 198
| 关键细节 19 | 防水涂膜涂刷要求 / 198
| 关键细节 20 | 沥青基防水涂膜施工质量控制要点 / 198
| 关键细节 21 | 高聚物改性沥青防水涂膜施工质量控制要点 / 198

**四、刚性防水屋面** / 198
| 关键细节 22 | 普通混凝土防水层施工质量控制要点 / 199
| 关键细节 23 | 补偿收缩混凝土防水层施工质量控制 / 200

**五、保温隔热屋面** / 200
| 关键细节 24 | 保温屋面施工质量控制要点 / 202
| 关键细节 25 | 架空隔热屋面施工质量控制要点 / 203

# 第七章 建筑安装工程 / 204
## 第一节 室内给排水及采暖工程 / 204
**一、室内给水管道及配件安装** / 204
| 关键细节 1 | 管道螺纹连接的处理要求 / 209
| 关键细节 2 | 镀锌钢管螺纹加工质量控制要点 / 209
| 关键细节 3 | PP-R给水管道安装质量控制要点 / 209
| 关键细节 4 | 管道支架和管座固定要求 / 209
| 关键细节 5 | 管道嵌墙埋设与直接埋设对预留凹槽的要求 / 209
| 关键细节 6 | 室内给水管道试压应注意的质量问题 / 209

**二、室内消火栓系统安装** / 210
| 关键细节 7 | 箱式消火栓安装质量控制要点 / 211
| 关键细节 8 | 管道、箱类和金属支架涂漆质量控制要点 / 211

**三、室内排水管道安装** / 212
| 关键细节 9 | 塑料管承插粘结连接前的处理要求 / 214
| 关键细节 10 | 塑料排水管伸缩接头安装对伸缩节间距的要求 / 214
| 关键细节 11 | 室内排水管道通水试验要求 / 215

**四、室内热水供应系统** / 215
| 关键细节 12 | 管道活动支架安装时对管子的要求 / 218
| 关键细节 13 | 安全阀安装质量控制要点 / 218
| 关键细节 14 | 热水箱安装质量控制要点 / 218
| 关键细节 15 | 管道运行时变形严重、滑出支架的原因 / 218

**五、卫生器具安装** / 219
| 关键细节 16 | 排水栓和地漏安装质量控制要点 / 223
| 关键细节 17 | 支架在基层上安装质量控制要点 / 223
| 关键细节 18 | 卫生器具与排水管的连接处理 / 223

**六、室内采暖系统安装** / 223
| 关键细节 19 | 钢管焊接连接质量控制要点 / 226
| 关键细节 20 | 管道采用法兰连接时应注意的问题 / 227
| 关键细节 21 | 伸缩器安装质量控制要点 / 227
| 关键细节 22 | 管道保温处理要求 / 227

## 第二节　通风与空调安装　　　　　/ 228
### 一、风管系统安装　　　　　　　　/ 228
关键细节23　支吊架预埋件和膨胀螺栓固定要点　　　　　　　　/ 231
关键细节24　风管连接密封处理要点　/ 231
关键细节25　如何进行风管的调平与调直　/ 232
关键细节26　百叶风口安装质量控制要点　/ 232
关键细节27　柔性短管安装质量控制要点　/ 232
### 二、通风与空调设备安装　　　　　/ 233
关键细节28　通风机安装对叶轮旋转与转动装置的要求　　　　　/ 237
关键细节29　减振器组装质量控制要点　/ 237
关键细节30　旋风式除尘器安装质量控制要点　　　　　　　　　/ 237
关键细节31　水膜除尘器安装时对喷嘴的处理要求　　　　　　　/ 238
关键细节32　组装式空调器安装质量控制要点　　　　　　　　　/ 238
关键细节33　洁净系统安装质量控制要点　/ 238
关键细节34　洁净系统风管的密封要求　/ 238
### 三、空调制冷系统安装　　　　　　/ 239
关键细节35　制冷剂管道安装质量控制要点　　　　　　　　　　/ 242
关键细节36　热力膨胀阀安装质量控制要点　　　　　　　　　　/ 242
关键细节37　油浸过滤器安装质量控制要点　　　　　　　　　　/ 242
关键细节38　自动卷绕式过滤器安装与调整要点　　　　　　　　/ 242
关键细节39　如何进行压缩机负荷试车　/ 243

## 参考文献　　　　　　　　　　　　　/ 244

# 第一章 地基与基础工程

## 第一节 地 基

### 一、灰土地基

#### (一) 灰土地基材料要求

灰土土料、石灰或水泥(当水泥替代灰土中的石灰时)等材料及配合比应符合设计要求,灰土应搅拌均匀。灰土的土料宜用黏土、粉质黏土,严禁采用冻土、膨胀土和盐渍土等活动性较强的土料。具体的材料要求如下:

(1) 土料。采用就地挖出的黏性土及塑性指数大于 4 的粉土,土内不得含有松软杂质和冻土,不得使用耕植土;土料须过筛,其颗粒粒径应不大于 15mm。

(2) 石灰。应用Ⅲ级以上新鲜的块灰,含氧化钙、氧化镁越高越好,使用前 1~2d 消解并过筛,其颗粒粒径不得大于 5mm,且应不夹有未熟化的生石灰块粒及其他杂质,也不得含有过多的水分。

(3) 灰土。灰土配合比应严格符合设计要求,且要求搅拌均匀,颜色一致,施工过程中应严格检查分层铺设的厚度、分段施工时上下两层的搭接长度、夯实时加水量、夯压遍数、压实系数。验槽发现有软弱土层或孔穴时,应挖除并用素土或灰土分层填实。最优含水量可通过击实试验确定。分层厚度可参考表 1-1。

表 1-1　　　　　　　　　灰土最大虚铺厚度

| 序号 | 夯实机具种类 | 重量/t | 虚铺厚度/mm | 备注 |
|---|---|---|---|---|
| 1 | 石夯、木夯 | 0.04~0.08 | 200~250 | 人力送夯,落距 400~500mm,一夯压半夯,夯实后 80~100mm 厚 |
| 2 | 轻型夯实机械 | 0.12~0.4 | 200~250 | 蛙式夯机、柴油打夯机,夯实后 100~150mm 厚 |
| 3 | 压路机 | 6~10 | 200~250 | 双轮 |

完成施工后要检查灰土地基的承载力。

#### (二) 灰土地基质量检验标准

灰土地基的质量检验标准应符合表 1-2 的规定。

表 1-2　　　　　　　　　灰土地基质量检验标准

| 结构类型 | 填土部位 | 压实系数 $\lambda_c$ | 控制含水量(%) |
|---|---|---|---|
| 砌体承重结构和框架结构 | 在地基主要受力层范围内 | $\geq 0.97$ | $w_{op} \pm 2$ |
| 砌体承重结构和框架结构 | 在地基主要受力层范围以下 | $\geq 0.95$ | $w_{op} \pm 2$ |
| 排架结构 | 在地基主要受力层范围内 | $\geq 0.96$ | $w_{op} \pm 2$ |
| 排架结构 | 在地基主要受力层范围以下 | $\geq 0.94$ | $w_{op} \pm 2$ |

注：1. 压实系数 $\lambda_c$ 为压实填土的控制干密度 $\rho_d$ 与最大干密度 $\rho_{d(max)}$ 的比值，$w_{op}$ 为最优含水量。
　　2. 地坪垫层以下及基础底面标高以上的压实填土，压实系数应不小于0.94。

### 关键细节1　灰土地基施工前的处理要求

铺设前应先检查基槽，若发现有软弱土层或孔穴，应挖除并用素土或灰土分层填实；有积水时，采取相应排水措施，待合格后方可施工。

### 关键细节2　灰土地基施工质量控制要点

灰土地基施工时的质量控制要点有以下几方面：

(1)施工时应适当控制其含水量，以手握成团，两指轻捏能碎为宜，如土料水分过多或不足时，可以晾干或洒水润湿。

(2)灰土分段施工时，不得在墙角、柱墩及承重窗间墙下接缝，上下相邻两层灰土的接缝间距不得小于500mm，接缝处的灰土应充分夯实。

(3)质量检查可用环刀取样测量土质量密度，按设计要求或不小于表1-3规定。

表 1-3　　　　　　　　　灰土质量标准

| 项　次 | 土料种类 | 灰土最小干土质量密度/(g/cm³) |
|---|---|---|
| 1 | 粉土 | 1.55～1.60 |
| 2 | 粉质黏土 | 1.50～1.55 |
| 3 | 黏土 | 1.45～1.50 |

(4)压实填土的承载力是设计的重要参数，也是检验压实填土质量的主要指标之一。在现场采用静荷载试验或其他原位测试，其结果较准确，可信度高。

当采用荷载试验检验压实填土的承载力时，应考虑压板尺寸与压实填土厚度的关系。压实填土厚度大，压板尺寸也要相应增大或采取分层检验。否则，检测结果只能反映上层或某一深度范围内压实填土的承载力。

(5)压实系数检测：

1)压实系数宜用环刀法抽样，取样点应位于每层2/3的深度处，测定其干密度。

2)合格标准：经检查求得的压实系数不得低于设计或表1-2的规定。

## 二、砂和砂石地基

### (一)砂和砂石地基材料要求

砂、石原材料配合比应符合设计要求,砂、石应搅拌均匀。原材料宜用中砂、粗砂、碎石、石屑。细沙应同时掺入 25%～35% 碎石或卵石。

施工过程中必须严格检查分层的厚度、分段施工时搭接部分的压实情况、加水量、压实遍数、压实系数。砂和砂石地基每层铺筑厚度及最优含水量可参考表 1-4。

表 1-4　　　　　砂和砂石垫层每层铺筑厚度及最优含水量

| 项次 | 捣实方法 | 每层铺筑厚度/mm | 施工时最优含水量(%) | 施工说明 | 备注 |
|---|---|---|---|---|---|
| 1 | 平振法 | 200～250 | 15～20 | 用平板式振捣器往复振捣 | |
| 2 | 插振法 | 振捣器插入深度 | 饱和 | (1)用插入式振捣器;<br>(2)插入间距可根据机械振幅大小决定;<br>(3)应不插至下卧黏性土层;<br>(4)插入振捣器完毕后所留的孔洞应用砂填实 | 不宜使用于细砂或含泥量较大的砂所铺筑的砂垫层 |
| 3 | 水撼法 | 250 | 饱和 | (1)注水高度应超过每次铺筑面;<br>(2)钢叉摇撼捣实,插入点间距为 100mm;<br>(3)钢叉分四齿,齿的间距 80mm,长 300mm,木柄长 90mm | 湿陷性黄土、膨胀土地区不得使用 |
| 4 | 夯实法 | 150～200 | 8～12 | (1)用木夯或机械夯;<br>(2)木夯重 40kg,落距 400～500mm;<br>(3)一夯压半夯,全面夯实 | |
| 5 | 碾压法 | 250～350 | 8～12 | 6～12t 压路机往复碾压 | (1)适用于大面积砂垫层;<br>(2)不宜用于地下水位以下的砂垫层 |

注:在地下水位以下的垫层其最下层的铺筑厚度可比上表增加 50mm。

### (二)砂和砂石地基质量检验标准

砂和砂石地基的质量检验标准应符合表 1-5 的规定。

表1-5　　　　　　　　　砂和砂石地基质量检验标准

| 项 | 序 | 检查项目 | 允许偏差或允许值 | | 检查方法 |
|---|---|---|---|---|---|
| | | | 单位 | 数值 | |
| 主控项目 | 1 | 地基承载力 | 设计要求 | | 按规定方法 |
| | 2 | 配合比 | 设计要求 | | 检查拌合时的体积比或质量比 |
| | 3 | 压实系数 | 设计要求 | | 现场实测 |
| 一般项目 | 1 | 砂石料有机质含量 | % | ≤5 | 焙烧法 |
| | 2 | 砂石料含泥量 | % | ≤5 | 水洗法 |
| | 3 | 石料粒径 | mm | ≤100 | 筛分法 |
| | 4 | 含水量(与最优含水量比较) | % | ±2 | 烘干法 |
| | 5 | 分层厚度(与设计要求比较) | % | ±50 | 水准仪 |

### 关键细节3　砂和砂石地基铺设前的处理要求

铺设前应先验槽,清除基底表面浮土、淤泥杂物,地基槽底如有孔洞、沟、井、墓穴应先填实,基底无积水。槽应有一定坡度,防止振捣时塌方。

### 关键细节4　砂和砂石地基施工质量控制要点

砂和砂石地基铺设时的质量控制要点有以下几方面:

(1)由于垫层标高不尽相同,施工时应分段施工,接头处应成斜坡或阶梯搭接,并按先深后浅的顺序施工,搭接处每层应错开0.5～1.0m,并注意充分捣实。

(2)垫层铺设完毕,应立即进行下道工序的施工,严禁人员及车辆在砂石层面上行走,必要时应在垫层上铺板行走。

(3)冬期施工时,不得采用含有冰块的砂石。

## 三、土工合成材料地基

### (一)土工合成材料地基材料要求

施工前应对土工合成材料的物理性能(单位面积的质量、厚度、密度)、强度、延伸率以及土、砂石料等做检验。土工合成材料以100m² 为一批,每批应抽查5%。工程所用土工合成材料的品种与性能和填料土类,应根据工程特性和地基土条件,通过现场试验确定,垫层材料宜用黏性土、中砂、粗砂、砾砂、碎石等内摩阻力高的材料。如工程要求垫层排水,垫层材料应具有良好的透水性。

施工过程中应检查清基、回填料铺设厚度及平整度、土工合成材料的铺设方向、接缝搭接长度或缝接状况、土工合成材料与结构的连接状况等。土工合成材料如用缝接法或胶接法连接,应保证主要受力方向的连接强度不低于所采用材料的抗拉强度。施工结束后,应进行承载力检验。

### (二)土工合成材料地基质量检验标准

土工合成材料地基的质量检验标准应符合表1-6的规定。

表 1-6　　　　　　　　　土工合成材料地基质量检验标准

| 项 | 序 | 检查项目 | 允许偏差或允许值 | | 检查方法 |
|---|---|---|---|---|---|
| | | | 单位 | 数值 | |
| 主控项目 | 1 | 土工合成材料强度 | % | ≤5 | 置于夹具上做拉伸试验(结果与设计标准相比) |
| | 2 | 土工合成材料延伸率 | % | ≤3 | 置于夹具上做拉伸试验(结果与设计标准相比) |
| | 3 | 地基承载力 | 设计要求 | | 按规定方法 |
| 一般项目 | 1 | 土工合成材料搭接长度 | mm | ≥300 | 用钢尺量 |
| | 2 | 土石料有机质含量 | % | ≤5 | 焙烧法 |
| | 3 | 屋面平整度 | mm | ≤20 | 用2m靠尺 |
| | 4 | 每层铺设厚度 | mm | ±25 | 水准仪 |

◎关键细节5　土工合成材料地基施工前的处理要求

施工前应先检验基槽,清除基土中杂物、草根,将基坑修整平顺,尤其是水面以下的基底面,要先抛一层砂,将凹凸不平的面层予以平整,再由潜水员下去检查。

◎关键细节6　土工合成材料地基施工质量控制要点

(1)当土工织物用作反滤层时,应使织物有均匀折皱,使其保持一定的松紧度,以防在抛填石块石超过织物弹性极限的变形。

(2)铺设土工织物滤层的关键是保证织物的连续性,使织物的弯曲、折皱、重叠以及拉伸至显著程度时仍不丧失抗拉强度,尤其应注意接缝的连接质量。

(3)土工织物应沿堤轴线的横向展开铺设,不允许有褶皱,更不允许断开,并尽量以人工拉紧。

(4)铺设应从一端向另外一端进行,最后是中间,铺设松紧适度,端部须精心铺设牢固。

(5)土工织物铺完之后,不得长时间受阳光曝晒,最好在一个月之内把上面的保护层做好。备用的土工织物在运送、储存过程中也应加以遮盖,不得长时间受阳光曝晒。

(6)若用块石保护土工织物,施工时应将块石轻轻铺放,不得在高处抛掷。块石下落的情况不可避免时,应先在织物上铺一层砂保护。

(7)土工织物上铺垫层时,第一层铺设厚度在50mm以下,用推土机铺设,施工时要防止刮土板损坏土工织物,局部应力不得过度集中。

(8)在地基中埋设孔隙水压力计,在土工织物垫层下埋设钢弦压力盒,在基础周围设沉降观测点,对各阶段的测试数据进行仔细整理。

## 四、粉煤灰地基

### (一)粉煤灰地基材料要求

施工前应检查粉煤灰材料并对基槽清底状况、地质条件予以检查。粉煤灰材料可用电厂排放的硅铝型低钙粉煤灰。其 $SiO_2+Al_2O_3$ 总含量不低于70%(或 $SiO_2+Al_2O_3+Fe_2O_3$ 总含量),烧失量不大于12%,粒径应控制在0.001~2.0mm,含水量应控制在31%~4%,且还应防止被污染。粉煤灰可选用湿排灰、调湿灰和干排灰,且不得含有植物、垃圾和有机物杂质。

施工过程中应检查铺筑厚度、碾压遍数、施工含水量控制、搭接区碾压程度、压实系数等。粉煤灰填筑的施工参数宜试验后确定。每摊铺一层后,先用履带式机具或轻型压路机初压1或2遍,然后用中、重型振动压路机振碾3或4遍,速度为2.0~2.5km/h,再静碾1或2遍,碾压轮迹应相互搭接,后轮必须超过两施工段的接缝。

施工结束后应检验地基的承载力。

### (二)粉煤灰地基质量检验标准

粉煤灰地基的质量检验标准见表1-7。

表1-7　　　　　　　粉煤灰地基质量检验标准

| 项 | 序 | 检查项目 | 允许偏差或允许值 | | 检查方法 |
|---|---|---|---|---|---|
| | | | 单位 | 数值 | |
| 主控项目 | 1 | 压实系数 | 设计要求 | | 现场实测 |
| | 2 | 地基承载力 | 设计要求 | | 按规定方法 |
| 一般项目 | 1 | 粉煤灰粒径 | mm | 0.001~2.000 | 过筛 |
| | 2 | 氧化铝及三氧化硅含量 | % | ≥70 | 试验室化学分析 |
| | 3 | 烧失量 | % | ≤12 | 试验室烧结法 |
| | 4 | 每层铺筑厚度 | mm | ±50 | 水准仪 |
| | 5 | 含水量(与最优含水量比较) | % | ±2 | 取样后试验室确定 |

#### 关键细节7　粉煤灰地基铺设前的处理要求

粉煤灰铺设含水量应控制在最佳含水($w_{op}\pm2$%)范围内;如含水量过大,需摊铺沥干后再碾压。粉煤灰铺设后,应于当天压完;如压实时含水量过低,呈松散状态,则应洒水润湿后再碾压密实,洒水的水质不得含有油质,pH值应为6~9。

#### 关键细节8　粉煤灰地基铺设质量控制要点

(1)垫层应分层铺设与碾压,分层厚度、压实遍数等施工参数应根据机具种类、功能大小、设计要求通过实验确定,铺设厚度用机动夯为200~300mm,夯完后厚度为150~200mm,用压路机铺设厚度为300~400mm,压实后为250mm左右。对小面积基坑、槽垫层,可用人工分层摊铺,用平板振动器和蛙式打夯机压实,每次振(夯)板应重叠1/3~1/2板,往复压实由二侧或四周向中间进行,夯实不少于3遍。大面积垫层应用推土机摊铺,先用推土机预压2遍,然后用8t压路机碾压,施工时压轮重叠1/3~1/2轮宽,往复碾压,一般碾压4~6遍。

(2)在软弱地基上填筑粉煤灰垫层时,应先铺设20cm的中、粗砂或高炉干渣,以免下卧软土层表面受到扰动,同时有利于下卧的软土层的排水固结,并切断毛细水的上升。

(3)夯实或碾压时,如出现"橡皮土"现象,应暂停压实,采取将垫层开槽、翻松、晾晒或换灰等方法处理。

(4)每层铺完经检测合格后应及时铺筑上层,以防干燥、松散、起尘、污染环境。

(5)冬期施工,最低气温低于0℃时,不得施工,以免粉煤灰含水冻胀。

## 五、强夯地基

### (一)强夯地基的特点

强夯地基适于加固软弱土、碎石土、砂土、黏性土、湿陷性黄土、高填土及杂填土等地基,也可用于防止粉土及粉砂的液化,对于淤泥与饱和软黏土,如采取一定措施也可以采用。但当强夯所产生的震动对周围建筑物设备有一定影响时不得采用,必要时应采取防震措施。

强夯施工设备简单,适用土质范围广,加固效果好(一般地基强度可提高2~5倍,压缩性可降低2~10倍,加固影响深度可达6~10m);工效高,施工速度快(一台设备每月可加固5000~10000$m^2$地基);节约原材料,节省投资,与预制桩基相比,可节省投资50%~75%,与砂桩相比,可节省投资40%~50%。

### (二)强夯地基的夯点布置及施工技术参数

(1)夯点布置如图1-1所示。

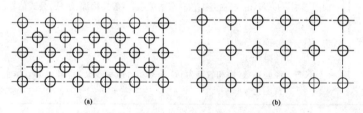

图1-1 夯点布置

(a)梅花形布置;(b)方形布置

(2)强夯施工技术参数见表1-8。

表1-8　　　　　　　　　　强夯施工技术参数

| 项　目 | 施工技术参数 |
| --- | --- |
| 锤重和落距 | 锤重$G/t$与落距$h$是影响夯击能和加固深度的重要因素。<br>锤重一般不宜小于8t,常用的为8、11、13、15、17、18、25(t)。<br>落距一般不小于6m,多采用8、10、11、13、15、17、18、20、25(m)等几种 |
| 夯击能和平均夯击能 | 锤重$G$与落距$h$的乘积称为夯击能$E$,一般取600~500kJ。<br>夯击能的总和(由锤重、落距、夯击坑数和每一夯击点的夯击次数算得)除以施工面积称为平均夯击能,一般对砂质土取500~1000kJ/$m^2$;对黏性土取1500~3000kJ/$m^2$。夯能过小,加固效果差,夯击能过大,对于饱和黏土,会破坏土体形成橡皮土,降低强度 |

(续)

| 项 目 | 施工技术参数 |
|---|---|
| 夯击点布置及间距 | 夯击点布置:对大面积地基,一般采用梅花形或正方形网格排列;对条形基础夯点可成行布置;对工业厂房独立柱基础,可按柱网设置单夯点。<br>夯击点间距取夯锤直径的3倍,一般为5~15m,一般第一遍夯点的间距宜大,以便夯击能向深部传递 |
| 夯击遍数与击数 | 一般为2~5遍,前2或3遍为"间夯",最后一遍以低能量(为前几遍能量的1/5~1/4)进行"满夯"(即锤印彼此搭接),以加固前几遍夯点之间的黏土和被振松的表土层,每夯击点的夯击数,以使土体竖向压缩量最大侧向移动最小或最后两击沉降量之差小于试夯确定的数值为准,一般软土控制瞬时沉降量为5~8cm,废渣填石地基控制的最后两击下沉量之差为2~4cm。每夯击点之夯击数一般为3~10击,开始两遍夯击数宜多些,随后各遍击数逐渐减小,最后一遍只夯1或2击 |
| 两遍之间的间隔时间 | 通常待土层内超孔隙水压力大部分消散,地基稳定后再夯下一遍,一般时间间隔1~4周。对黏土或冲积土常为3周,若无地下水或地下水位在5m以下,含水量较少的碎石类填土或透水性强的砂性土,可采取间隔1~2d或采用连续方式夯击,而不需要间歇 |
| 强夯加固范围 | 对于重要工程应比设计地基长($L$)、宽($B$)各大出一个加固深度($H$),即$(L+H)\times(B+H)$;对于一般建筑物,在离地基轴线以外3m布置一圈夯击点即可 |
| 加固影响深度 | 加固影响深度$H$(m)与强夯工艺有密切关系,一般按梅那氏(法)公式估算:<br>$$H=K\times\sqrt{G\times h}$$<br>式中 $G$——夯锤重(t);<br>$h$——落距(m);<br>$K$——经验系数,饱和软土为0.45~0.50;饱和砂土为0.5~0.6;填土为0.6~0.8;黄土为0.4~0.5 |

### (三)强夯地基质量检验标准

强夯地基的质量检验标准应符合表1-9的规定。

表1-9　　　　　强夯地基质量检验标准

| 项 | 序 | 检查项目 | 允许偏差或允许值 | | 检查方法 |
|---|---|---|---|---|---|
| | | | 单位 | 数值 | |
| 主控项目 | 1 | 地基强度 | 设计要求 | | 按规定方法 |
| | 2 | 地基承载力 | 设计要求 | | 按规定方法 |
| 一般项目 | 1 | 夯锤落距 | mm | ±300 | 钢索设标志 |
| | 2 | 锤重 | kg | ±100 | 称重 |
| | 3 | 夯击遍数及顺序 | 设计要求 | | 计数法 |
| | 4 | 夯点间距 | mm | ±500 | 用钢尺量 |
| | 5 | 夯击范围(超出基础范围距离) | 设计要求 | | 用钢尺量 |
| | 6 | 前后两遍间歇时间 | 设计要求 | | |

## 关键细节 9　强夯地基铺设前的准备要求

施工前应检查夯锤质量,尺寸、落锤控制手段及落距,夯击遍数,夯点布置,夯击范围,进行现场试夯,用以确定施工参数,同时还要检查排水设施及被夯地基的土质。为防止强夯震动对周边设施的影响。施工前必须对附近的建筑物进行调查,必要时采取相应的防震或隔震措施,使影响范围为10~15km。施工时应由邻近建筑物开始夯击逐渐向远处移动。

## 关键细节 10　强夯地基施工质量控制要点

(1)施工中应检查落距、夯击遍数、夯点位置、夯击范围。如无经验,宜先试夯取得各类施工参数后再正式施工。对透水性差、含水量高的土层,前后两遍夯击应有一定间歇期,一般2~4周。夯点超出需加固的范围为加固深度的1/3~1/2,且不小于3m。施工时要有排水措施。

(2)夯击时,落锤应保持平稳,夯位应准确,夯击坑内的积水应及时排除。坑底含水量过大时可铺砂石后再进行夯击。

(3)强夯应分段进行,顺序从边缘夯向中央。对厂房柱基亦可一排一排夯,起重机直线行驶,从一边驶向另一边,每夯完一遍应进行场地平整,放线定位后又进行下一遍夯击。强夯的施工顺序是先深后浅,即先加固深层土再加固中层土,最后加固浅层土。夯坑底面以上的填土(推土机推平夯坑)比较疏松,加上强夯产生的强大震动,亦会周围已夯实的表层土有一定的震松,如前所述,一定要在最后一遍点夯完之后,再以低能量满夯一遍。有条件的满夯时宜采用小夯锤夯击,并适当增加满夯的夯击次数,以提高表层土的夯实效果。

(4)做好施工过程中的监测和记录工作,包括检查夯锤重和落距,对夯点放线进行复核,检查夯坑位置,按要求检查每个夯点的夯击次数、每夯的夯沉量等,对各项施工参数、施工过程实施情况做好详细记录,作为质量控制的依据。

(5)雨季强夯施工,场地四周设排水沟、截洪沟,防止雨水入侵夯坑;填土中间稍高;土料含水率应符合要求,分层回填、摊平、碾压,使表面保持1‰~2‰的排水坡度,当班填当班压实;雨后抓紧排水,推掉表面稀泥和软土再碾压,夯后夯坑立即填平、压实,使之高于四周表面。

(6)冬期施工应清除地表冰冻再强夯,夯击次数相应增加,如有硬壳层要适当增加夯次或提高夯击质量。

## 关键细节 11　高饱和度的粉土、黏性土与新饱和填土进行强夯时的措施

对于高饱和度的粉土、黏性土、新饱和填土,进行强夯时,最后两击的平均夯沉量很难控制在规定的范围内,这时可采取以下措施:

(1)适当将夯击能量降低。

(2)将夯沉量差适当加大。

(3)填土前将原土上的淤泥清除,挖纵横盲沟,以排除土内的水分,同时在原土上铺50cm的砂石混合料,以保证强夯时土内的水分排出,在夯坑内回填块石、碎石或矿渣等粗

颗粒材料,进行强夯置换等措施。通过强夯将坑底软土向四周挤出,使夯点下形成块(碎)石墩,并与四周软土构成复合地基,以取得明显加固效果。

## 六、注浆地基

注浆地基是指用液压、气压或电化学原理通过注浆管把浆液均匀地注入地层中,浆液以填充、渗透和挤密等方式,将土颗粒间或岩石裂隙中的水分和空气赶走。经过一定方法处理后,浆液将原来松散的颗粒胶凝成一个整体,形成一个结构新、强度大,防水防渗性能高、化学稳定性好的结石体。

### (一)注浆地基材料要求

(1)水泥:按设计规定的品种、强度等级,查验出厂质保书或按批号抽样送检,查试验报告。

(2)注浆用砂:粒径<2.5mm,细度模数<2.0,含泥量及有机物含量<3%,同产地同规格每300~600t为一验收批,查送样试验报告。

(3)注浆用黏土:塑性指数>14,黏粒含量>25%,含砂量<5%,有机物含量<3%,决定取土部位后取样送检,查送检样品试验报告。

(4)粉煤灰:细度不大于同时使用的水泥细度,烧失量不小于3%,决定取某厂粉煤灰后取样送检,查送检样品试验报告。

(5)水玻璃:模数在2.5~3.3,按进货批现场随机抽样送检,查送检试验报告。

(6)其他化学浆液:按设计要求化学浆液性能指标查出厂质保书或抽样送检试验报告。

(7)注浆材料的选择要求有以下几点:

1)浆液应是真溶液而不是悬浊液。浆液黏度低,流动性好,能进入细小裂隙。

2)浆液凝胶时间可从几秒至几小时范围内随意调节,并能准确地控制,浆液一经发生凝胶就在瞬间完成。

3)浆液的稳定性好,在常温常压下,长期存放不改变性质,不发生任何化学反应。

4)浆液无毒无臭,对环境不污染,对人体无害,属非易爆物品。

5)浆液对注浆设备、管路、混凝土结构物、橡胶制品等无腐蚀性,并容易清洗。

6)浆液固化时无收缩现象,固化后与岩石、混凝土等有一定粘结性。

7)浆液结石体有一定抗压和抗拉强度,不龟裂,抗渗性能和防冲刷性能好。

8)结石体耐老化性能好,能长期耐酸、碱、盐、生物细菌等腐蚀,且不受温度和湿度的影响。

9)材料来源丰富、价格低廉。

10)浆液配制方便,操作容易。

### (二)浆液类型及配合比

注浆地基是将配置好的化学浆液或水泥浆液,通过导管注入土体孔隙中,与土体结合,发生物理化学反应,从而提高土体强度,减小其压缩性和渗透性。施工前应进行室内浆液配比试验及现场注浆试验,以确定浆液配方及施工参数。

## (三)注浆地基质量检验标准

注浆地基质量检验标准应符合表1-10的规定。

表 1-10　　　　　　　　注浆地基质量检验标准

| 项目 | 序号 | 检查项目 | | 允许偏差或允许值 | | 检查方法 |
|---|---|---|---|---|---|---|
| | | | | 单位 | 数值 | |
| 主控项目 | 1 | 原材料检验 | 水泥 | 设计要求 | | 查产品合格证书或抽样送检 |
| | | | 注浆用砂:粒径<br>细度模数<br>含泥量及有机物含量 | mm<br><br>% | <2.5<br><2.0<br><3 | 试验室试验 |
| | | | 注浆用黏土:塑性指数<br>黏粒含量<br>含砂量<br>有机物含量 | <br>%<br>%<br>% | >14<br>>25<br><5<br><3 | 试验室试验 |
| | | | 粉煤灰:细度<br>烧失量 | <br>% | 不粗于同时使用的水泥<br><3 | 试验室试验 |
| | | | 水玻璃:模数 | | 2.5～3.3 | 抽样送检 |
| | | | 其他化学浆液 | 设计要求 | | 查产品合格证书或抽样送检 |
| | 2 | 注浆体强度 | | 设计要求 | | 取样检验 |
| | 3 | 地基承载力 | | 设计要求 | | 按规定方法 |
| 一般项目 | 1 | 各种注浆材料称量误差 | | % | <3 | 抽查 |
| | 2 | 注浆孔位 | | mm | ±20 | 用钢直尺量 |
| | 3 | 注浆孔深 | | mm | ±100 | 量测注浆管长度 |
| | 4 | 注浆压力(与设计参数比) | | % | ±10 | 检查压力表读数 |

### 关键细节 12　注浆地基施工前的准备要求

施工前应掌握有关技术文件(注浆点位置、浆液配比、注浆施工技术参数、检测要求等)。浆液组成材料的性能应符合设计要求,注浆设备应确保正常运转。

为确保注浆加固地基的效果,施工前应进行室内浆液配比试验及现场注浆试验,以确定浆液配方及施工参数。常用浆液类型见表1-11。

根据设计要求制订施工技术方案,选定送注浆管下沉的钻机型号及性能、压送浆液压浆泵的性能(必须附有自动计量装置和压力表);规定注浆孔施工程序;规定材料检验取样方法和浆液拌制的控制程序等。

连接注浆管的连接件与注浆管同直径,防止注浆管周边与土体之间有间隙而产生冒浆。

表 1-11　　　　　　　　　　常用浆液类型

| 浆　液 | | 浆液类型 |
|---|---|---|
| 粒状浆液（悬液） | 不稳定粒状浆液 | 水泥浆 |
| | | 水泥砂浆 |
| | 稳定粒状浆液 | 黏土浆 |
| | | 水泥黏土浆 |
| 化学浆液（溶液） | 无机浆液 | 硅酸盐 |
| | 有机浆液 | 环氧树脂类 |
| | | 甲基丙烯酸酯类 |
| | | 丙烯酰胺类 |
| | | 木质素类 |
| | | 其他 |

### 关键细节 13　注浆地基施工质量控制要点

(1)施工中应经常抽查浆液的配比及主要性能指标、注浆的顺序,控制注浆过程中的压力等。对化学注浆加固的施工顺序宜按以下规定进行:
1)加固渗透系数相同的土层应自上而下进行。
2)如土的渗透系数随深度而增大,应自下而上进行。
3)如相邻土层的土质不同,应首先加固渗透系数大的土层。检查时,如发现施工顺序与此有异,应及时停工,以确保工程质量。
(2)如实记录注浆孔位的顺序、注浆压力、注浆体积、冒浆情况及突发事故处理等。
(3)施工结束后应检查注浆体强度、承载力等。检查孔数为总量的 2%～5%,不合格率大于或等于 20% 时应进行二次注浆。应在注浆后 15d(砂土、黄土)或 60d(黏性土)进行检验。

## 七、预压地基

### (一)预压地基施工方法的分类

预压地基施工方法分为加载预压法和真空预压法两种,适用于处理淤泥质土、淤泥和冲填土等饱和黏性土地基。

**1. 加载预压法**

加载预压法施工技术要求:①用以灌入砂井的砂应用干砂。②用以造孔成井的钢管内径应比砂井需要的直径略大,以减少施工过程中对地基土的扰动。③用以排水固结用的塑料排水板应有良好的透水性、足够的湿润抗拉强度和抗弯曲能力。

**2. 真空预压法**

真空预压法施工技术要求:①抽真空用密封膜应为抗老化性能好、韧性好、抗穿刺能力强的不透气材料;②真空预压用的抽气设备宜采用射流真空泵,空抽时应有 95kPa 以上的真空吸力;③滤水管的材料应用塑料管和钢管,管的连接采用柔性堵头,以适应预压过程地基的变形。

**(二)预压地基和塑料排水带质量检验标准**

预压地基和塑料排水带的质量检验标准应符合表 1-12 的规定。

表 1-12　　　　　　预压地基和塑料排水带质量检验标准

| 项目 | 序 | 检查项目 | 允许偏差或允许值 | | 检查方法 | 检查数量 |
|---|---|---|---|---|---|---|
| | | | 单位 | 数值 | | |
| 主控项目 | 1 | 预压载荷 | % | ≤2 | 水准仪 | 全数检查 |
| | 2 | 固结度(与设计要求比) | % | ≤2 | 根据设计要求采用不同的方法 | 根据设计要求 |
| | 3 | 承载力或其他性能指标 | 设计要求 | | 按规定方法 | 每单位工程应不少于3点,1000m² 以上工程,每100m² 至少应有1点,3000m² 以上工程,每300m² 至少应有1点。每一独立基础下至少应有1点,基槽每20延米应有1点。 |
| 一般项目 | 1 | 沉降速率(与控制值比) | % | ±10 | 水准仪 | 全数检查,每天进行 |
| | 2 | 砂井或塑料排水带位置 | mm | ±100 | 用钢尺量 | 抽10%且不少于3个 |
| | 3 | 砂井或塑料排水带插入深度 | mm | ±200 | 插入时用经纬仪检查 | |
| | 4 | 插入塑料排水带时的回带长度 | mm | ≤500 | 用钢尺量 | |
| | 5 | 塑料排水带或砂井高出砂垫层距离 | mm | ≥200 | 用钢尺量 | |
| | 6 | 插入塑料排水带的回带根数 | % | <5 | 目测 | |

注:如真空预压,主控项目中预压荷载的检查为真空度降低值<2%。

**关键细节 14　加载预压法施工质量控制要点**

(1)加载施工应检查加载的高度、沉降速率。
(2)垂直排水系统的要求同加载预压法。
(3)水平向排水的滤水管布置应形成回路,并把滤水管设在排水砂垫层中,其上覆盖

100～200mm 厚砂。

(4)加载预压必须分级堆载,以确保预压效果并避免坍滑事故,一般每天沉降速率控制在 10～15mm,边桩位移速率控制在 4～7mm,孔隙水压力增量不超过预压荷载增量 60%,以这些参考指标控制堆载速度。

(5)滤水管外宜围绕钢丝或尼龙纱或土工织物等滤水材料,保证滤水能力。

(6)密封膜热合粘结时用两条膜的热合粘结缝平搭接,搭接宽度大于 15mm。

(7)为避免密封膜内的真空度在停泵后很快降低,在真空管路中设置止回阀和闸阀。

(8)为防止密封膜被锐物刺破,在铺密封膜前要认真清理平整砂垫层,拣除贝壳和带尖角石子,填平打袋装砂井或塑料排水板留下的空洞。

(9)真空度可一次抽气至最大,当连续 5 天实测沉降速率≤2mm/d 时,可停止抽气。

### 关键细节 15　真空预压法施工质量控制要点

(1)真空预压施工应检查密封膜的密封性能、真空表读数等。

(2)垂直排水系统要求同加载预压法。

(3)水平向排水的滤水管布置应形成回路,并把滤水管设在排水砂垫层中,其上覆盖 100～200mm 厚砂。真空预压的真空度可一次抽气至最大,当连续 5 天的实测沉降小于每天 2mm 或固结度大约等于 80%,或符合设计要求时,可停止抽气。

(4)滤水管外宜围绕钢丝或尼龙纱或土工织物等滤水材料,保证滤水能力。

(5)密封膜热合粘结时用两条膜的热合粘结缝平搭接,搭接宽度大于 15mm。

(6)为避免密封膜内的真空度在停泵后很快降低,在真空管路中应设置止回阀和闸阀。

(7)为防止密封膜被锐物刺破,在铺密封膜前要认真清理平整砂垫层,拣除贝壳和带尖角石子,填平打袋装砂井或塑料排水板留下的空洞。

(8)真空度可一次抽气至最大,当连续 5 天实测沉降速率≤2mm/d 时,可停止抽气。

## 八、振冲地基

### (一)振冲地基概述

#### 1. 振冲地基的定义

振冲地基是指利用振冲器的强力振动和高压水冲加固而成的土地基土体。该加固方法是国内应用较普遍和有效的地基处理方法,适用于各类可液化土的加密和抗液化处理,以及碎石土、砂土、粉土、黏性土、人工填土、湿陷性土等地基的加固处理。采用振冲处理技术,可以达到提高地基承载力、减小建(构)筑物地基沉降量、提高土石坝(堤)体及地基的稳定性、消除地基液化的目的。

#### 2. 振冲法加固地基原理

振冲器启动后,在很大的水平向振动及端部射水的联合作用下,以每分钟 0.5～3m 的速度挤入地基中,下沉到加固设计标高。清孔后,向孔内填入碎石或砂、砾石等填料,并向上逐段用振冲器挤密,使每段填料均达到要求的密度,直至地面,使地基中形成很多的地基土啮合的碎石桩体。

由于振冲器水平向振动力作用于四周土体,加之水的饱和,四周的土体在一定径向范围内出现短暂时段的液化,使土的结构重新排列,从而大大减少地基土的孔隙而达到加固的目的。

**3. 振冲法使用范围**

目前,振冲法处理地基适用的土质有砂性土、黏性土、淤泥质黏性土等。

采用振冲法处理砂性土地基时,利用振冲时孔内砂土坍陷而下沉的方法挤密,常称振冲挤密法,相对密度可达70%～80%,有的可达92%～95%,但需填入当地砂土。处理黏性土地基时,只可采用置换填料来达到要求的密实度,常称振冲置换法。

对黏性土不排水抗剪强度小于20kPa的软弱黏性土,同样也可加固成功,但一定要合理选用振冲器和调整匹配的有关参数。

**(二)振冲地基质量检验标准**

振冲地基的质量检验标准应符合表1-13的规定。

表 1-13　　　　　振冲地基质量检验标准

| 项 | 序 | 检查项目 | 允许偏差或允许值 | | 检查方法 | 检查数量 |
|---|---|---|---|---|---|---|
| | | | 单位 | 数值 | | |
| 主控项目 | 1 | 填料粒径 | | 设计要求 | 抽样检查 | 同一产地每600t一批 |
| | 2 | 密实电流(黏性土) | A | 50～55 | 电流表读数 | 每工作台班不少于3次 |
| | | 密实电流(砂性土或粉土)(以上为功率30kW振冲器) | A | 40～50 | | |
| | | 密实电流(其他类型振冲器) | $A_0$ | 1.5～2.0 | 电流表读数,$A_0$为空振电流 | |
| | 3 | 地基承载力 | | 设计要求 | 按规定方法 | 总孔数的0.5%～1%,但不得少于3处 |
| 一般项目 | 1 | 填料含泥量 | % | <5 | 抽样检查 | 按进场的批次和产品的抽样检验方案确定 |
| | 2 | 振冲器喷水中心与孔径中心偏差 | mm | ≤50 | 用钢尺量 | 抽孔数的20%且不少于5根 |
| | 3 | 成孔中心与设计孔位中心偏差 | mm | ≤100 | 用钢尺量 | |
| | 4 | 桩体直径 | mm | <50 | 用钢尺量 | |
| | 5 | 孔深 | mm | ±200 | 量钻杆或重锤测 | 全数检查 |

**关键细节 16　振冲地基施工前的准备要求**

(1)施工前应检查振冲器的性能,电流表、电压表的准确度及填料的性能。为确切掌握好填料量、密实电流和留振时间，使各段桩体都符合规定的要求，应通过现场试成桩确定这些施工参数。填料应选择不溶于地下水，或不受侵蚀影响且本身无侵蚀性和性能稳定的硬粒料，对粒径控制的目的是，确保振冲效果及效率，因为粒径过大，在边振边填过程中难以落入孔内；粒径过细小，在孔内沉入速度过慢，不宜振密。

(2)施工前应进行振冲实验，以确定成孔合适的水压、水量、成孔速度和填料方法；达到土体密度时的密实电流、填料量和留振时间。一般来说：密实电流不小于50A，填料量每米桩长不小于$0.6m^3$，每次搅拌时间控制在$0.20\sim0.35m^3$，留振时间应为30～60s。

(3)振冲前应按设计图要求定出桩孔中心位置并编好孔号，施工时应复查孔位和编号，并做好记录。

### 关键细节17　振冲地基施工质量控制要点

(1)振冲施工的孔位偏差应符合以下规定：
1)施工时振冲器尖端喷水中心与孔径中心偏差不得大于50mm。
2)振冲造孔后，成孔中心与设计定位中心偏差不得大于100mm。
3)完成后的桩顶中心与定位中心偏差不得大于100mm。
4)桩数、孔径、深度及填料配合比必须符合设计要求。

(2)振冲器下沉速率控制在1～2m/min。

(3)每段填料密实后，振冲器向上提0.3～0.5m，不要多提，以避免多提高度内达不到密实效果。

(4)填料密实度以振冲器工作电流达到规定值为控制标准。完工后，应在距地表面1m左右深度桩身部位加填碎石进行夯实，以保证桩顶密实度。密实度必须符合设计要求或施工规范规定。

(5)振冲地基施工时对原土结构造成扰动，强度降低。因此，质量检验应在施工结束后间歇一定时间，对砂土地基间隔1～2周，黏性土地基间隔3～4周，对粉土、杂填土地基间隔2～3周。桩顶部位由于周围土体约束力小，密实度较难达到要求，检验取样时应考虑此因素。

(6)详细记录各深度的最终电流值、填料量；不加填料的记录各深度的留振时间和稳定密度电流值。

(7)对用振冲密实法加固的砂土地基，如不加填料，质量检验主要是地基的密实度。可用标准贯入、动力触探等方法进行，但选点应有代表性。质量检验具体选择检验点时，宜由设计、施工、监理(或业主方)在施工结束后根据施工实施情况共同确定检验位置。

(8)加料或不加料振冲密实加固均应通过现场成桩时间确定施工参数。

## 九、高压喷射注浆地基

### (一)高压喷射注浆地基材料要求

旋喷使用的水泥应采用新鲜无结块42.5级普通水泥，一般浆液灰水比宜为1～1.5，稠度过大流动缓慢，喷嘴会经常堵塞，稠度过小，对强度有影响。为防止浆液的沉淀和离析，一般可加入水泥用量3%的陶土、0.9‰的碱。浆液应在旋喷前1h内配置，使用过滤配硬块、砂石等,这样可以防止堵塞管路和喷嘴。

(二)高压喷射注浆地基质量检验标准

高压喷射注浆地基的质量检验标准应符合表1-14的规定。

表1-14　　　　高压喷射注浆地基的质量检验标准

| 项目 | 序 | 检查项目 | 允许偏差或允许值 | | 检查方法 | 检查数量 |
|---|---|---|---|---|---|---|
| | | | 单位 | 数值 | | |
| 主控项目 | 1 | 水泥及外掺剂质量 | | 符合出厂要求 | 查产品合格证书或抽样送检 | 水泥:按同一生产厂家、同一等级、同一品种、同一批号且连续进场的水泥,袋装不超过200t为一批,散装不超过500t为一批,每批抽样不少于一次<br>外加剂:按进场的批次和产品的抽样检验方案确定 |
| | 2 | 水泥用量 | | 设计要求 | 查看流量表及水泥浆水灰比 | 每工作台班不少于3次 |
| | 3 | 桩体强度或完整性检验 | | 设计要求 | 按规定方法 | 按设计要求,设计无要求时可按施工注浆孔数的2%～5%抽查,且不少于2个 |
| | 4 | 地基承载力 | | 设计要求 | 按规定方法 | 总数的0.5%～1%,但不得少于3处,有单桩强度检验要求时,数量为总数的0.5%～1%,但应不少于3根 |
| 一般项目 | 1 | 钻孔位置 | mm | ≤50 | 用钢尺量 | 每台班不少于3次 |
| | 2 | 钻孔垂直度 | % | ≤1.5 | 经纬仪测钻杆或实测 | |
| | 3 | 孔深 | mm | ±200 | 用钢尺量 | 抽20%,不少于5个 |
| | 4 | 注浆压力 | | 按设定参数指标 | 查看压力表 | |
| | 5 | 桩体搭接 | mm | ≥200 | 用钢尺量 | |
| | 6 | 桩体直径 | mm | ≤50 | 开挖后用钢尺量 | |
| | 7 | 桩身中心允许偏差 | | ≤0.2D | 开挖后桩顶下500mm处用钢尺量,$D$为桩径 | |

◆ **关键细节18　高压喷射注浆地基施工前的准备要求**

施工前应检查水泥、外掺剂等的质量,桩位,压力表、流量表的精度和灵敏度,高压喷射设备的性能等。

**关键细节 19　高压喷射注浆地基施工质量控制要点**

(1)高压喷射注浆工艺宜用普通硅酸盐水泥,强度等级不得低于 42.5 级,水泥用量、压力宜通过试验确定,如无条件可参考表 1-15。

表 1-15　　　　　　　1m 桩长喷射桩水泥用量表

| 桩径/mm | 桩长/m | 强度为 42.5 级普硅水泥单位用量 | 喷射施工方法 | | |
|---|---|---|---|---|---|
| | | | 单管 | 二重管 | 三管 |
| 600 | 1 | kg/m | 200~250 | 200~250 | — |
| 800 | 1 | kg/m | 300~350 | 300~350 | — |
| 900 | 1 | kg/m | 350~400(新) | 350~400 | — |
| 1000 | 1 | kg/m | 400~450(新) | 400~450(新) | 700~800 |
| 1200 | 1 | kg/m | — | 500~600(新) | 800~900 |
| 1400 | 1 | kg/m | — | 700~800(新) | 900~1000 |

注:"新"系指采用高压水泥浆泵,压力为 36~40MPa,流量 80~110L/min 的新单管法和二重管法。

水灰比值为 0.7~1.0 较妥,为确保施工质量,施工机具必须配置准确的计量仪表。

(2)施工中应检查施工参数(压力、水泥浆量、提升速度、旋转速度等)及施工程序。

(3)旋喷施工前应将钻机定位安放平稳,旋喷管的允许倾斜度不得大于 1.5%。

(4)由于喷射压力较大,容易发生窜浆(即第二个孔喷进的浆液从相邻的孔内冒出),影响邻孔的质量,应采用间隔跳打法施工,一般两孔间距大于 1.5m。

(5)水泥浆的水灰比一般为 0.7~1.0。水泥浆的搅拌宜在旋喷前 1h 以内搅拌。旋喷过程中冒浆量应控制在 10%~25%。

(6)注浆管分段提升,搭接长度不得小于 100mm。为防止浆液收缩影响桩顶高程,应在圆孔位采用帽浆回灌或二次注浆的措施。

(7)施工结束后应检验桩体强度、平均直径、桩身中心位置、桩体质量及承载力等。桩体质量及承载力检验应在施工结束后 28d 进行。

(8)当处理和加固既有建筑时,要加强对原有建筑物的沉降观测;高压旋喷注浆过程中要大间距隔空旋喷和及时用冒浆回灌,防止地基与基础之间有脱空现象而产生附加沉降。

## 十、水泥土搅拌桩地基

水泥土搅拌桩地基的施工方法分为深层搅拌法(以下简称湿法)和粉体喷搅法(以下简称干法)。水泥土搅拌法适用于处理正常固结的淤泥与淤泥质土、粉土、饱和黄土、素填土、黏性土以及无流动地下水的饱和松散砂土等地基。

### (一)水泥土搅拌桩地基操作工艺

(1)施工时,先将深层搅拌机用钢丝绳吊挂在起重机上,用输浆胶管将储料罐砂浆泵与深层搅拌机接通,开通电动机,搅拌机叶片相向而转,借设备自重,以 0.38~0.75m/min

的速度沉至要求的加固深度；再以 0.3~0.5m/min 的均匀速度提起搅拌机，与此同时开动砂浆泵，将砂浆从深层搅拌机中心管不断压入土中，由搅拌叶片将水泥浆与深层处的软土搅拌，边搅拌边喷浆直到提至地面，即完成一次搅拌过程。用同法再一次重复搅拌下沉和重复搅拌喷浆上升，即完成一根柱状加固体，外形呈 8 字形（轮廓尺寸：纵向最大为 1.3m，横向最大为 0.8m），一根接一根搭接，搭接宽度根据设计要求确定，一般宜大于 200mm，以增强其整体性，即成壁状加固，几个壁状加固体连成一片，即成块状。

（2）搅拌桩的桩身垂直偏差不得超过 1%，桩位的偏差不得大于 50mm，成桩直径和桩长不得小于设计值。当桩身强度及尺寸达不到设计要求时，可采用复喷的方法。搅拌次数以一次喷浆、一次搅拌或二次喷浆、三次搅拌为宜，且最后一次提升搅拌宜采用慢速提升。

（3）施工时设计停浆面一般应高出基础底面标高 0.5m，在基坑开挖时，应将高出的部分挖去。

（4）施工时因故停喷浆，宜将搅拌机下沉至停浆点以下 0.5mm，待恢复供浆时，再喷提升。若停机时间超过 3h 应清洗管路。

（5）壁状加固时，桩与桩的搭接时间应不多于 24h，如间歇时间过长，应采取钻孔留出榫头或局部补桩、注浆等措施。

（6）每天加固完毕，应用水清洗贮料罐、砂浆泵、深层搅拌机及相应管道，以备再用。

（7）搅拌桩施工完毕应养护 14d 以上才可开挖。基坑基底标高以上 300mm，应采用人工开挖。

（8）水泥土搅拌法施工步骤由于湿法和干法的施工设备不同而略有差异；以下各项：(9)~(12)为湿法，(13)~(19)为干法。

（9）施工前应确定灰浆泵输浆量、灰浆经输浆管到达搅拌机喷浆口的时间和起吊设备提升速度等施工参数，并根据设计要求通过工艺性成桩试验确定施工工艺。

（10）所使用的水泥都应过筛，制备好的浆液不得离析，泵送必须连续。拌制水泥浆液的罐数、水泥和外掺剂用量以及泵送浆液的时间等应有专人记录；喷浆量及搅拌深度必须采用经国家计量部门认证的监测仪器进行自动记录。

（11）搅拌机提升的速度和次数必须符合施工工艺的要求，并应有专人记录。

（12）当水泥浆液到达出浆口后应喷浆搅拌 30s，在水泥浆与桩端土充分搅拌后，再开始提升搅拌头。

（13）喷粉施工前应仔细检查搅拌机械、供粉泵、送气（粉）管路、接头和阀门的密封性和可靠性。送气（粉）管道的长度不宜大于 60m。

（14）水泥土搅拌法（干法）喷粉施工机械必须配置经国家计量部门确认的具有能瞬时检测并记录出灰量的粉体计量装置及搅拌深度自动记录仪。

（15）搅拌头每旋转一周，其提升高度不得超过 16mm。

（16）当搅拌头到达设计桩底以上 1.5m 时，应即开启喷粉机提前进行喷粉作业。当搅拌头提升至地面下 500mm 时，喷粉机应停止喷粉。

（17）成桩过程中因故停止喷粉，应将搅拌头下沉至停灰面以下 1m 处，待恢复喷粉时再喷粉搅拌提升。

(18)需在地基土天然含水量小于30％土层中喷粉成桩时,应采用地面注水搅拌工艺。

## (二)水泥土搅拌桩地基质量检验标准

水泥土搅拌桩的质量检验标准应符合表1-16的规定。

表1-16　　　　水泥土搅拌桩地基质量检验标准

| 项目 | 序 | 检查项目 | 允许偏差或允许值 单位 | 允许偏差或允许值 数值 | 检查方法 | 检查数量 |
|---|---|---|---|---|---|---|
| 主控项目 | 1 | 水泥及外掺剂质量 | 设计要求 | | 查产品合格证书或抽样送检 | 水泥:按同一生产厂家、同一等级、同一品种、同一批号且连续进场的水泥,袋装不超过200t为一批,散装不超过500t为一批,每批抽样不少于一次。外加剂:按进场的批次和产品的抽样检验方案确定 |
| 主控项目 | 2 | 水泥用量 | 参数指标 | | 查看流量计 | 每工作台班不少于3次 |
| 主控项目 | 3 | 桩体强度 | 设计要求 | | 按规定办法 | 不少于桩总数的20％ |
| 主控项目 | 4 | 地基承载力 | 设计要求 | | 按规定办法 | 总数的0.5％~1％,但应不少于3处。有单桩强度检验要求时,数量为总数的0.5％~1％,但应不少于3根 |
| 一般项目 | 1 | 机头提升速度 | m/min | ≤0.5 | 量机头上升距离及时间 | 每工作台班不少于3次 |
| 一般项目 | 2 | 桩底标高 | mm | ±200 | 测机头深度 | 抽20％且不少于3个 |
| 一般项目 | 3 | 桩顶标高 | mm | +100 −50 | 水准仪(最上部500mm不计入) | 抽20％且不少于3个 |
| 一般项目 | 4 | 桩位偏差 | mm | <50 | 用钢尺量 | 抽20％且不少于3个 |
| 一般项目 | 5 | 桩径 | | <0.04D | 用钢尺量,D为桩径 | 抽20％且不少于3个 |
| 一般项目 | 6 | 垂直度 | ％ | ≤1.5 | 经纬仪 | 抽20％且不少于3个 |
| 一般项目 | 7 | 搭接 | mm | ≥200 | 用钢尺量 | 抽20％且不少于3个 |

### 关键细节20　水泥土搅拌桩基施工前的准备要求

(1)施工前检查水泥外加剂的质量、桩位、搅拌机工作性能及各种计量装置的完好程度(主要是水泥浆流量计及其他计量装置)。

(2)施工现场事先应予平整,必须清除地上、地下一切障碍物。潮湿和场地低洼时应抽水和清淤,分层夯实回填黏性土料,不得回填杂填土或生活垃圾。

(3)水泥土搅拌桩对水泥压力量要求较高,必须在施工机械上配置流量控制仪表,以保证一定的水泥用量。

### 关键细节21　混凝土搅拌桩施工质量控制要点

(1)作为承重水泥土搅拌桩施工时,设计停浆(灰)面应高出基础底面标高300~500mm(基础埋深大取小值,反之取大值),在开挖基坑时,应将该施工质量较差段用手工挖除,以防止发生桩顶与挖土机械碰撞断裂现象。

(2)为保证水泥土搅拌桩的垂直度,要注意起吊搅拌设备的平整度和导向架的垂直度,水泥土搅拌桩的垂直度控制在≤1.5%范围内,桩位布置偏差不得大于50mm。

(3)每天上班开机前应先量测搅拌头刀片直径是否达到700mm,搅拌刀片有磨损时应及时加焊,防止桩径偏小。

(4)施工中应检查机头提升速度、水泥浆或水泥注入量、搅拌桩的长度及标高。水泥土搅拌桩施工过程中为确保搅拌充分,桩体质量均匀,搅拌机头提速不宜过快,否则会使搅拌桩体局部水泥量不足或水泥不能均匀地拌合在土中,导致桩体强度不一,因此规定了机头的提升速度。

(5)在施工过程中出现停浆现象时,应将搅拌头下沉至停浆点以下0.5m处,待恢复供浆时再喷浆提升。若停机3h以上,应拆卸输浆管路,清洗干净,防止恢复施工时堵管。

(6)壁状加固时桩与桩的搭接长度宜为200mm,搭接时间不多于24h,如有特殊原因超过24h时,应对最后一根桩先进行空钻留出榫头以待下一个桩搭接;如间隔时间过长,与下一根桩无法搭接时,应在设计和业主方认可后,采取局部补桩或注浆措施。

(7)在进行拌浆、输浆、搅拌时需要有相关专业人员进行记录,按照相应的规定,桩深记录误差要控制在100mm以内,时间记录误差不得大于5s。

(8)施工结束后,应检查桩体强度、桩体直径及地基承载力。进行强度检验时,对承重水泥土搅拌桩应取90d后的试件;对支护水泥土搅拌桩应取28d后的试件。

## 第二节　桩基础

### 一、混凝土预制桩

这种桩在工程上应用较广泛。它是先在工厂或现场进行预制,然后用打(沉)桩机械,在现场就地打(沉)入到设计位置和深度。混凝土预制桩的特点较为明显:桩单方承载力高,桩预先制作,不占工期,打设方便,施工准备周期短,施工质量易于控制,成桩不受地下水影响,生产效率高,施工速度快,工期短,无泥浆排放问题等。但打(沉)桩震动大,噪声高,挤土效应显著,造价高。它适于一般黏性土、粉土、砂土、软土等地基应用。

#### (一)预制桩材料要求

(1)粗骨料:应采用质地坚硬的卵石、碎石,其粒径宜用5~40mm连续级配。含泥量不大于2%,无垃圾及杂物。

(2)细骨料:应选用质地坚硬的中砂,含泥量不大于3%,无有机物、垃圾、泥块等杂物。

(3)水泥:宜用强度等级为42.5级的硅酸盐水泥或普通硅酸盐水泥,使用前必须有出厂质量证明书和水泥现场取样复试试验报告,合格后方准使用。

(4) 钢筋：应具有出厂质量证明书和钢筋现场取样复试试验报告，合格后方准使用。

(5) 拌合用水：一般饮用水或洁净的自然水。

(6) 混凝土配合比：用现场材料和设计要求强度，经试验室试配后出具的混凝土配合比。

### (二) 预制桩的制作

混凝土预制桩的制作程序：现场布置→场地处理、整平→场地地坪浇混凝土→支模→绑扎钢筋、安设吊环→浇筑混凝土→养护至 30% 强度拆模，再支上层模板，涂刷隔离剂重叠生产浇筑第二层混凝土→养护至 70% 强度起吊→100% 强度运输、堆放→沉桩。

进行现场预制时采用工具或木模或钢模板，支在坚实平整场地上，用间隔重叠法生产。桩头部分使用钢模堵头板，并与两侧模板相互垂直。桩与桩间用油毡、水泥袋纸或废机油、滑石粉隔离剂隔开。邻桩与上层桩的混凝土浇筑须待邻桩或下层桩的混凝土达到设计强度的 30% 以后进行，重叠层数一般不宜超过 4 层。

混凝土空心管桩采用成套钢管模胎，在工厂用离心法制成。桩钢筋应严格保证位置正确，桩尖应对准纵轴线，纵向钢筋顶部保护层应不过厚，钢筋网格的距离应正确，以防锤击时打碎桩头，同时桩顶平面与桩纵轴线倾斜应不大于 3mm。桩混凝土强度等级不低于 C30；粗骨料用 5～40mm 碎石或细卵石；用机械拌制混凝土，坍落度不大于 6cm。桩混凝土浇筑应由桩头向桩尖方向或由两头向中间连续灌筑，不得中断，并用振捣器捣实，接桩的接头处要平整，使上下桩能互相贴合对准。浇筑完毕应护盖洒水养护不少于 7d；如蒸汽养护，在蒸养后尚应适当自然养护 30d 方可使用。

### (三) 预制钢筋骨架质量检验标准

预制钢筋骨架的质量检验标准应符合表 1-17 的规定。

表 1-17　　　　　预制钢筋骨架质量检验收标准　　　　　mm

| 项 | 序 | 检查项目 | 允许偏差或允许值 | 检查方法 | 检查数量 |
|---|---|---|---|---|---|
| 主控项目 | 1 | 主筋距桩顶距离 | ±5 | 用钢尺量 | 抽查 20% |
| | 2 | 多节桩锚固钢筋位置 | 5 | 用钢尺量 | |
| | 3 | 多节桩预埋铁件 | ±3 | 用钢尺量 | |
| | 4 | 主筋保护层厚度 | ±5 | 用钢尺量 | |
| 一般项目 | 1 | 主筋间距 | ±5 | 用钢尺量 | 抽查 20% |
| | 2 | 桩尖中心线 | 10 | 用钢尺量 | |
| | 3 | 箍筋间距 | ±20 | 用钢尺量 | |
| | 4 | 桩顶钢筋网片 | ±10 | 用钢尺量 | |
| | 5 | 多节桩锚固钢筋长度 | ±10 | 用钢尺量 | |

### (四) 钢筋混凝土预制桩质量检验标准

钢筋混凝土预制桩的质量检验标准应符合表 1-18 的规定。

表 1-18　　　　　　　钢筋混凝土预制桩质量检验标准

| 项 | 序 | 检查项目 | 允许偏差或允许值 | | 检查方法 | 检查数量 |
|---|---|---|---|---|---|---|
| | | | 单位 | 数值 | | |
| 主控项目 | 1 | 桩体质量检验 | 按基桩检测技术规范 | | 按基桩检测技术规范 | 按设计要求 |
| | 2 | 桩位偏差 | 符合相关要求 | | 用钢尺量 | 全数检查 |
| | 3 | 承载力 | 按基桩检测技术规范 | | 按基桩检测技术规范 | 按设计要求 |
| 一般项目 | 1 | 砂、石、水泥、钢材等原材料（现场预制时） | 符合设计要求 | | 查出厂质保文件或抽样送检 | 按设计要求 |
| | 2 | 混凝土配合比及强度（现场预制时） | 符合设计要求 | | 检查称量及查试块记录 | |
| | 3 | 成品桩外形 | 表面平整,颜色均匀,掉角深度<10mm,蜂窝面积小于总面积0.5% | | 直观 | 抽总桩数20% |
| | 4 | 成品桩裂缝（收缩裂缝或起吊、装运、堆放引起的裂缝） | 深度<20mm 宽度<0.25mm,横向裂缝不超过边长的一半 | | 裂缝测定仪,该项在地下水有侵蚀地区及锤击数超过500击的长桩不适用 | 全数检查 |
| | 5 | 成品桩尺寸：横截面边长 | mm | ±5 | 用钢尺量 | 抽总桩数20% |
| | | 桩顶对角线差 | mm | <10 | 用钢尺量 | |
| | | 桩尖中心线 | mm | <10 | 用钢尺量 | |
| | | 桩身弯曲矢高 | | <1/1000l | 用钢尺量,l 为桩长 | |
| | | 桩顶平整度 | mm | <2 | 用水平尺量 | |
| | 6 | 电焊接桩焊缝： | | | | |
| | | (1)上下节端部错口: | | | | |
| | | （外径≥700mm） | mm | ≤3 | 用钢尺量 | |
| | | （外径<700mm） | mm | ≤2 | 用钢尺量 | 抽20%接头 |
| | | (2)焊缝咬边深度 | mm | ≤0.5 | 焊缝检查仪 | |
| | | (3)焊缝加强层高度 | mm | 2 | 焊缝检查仪 | |
| | | (4)焊缝加强层宽度 | mm | 2 | 焊缝检查仪 | |
| | | (5)焊缝电焊质量外观 | 无气孔,无焊瘤,无裂缝 | | 直观 | 抽10%接头 |
| | | (6)焊缝探伤检验 | 满足设计要求 | | 按设计要求 | 抽20%接头 |
| | | 电焊结束后停歇时间 | min | >1.0 | 秒表测定 | 全数检查 |
| | | 上下节平面偏差 | mm | <10 | 用钢尺量 | |
| | | 节点弯曲矢高 | | <1/1000l | 用钢尺量,l 为两节桩长 | |
| | 7 | 硫磺胶泥接桩：胶泥浇筑时间 | min | <2 | 秒表测定 | 全数检查 |
| | | 浇筑后停歇时间 | min | >7 | 秒表测定 | |
| | 8 | 桩顶标高 | mm | ±50 | 水准仪 | 抽20% |
| | 9 | 停锤标准 | 设计要求 | | 现场实测或查沉桩记录 | |

### 关键细节22　预制桩钢筋网架质量控制应注意的问题

(1)为了防止桩顶击碎,桩顶钢筋网片位置要严格控制按图施工,并采取措施使网片位置固定正确、牢固,保证混凝土浇捣时不移位;浇筑预制桩的混凝土时,从桩顶开始浇筑,要保证桩顶和桩尖不积聚过多的砂浆。

(2)为防止锤击时桩身出现纵向裂缝,导致桩身击碎被迫停锤,预制桩钢筋骨架中主筋距桩顶的距离必须严格控制,决不允许出现主筋距桩顶面过近甚至触及桩顶的质量问题。

(3)预制桩分节长度的确定,应在掌握地层土质的情况下,决定分节桩长度时要避开桩尖接近硬持力层或桩尖处于硬持力层中接桩。因为桩尖停在硬层内接桩,电焊接桩耗时长,桩周摩阻得到恢复,使继续沉桩发生困难。

(4)根据许多工程的实践经验,凡龄期和强度都达到的预制桩,大都能顺利打入土中,很少打裂。沉桩应应符合相关规定。

### 关键细节23　混凝土预制桩的起吊、运输和堆存

(1)预制桩达到设计强度70%方可起吊,吊点应系于设计规定之处。

(2)桩运输时,强度应达到100%,运输可采用平板拖车、轻轨平板车或载重汽车,装载时应将桩装载稳固,并支承或绑牢固。长桩运输时,桩下宜设活动支座。

(3)垫木和吊点应保持在同一横断面上,且各层垫木上下对齐,防止垫木参差桩被剪切断裂。

### 关键细节24　混凝土预制桩接桩施工质量控制要点

(1)硫磺胶泥锚接法仅适用于软土层,管理和操作要求较严;一级建筑桩基或承受拔力的桩应慎用。

(2)焊接接桩材料:钢板宜用低碳钢,焊条宜用E43;焊条使用前必须经过烘焙,降低烧焊时含氢量,防止焊缝产生气孔而降低其强度和韧性;焊条烘焙应有记录。

(3)焊接接桩时,应先将四角点焊固定,焊接必须对称进行以保证设计尺寸正确,使上下节桩对中。

### 关键细节25　混凝土预制桩打桩施工质量控制要点

(1)沉桩顺序是打桩施工方案的一个重要内容,需要督促施工企业认真对待,预防桩位偏移、上拔、地面隆起过多,邻近建筑物破坏等事故发生。

(2)对于桩尖位于坚硬土层的端承型桩,以贯入度控制为主,桩尖进入持力层深度或桩尖标高可作参考。如贯入度已达到而桩尖标高未达到,应继续锤击3阵,每阵10击的平均贯入度应不大于规定的数值。

(3)桩尖位于软土层的摩擦型桩,应以桩尖设计标高控制为主,贯入度可作参考。如主要控制指标已符合要求,而其他指标与要求相差较大时,应会同有关单位研究解决。

(4)测量最后贯入度应在下列正常条件下进行:桩顶没有破坏;锤击没有偏心;锤的落距符合规定;桩帽和弹性垫层正常;汽锤的蒸汽压力符合规定。

(5)为避免或减少沉桩挤土效应和对邻近建筑物、地下管线的影响,在施打大面积密集桩群时,有采取预钻孔,设置袋装砂井或塑料排水板,消除部分超孔隙水压力以减少挤

土现象,设置隔离板桩或地下连续墙、开挖地面防振沟以消除部分地面振动等辅助措施。采取一种或多种措施,在沉桩前应对周围建筑、管线进行原始状态观测数据记录,在沉桩过程中应加强观测和监护,每天在监测数据的指导下进行沉桩,做到有备无患。

(6)打桩时除了注意桩顶与桩身是否由于桩锤冲击而破坏外,还应注意桩身是否受锤击拉应力而出现水平裂缝。在软土中打桩,在桩顶以下1/3桩长范围内常会因反射的张力波使桩身受拉而引起水平裂缝。开裂的地方往往出现在吊点和混凝土缺陷处,这些地方容易出现应力集中现象。采用重锤低速击桩和较软的桩垫可减小锤击拉应力。

(7)打桩时,引起桩区及附近地区的土体隆起和水平位移,由于邻桩相互挤压导致桩位偏移,都会影响整个工程质量。如在已有建筑群中施工,打桩还会引起临近已有地下管线、地面交通道路和建筑物的损坏和不安全。为此,在邻近建(构)筑物打桩时,应采取适当的措施,如挖防振沟、砂井排水(或塑料排水板排水)、预钻孔取土打桩、采取合理打桩顺序、控制打桩速度等。

(8)长桩或总锤击数超过500击的锤击桩,应符合桩体强度及28d龄期的两项条件才能锤击。

(9)插桩是保证桩位正确和桩身垂直度的重要开端,插桩应用两台经纬仪两个方向来控制插桩的垂直度,并应逐桩记录,以备核对查验。

## 二、混凝土灌注桩

### (一)混凝土灌注桩的分类

混凝土灌注桩是一种直接在现场桩位上就地成孔,然后在孔内浇筑混凝土或安放钢筋笼再浇筑混凝土而成的桩。这种桩广泛应用于高层建筑的基础工程中。

混凝土灌注桩按其成孔方法不同,可分为钻孔灌注桩、沉管灌注桩、人工挖孔灌注桩和挖孔扩底灌注桩等,以下主要介绍前三种。

**1. 钻孔灌注桩**

钻孔灌注桩是指利用钻孔机械钻出桩孔,并在孔中浇筑混凝土(或先在孔中吊放钢筋笼)而成的桩。根据工程的不同性质、地下水位情况及工程土质性质,钻孔灌注桩分为冲击钻成孔灌注桩、回转钻成孔灌注桩、潜水电钻成孔灌注桩及钻孔压浆灌注桩等。除钻孔压浆灌注桩外,其他三种均为泥浆护壁钻孔灌注桩。

泥浆护壁钻孔灌注桩施工工艺流程是:场地平整→桩位放线→开挖浆池、浆沟→护筒埋设→钻机就位、孔位校正→成孔、泥浆循环、清除废浆、泥渣→清孔换浆→终孔验收→下钢筋笼和钢导管→浇筑水下混凝土→成桩。

**2. 沉管灌注桩**

沉管灌注桩是指利用锤击打桩法或振动打桩法,将带有活瓣式桩尖或预制钢筋混凝土桩靴的钢套管沉入土中,然后边浇筑混凝土(或先在管内放入钢筋笼)边锤击或振动边拔管而成的桩。前者称为锤击沉管灌注桩及套管夯扩灌注桩,后者称为振动沉管灌注桩。

沉管灌注桩成桩过程为:桩机就位→锤击(振动)沉管→上料→边锤击(振动)边拔管,并继续浇筑混凝土→下钢筋笼,继续浇筑混凝土及拔管→成桩。

### 3. 人工挖孔灌注桩

这种桩利用人工挖掘方法进行成孔,然后安放钢筋笼,浇筑混凝土而成。为了确保人工挖孔灌注桩施工过程中的安全,施工时必须考虑预防孔壁坍塌和流砂现象发生,制定合理的护壁方法。护壁方法可以采用现浇混凝土护壁、喷射混凝土护壁、砖砌体护壁、沉井护壁、钢套管护壁、型钢或木板桩工具式护壁等多种。

人工挖孔灌注桩的施工流程:场地整平→放线、定桩位→挖第一节桩孔土方→支模浇筑第一节混凝土护壁→在护壁上二次投测标高及桩位十字轴线→安装活动井盖、垂直运输架、起重卷扬机或电动葫芦、活底吊土桶、排水、通风、照明设施等→第二节桩身挖土→清理桩孔四壁、校核桩孔垂直度和直径→拆上节模板,支第二节模板,浇筑第二节混凝土护壁→重复第二节挖土、支模、浇筑混凝土护壁工序,循环作业直至设计深度→进行扩底(当需扩底时)→清理虚土、排除积水,检查尺寸和持力层→吊放钢筋笼就位→浇筑桩身混凝土。

### (二)混凝土灌注桩材料要求

#### 1. 钢筋

(1)钢筋的等级、钢种和直径必须符合设计要求,若需代用应征得设计同意,钢筋的质量应符合国家标准。

(2)钢筋进场应具有正式的出厂合格证,国外进口钢筋应有进口国质保书和我国商检局检验单。

(3)进场后需做材质复试和物理试验,取样时每批重量不大于60t,每套试样两根,一根做拉力试验,另一根做冷弯试验。

(4)试验时如有一个项目不符质量标准,则应另取双倍的试样,对不合格项目做第二次试验,如仍有一根试样不合格,则该批钢筋不予验收、不能应用。

(5)钢筋堆放时选择地势较平和较高处,防止与酸、盐、油类放在一起,防止钢筋锈蚀和污染,如有颗粒状和片状老锈斑者不能使用。

#### 2. 水泥

宜选用普通硅酸盐水泥、矿渣硅酸盐水泥、粉煤灰硅酸盐水泥,当灌注浇筑方式为水下混凝土时,严禁选用快硬水泥做胶凝材料。

#### 3. 粗、细骨料

(1)粗骨料:应采用质地坚硬的卵石、碎石,其粒径宜用15~25mm。卵石不宜大于50mm,碎石不宜大于40mm。含泥量不大于2%,无垃圾及杂物。

(2)细骨料:选用中、粗砂,含泥量符合混凝土强度等级,一般含泥量不大于5%,无垃圾、草根、泥块等杂物。

#### 4. 搅拌用水

凡可饮用的水和洁净的天然水,都可作为拌制混凝土和养护用水,但不可应用海水、工业废水及pH值小于4的酸性水、含硫酸盐量(按$SO_4^{2-}$计)超过水重1%的水,以及含有对混凝土凝结和硬化有影响的杂质或油脂糖类等的水均不能使用。

#### 5. 外加剂

(1)混凝土中掺用外加剂的质量应符合规定。

(2)外加剂应有产品合格证书,进货时应对照合格证书进行验收,对产品有疑问应取样复验,外加剂应分类保管。

(3)外加剂种类繁多,使用时应考虑与水泥成分和水质的相容性,为此必须严格按混凝土配方设计规定的种类和掺量使用,不得超越。

### (三)混凝土灌注桩质量检验标准

混凝土灌注桩的质量检验标准应符合表1-19至表1-21的规定。

表1-19　　　　　　　混凝土灌注桩钢筋笼质量检验标准　　　　　　　　　mm

| 项 | 序 | 检查项目 | 允许偏差或允许值 | 检查方法 | 检查数量 |
|---|---|---|---|---|---|
| 主控项目 | 1 | 主筋间距 | ±10 | 用钢尺量 | 全数检查 |
| | 2 | 长度 | ±100 | | |
| 一般项目 | 1 | 钢筋材质检验 | 设计要求 | 抽样送检 | 按进场的批次和产品的抽样检验方案确定 |
| | 2 | 箍筋间距 | ±20 | 用钢尺量 | 抽20%桩数 |
| | 3 | 直径 | ±10 | | |

表1-20　　　　　　混凝土灌注桩质量检验标准

| 项 | 序 | 检查项目 | 允许偏差或允许值 | | 检查方法 | 检查数量 |
|---|---|---|---|---|---|---|
| | | | 单位 | 数值 | | |
| 主控项目 | 1 | 桩位 | 见表1-21 | | 基坑开挖前量护筒,开挖后量桩中心 | 全数检查 |
| | 2 | 孔深 | mm | +300 | 只深不浅,用重锤测,或测钻杆、套管长度,嵌岩桩应确保进入设计要求的嵌岩深度 | |
| | 3 | 桩体质量检验 | 按基桩检测技术规范。如钻芯取样,大直径嵌岩桩应钻至桩尖下50cm | | 按基桩检测技术规范 | 按设计要求 |
| | 4 | 混凝土强度 | 设计要求 | | 试件报告或钻芯取样送检 | 每浇筑50m²必须有1组试件,小于50m³的桩,每根或每台班必须有1组试件 |
| | 5 | 承载力 | 按基桩检测技术规范 | | 按基桩检测技术规范 | 按设计要求 |

(续)

| 项 | 序 | 检查项目 | 允许偏差或允许值 | | 检查方法 | 检查数量 |
|---|---|---|---|---|---|---|
| | | | 单位 | 数值 | | |
| 一般项目 | 1 | 垂直度 | | 符合相关要求 | 测套管或钻杆,或用超声波探测,干施工时吊垂球 | 全数检查 |
| | 2 | 桩径 | | 符合相关要求 | 井径仪或超声波检测,干施工时用钢尺量,人工挖孔桩不包括内衬厚度 | |
| | 3 | 泥浆比重(黏土或砂性土中) | | 1.15～1.20 | 用比重计测,清孔后在距孔底50cm处取样 | |
| | 4 | 泥浆面标高(高于地下水位) | m | 0.5～1.0 | 目测 | |
| | 5 | 沉渣厚度:端承桩 摩擦桩 | mm | ≤50 ≤150 | 用沉渣仪或重锤测量 | |
| | 6 | 混凝土坍落度:水下灌筑 干施工 | mm | 160～220 70～100 | 坍落度仪 | 每50m³或一根桩或一台班不少于1次 |
| | 7 | 钢筋笼安装深度 | mm | ±100 | 用钢尺量 | |
| | 8 | 混凝土充盈系数 | | >1 | 检查每根桩的实际灌注量 | 全数检查 |
| | 9 | 桩顶标高 | mm | +30 −50 | 水准仪,需扣除桩顶浮浆层及劣质桩体 | |

表1-21 灌注桩的平面位置和垂直度允许偏差

| 序号 | 成孔方法 | | 桩径允许偏差/mm | 垂直度允许偏差(%) | 桩位允许偏差/mm | |
|---|---|---|---|---|---|---|
| | | | | | 1～3根单排桩基垂直于中心线方向和群桩基础的边桩 | 条形桩基沿中心线方向和群桩基础的中间桩 |
| 1 | 泥浆护壁钻孔桩 | $D \leqslant 1000mm$ | ±50 | <1 | $D/6$,且不大于100 | $D/4$,且不大于150 |
| | | $D > 1000mm$ | | | $100+0.01H$ | $150+0.01H$ |
| 2 | 套管成孔灌注桩 | $D \leqslant 500mm$ | −20 | <1 | 70 | 150 |
| | | $D > 500mm$ | | | 100 | |
| 3 | 干成孔灌注桩 | | | | 70 | |
| 4 | 人工挖孔桩 | 混凝土护壁 | +50 | <0.5 | 50 | 150 |
| | | 钢套管护壁 | | <1 | 100 | 200 |

注:1. 桩径允许偏差的负值是指个别断面。
2. 采用复打、反插法施工的桩,其桩径允许偏差不受本表限制。
3. $H$ 为施工现场地面标高与桩顶设计标高的距离,$D$ 为设计桩径。

### 关键细节 26　灌注桩钢筋笼制作时应注意的问题

(1) 钢筋的种类、钢号及规格尺寸应符合设计要求。

(2) 钢筋笼的绑扎场地宜选择现场内运输和就位都较方便的地方。

(3) 主筋净距必须大于混凝土粗骨料粒径 3 倍,当因设计含钢量大而不能满足时,应通过设计调整钢筋直径加大主筋之间净距,以确保混凝土灌注时达到密实的要求。主筋与架立筋、箍筋之间的接点固定可用电弧焊接等方法。主筋一般不设弯钩,根据施工工艺要求所设弯钩不得向内圆伸露,以免妨碍导管工作。钢筋笼的内径应比导管接头处外径大 100mm 以上。

(4) 加劲箍应设在主筋外侧,主筋不设弯钩,必须设弯钩时,弯钩不得向内圆伸露,以免钩住灌注导管,妨碍导管正常工作。

(5) 从加工、控制变形以及搬运、吊装等综合因素考虑,钢筋笼不宜过长,应分段制作。钢筋分段长度一般为 8m 左右。但对于长桩,在采取一些辅助措施后,也可为 12m 左右或更长一些。

(6) 为防止钢筋笼在搬运、吊装和安放时变形,可采取下列措施:

1) 每隔 2.0～2.5m 设置加劲箍一道,加劲箍宜设置在主筋外侧;在钢筋笼内每隔 3～4m 装一个可拆卸的十字形临时加劲架,在钢筋笼安放入孔后再拆除。

2) 在直径为 2～3m 的大直径桩中,可使用角钢或扁钢作为架立钢筋,以增大钢筋笼的刚度。

3) 在钢筋笼外侧或内侧的轴线方向安设支柱。

### 关键细节 27　钢筋笼的安放处理

钢筋笼安放入孔时要对准孔位,垂直缓慢地放入孔内,避免碰撞孔壁。钢筋笼放入孔内后要立即采取措施固定好位置。当桩长度较大时,钢筋笼采用逐段接长放入孔内。先将第一段钢筋笼放入孔中,利用其端部架立筋暂时固定在护筒(泥浆护壁钻孔桩)或套管(贝诺托桩)等上部。然后吊起第二段钢筋笼对准位置后,其接头用焊接连接。钢筋笼安放完毕后一定要检测确认钢筋笼顶端的高度。

### 关键细节 28　钢筋笼主筋保护层设置要求

(1) 为确保钢筋笼主筋保护层的厚度,可采取下列措施:

1) 在钢筋笼周围主筋上每隔一定间距设置混凝土垫块,混凝土垫块根据保护层厚度及孔径设计。

2) 用导向钢管控制保护层厚度,钢筋笼由导管中放入,导向钢管长度宜与钢筋笼长度一致,在灌筑混凝土过程中再分段拔出导管或灌筑完混凝土后一次拔出。

3) 在主筋外侧安设定位器,其外形呈圆弧状突起。定位器在贝诺托法中通常使用直径 9～13mm 的普通圆钢,在反循环钻成孔法和钻斗钻成孔法中,为了防止桩孔侧面受到损坏,大多使用宽度为 50mm 左右的钢板,长度为 400～500mm。在同一断面上定位器有 4～6 处,沿桩长的间距为 2～10m。

(2) 主筋的混凝土保护层厚度应不小于 50mm(水下浇注混凝土桩),或应不小于 30mm(非水下浇注混凝土桩)。

(3) 钢筋笼主筋的保护层允许偏差如下:

水下浇注混凝土桩为 ±20mm;

非水下浇注混凝土桩为 ±10mm。

### 关键细节 29  泥浆制备和处理的施工质量控制要点

(1) 制备泥浆的性能指标应符合设计规范的要求。

(2) 一般地区施工期间护筒内的泥浆面应在地下水位 1.0m 以上。对于潮水涨落较大的地区,泥浆面应在最高水位 1.5m 以上。以上数据应记入开孔通知单或钻进班报表中。

(3) 清孔时注意对泥浆的置换,直至灌注水下混凝土时才能停止置换,以保证已清好符合沉渣厚度要求的孔底沉渣不因泥浆静止渣土下沉而导致孔底实际沉渣厚度超差的弊病。

(4) 灌注混凝土前,孔底 500mm 以内的泥浆比重应小于 1.25,含砂率≤8%,黏度<28s。

### 关键细节 30  正反循环钻孔灌注桩施工质量控制要点

(1) 孔深大于 30mm 的端承型桩,钻孔机具工艺选择时宜用反循环工艺成孔或清孔。

(2) 为确保钻孔的垂直度,钻机应设置导向装置。潜水钻的钻头上应有不小于 3 倍钻头直径长度的导向装置;利用钻杆加压的正循环回转钻机,在钻具中应加设扶正器。

(3) 钻孔达到设计深度后,清孔应符合下列规定:

端承桩≤50mm;

摩擦端承桩、端承摩擦桩≤100mm;

摩擦桩≤300mm。

### 关键细节 31  水下混凝土灌注施工质量控制要点

(1) 水下混凝土配制的强度等级应有一定的余量,能保证水下灌注混凝土强度等级符合设计强度的要求(并非在标准条件下养护的试块达到设计强度等级即判定符合设计要求)。

(2) 确保水下混凝土的和易性,坍落度宜为 180~220mm,水泥用量不得少于 360kg/m³。水下混凝土的含砂率宜控制在 40%~45%,粗骨料粒径应<40mm。

(3) 导管使用前需要进行拼装、试压试验,试水压力取 0.6~1.0MPa。防止导管渗漏发生堵管现象。

(4) 确保隔水栓的隔水性能,能使隔水栓顺利从导管中排出,保证水下混凝土灌注成功。

(5) 用以储存混凝土的初灌斗的容量,必须满足第一斗混凝土灌下后能使导管一次埋入混凝土面以下 0.8m 以上。

(6) 灌注水下混凝土时应有专人测量导管内外混凝土面标高,保证混凝土在埋管 2~

6m深时才允许提升导管。当选用吊车提拔导管时,必须严格控制导管提拔时导管离开混凝土面的可能,避免发生断桩事故。

(7)严格控制浮桩标高,凿除泛浆高度后必须保证暴露的桩顶、混凝土达到设计强度值。

### 三、钢桩

对于土质很厚的软土层,这类地基常不能直接作为持力层,而低压缩性持力层又很深,采用一般桩基,沉桩时须采用冲击力很大的桩锤,用常规钢筋混凝土和预应力混凝土桩,将难以适应,为此多选用钢桩加固地基。

#### (一)钢桩的特点

钢桩的特点体现在以下几方面:

(1)重量轻、刚性好,装卸、运输、堆放方便,不易损坏。

(2)承载力高。由于钢材强度高,能够有效地打入坚硬土层,桩身不易损坏,并能获得极大的单桩承载力。

(3)桩长易于调节。可根据需要采用接长或切割的办法调节桩长。

(4)由于排土量小,一次能够最大限度地减少对邻近建筑物的影响。桩下端为开口,随着桩的打入,泥土挤入桩管内与实桩相比挤土量大为减少,对周围地基的扰动也较小,可避免土体隆起;对先打桩的垂直变位、桩顶水平变位,也可大大减少。

(5)接头连接简单。采用电焊焊接,操作简便,强度高,使用安全。

(6)便于施工且能保证施工质量,但工程造价较大。

钢桩施工有先挖土后打桩和先打桩后挖土两种方法。为避免基坑长时间大面积暴露被扰动,同时也为了便于施工作业,一般采取先打桩后挖土的施工法。它的施工顺序是:现场三通一平→打桩→切桩→安混凝土圆盖→堵住桩头→填砂将坑口填平→设井点降低地下水位→进行基坑机械化挖土施工→清理基坑→修整边坡→焊桩盖→浇筑垫层混凝土→绑钢筋→支模板→浇筑混凝土基础承台。

钢桩的施工顺序是:桩机安装→桩机移动就位→吊桩→插桩→锤击下沉→接桩→锤击至设计深度→内切钢管桩→精割→戴帽。为防止打桩过程中对邻桩和相邻建(构)筑物造成较大位移和变位,并使施工方便,一般先打中间后打外围(或先打中间后打两侧);先打长桩后打短桩;先打大直径桩,后打小直径桩的程序。如有两种类型桩,则先打钢管桩,后打混凝土桩,这样有利于减少挤土,满足设计对打桩入土深度的要求。另外,在打桩机回转半径范围内的桩宜一次流水施打完毕,为此应组织好桩的供应,并搞好场地处理、放样桩和复核等配合协调施工。

#### (二)钢桩施工质量检验标准

钢桩施工质量检验标准应符合表1-22及表1-23的规定。

**表 1-22　成品钢桩质量检验标准**

| 项 | 序 | 检查项目 | 允许偏差或允许值 | | 检查方法 | 检查数量 |
|---|---|---|---|---|---|---|
| | | | 单位 | 数值 | | |
| 主控项目 | 1 | 钢桩外径或断面尺寸：桩端<br>　　　　　　　　　　桩身 | | $\pm 0.5\%D$<br>$\pm 1D$ | 用钢尺量，$D$ 为外径或边长 | 全数检查 |
| | 2 | 矢高 | | $<1/1000l$ | 用钢尺量，$l$ 为桩长 | |
| 一般项目 | 1 | 长度 | mm | +10 | 用钢尺量 | 抽总桩数 20% |
| | 2 | 端部平整度 | mm | ≤2 | 用水平尺量 | |
| | 3 | H 型钢桩的方正度　$h>300$<br>　　　　　　　　　　$h<300$ | mm<br>mm | $T+T'\leq 8$<br>$T+T'\leq 6$ | 用钢尺量，$h$、$T$、$T'$见图示 | |
| | 4 | 端部平面与桩中心线的倾斜值 | mm | ≤2 | 用水平尺量 | |

**表 1-23　钢桩施工质量检验标准**

| 项 | 序 | 检查项目 | 允许偏差或允许值 | | 检查方法 | 检查数量 |
|---|---|---|---|---|---|---|
| | | | 单位 | 数值 | | |
| 主控项目 | 1 | 桩位偏差 | | 符合相关标准 | 用钢尺量 | 按设计要求 |
| | 2 | 承载力 | | 按基桩检测技术规范 | 按基桩检测技术规范 | |
| 一般项目 | 1 | 电焊接桩焊缝<br>(1)上下节端部错口<br>　(外径≥700mm)<br>　(外径<700mm)<br>(2)焊缝咬边深度<br>(3)焊缝加强层高度<br>(4)焊缝加强层宽度<br>(5)焊缝电焊质量外观<br>(6)焊缝探伤检验 | <br><br>mm<br>mm<br>mm<br>mm<br>mm<br><br> | <br><br>≤3<br>≤2<br>≤0.5<br>2<br>2<br>无气孔，无焊瘤，无裂缝<br>满足设计要求 | <br><br>用钢尺量<br>用钢尺量<br>焊缝检查仪<br>焊缝检查仪<br>焊缝检查仪<br>直观<br>按设计要求 | 抽 20% 接头 |
| | 2 | 电焊结束后停歇时间 | min | >1.0 | 秒表测定 | |
| | 3 | 节点弯曲矢高 | | $<1/1000l$ | 用钢尺量，$l$ 为两节桩长 | 抽 20% 总桩数 |
| | 4 | 桩顶标高 | mm | ±50 | 水准仪 | |
| | 5 | 停锤标准 | | 设计要求 | 用钢尺量或沉桩记录 | 抽检 20% |

### 关键细节32　钢桩施工质量控制要点

(1)施工前应检查进入现场的成品钢桩。钢桩包括钢管桩、型钢桩等。成品也是在工厂生产,应有一套质检标准,但也会因运输堆放造成桩的变形,因此,进场后需再做检验。

(2)H型钢沉桩时为防止横向失稳,锤重不得大于4.5t(柴油锤),且在锤击过程中桩架前应有横向约束装置。

(3)钢管桩如锤击沉桩有困难,可在管内取土以助沉。

(4)施工过程中应检查钢桩的垂直度、沉入过程、电焊连接质量、电焊后的停歇时间、桩顶锤击后的完整状况。

(5)施工结束后应做承载力检验。

### 关键细节33　钢桩焊接要求

(1)作业中的焊丝或者焊条必须符合设计要求,焊接前必须在200～300℃温度下烘干2h,避免焊丝不烘干,引起烧焊时含氢量高,使焊缝容易产生气孔而降低强度和韧性,烘干应留有记录。

(2)焊接质量受气候影响很大,雨云天气,在烧焊时,由于水分蒸发含有大量氢气混入焊缝内形成气孔。速度大于10m/s的风会使自保护气体和电弧火焰不稳定。无防风避雨措施,在雨云或刮风天气不能施工。

(3)焊接质量检验:根据相关规范的要求进行检验。

H型钢桩或其他异型薄壁钢桩,应按设计要求在接头处加连接板,如设计无规定形式,可按等强度设置。

## 第三节　土方工程

### 一、土方开挖

#### (一)技术准备

土方开挖的技术准备包括以下内容:

(1)检查图纸和资料是否齐全。

(2)了解工程规模、结构形式、特点、工程量和质量要求。

(3)土方开挖前检查定位放线、排水和降低地下水位系统,合理安排土方运输车的行走路线及弃土场。

(4)向参加施工人员层层进行技术交底。

(5)施工过程中检查平面位置、水平标高、边坡坡度、压实度、排水降低地下水位系统,并随时观测周围环境的变化。

(6)土方工程在施工中检查平面位置、水平标高、边坡坡度、排水系统、降水系统、周围环境的影响,对回填土方检查回填土料、含水量、分层厚度、压实度。

#### (二)编制施工方案

研究制定现场场地整平、基坑开挖施工方案;绘制施工总平面布置图和基坑土方开挖图,确定开挖路线、顺序、范围、底板标高、边坡坡度、排水沟、集水井位置,以及挖去的土方堆放地点;提出需用施工机具、劳力、推广新技术计划。

**(三)设置排水设施,排除地面积水**

(1)场地内低洼地区的积水必须排除,同时应注意雨水的排除,使场地保持干燥,以利土方施工。

(2)地面水的排除一般采用排水沟、截水沟、挡水土坝等措施。

(3)应尽量利用自然地形来设置排水沟,使水直接排至场外,或流向低洼处再用水泵抽走。主排水沟最好设置在施工区域的边缘或道路的两旁,其横断面和纵向坡度应根据最大流量确定。一般排水沟的断面不小于0.5m×0.5m,纵向坡度一般不小于3‰。平坦地区,如排出水困难,其纵向坡度应不小于2‰,沼泽地区可减至1‰。场地平整过程中,要注意排水沟保持畅通,必要时应设置涵洞。

(4)山区的场地平整施工,应在较高一面的山坡上开挖截水沟。在低洼地区施工时,除开挖排水沟外,必要时应修筑挡水坝,以阻挡雨水的流入。

**(四)修筑临时设施**

(1)施工现场的路桥、卸车设施,应事先做好必要的加宽、加固等准备工作。

(2)开工前应做好施工现场内机械运行的道路,主要道路宜结合永久性道路的布置修筑。路面行走宽度一般不少于7m,路基底层可铺砌200~300mm厚的块石或卵石层,两侧作排水沟。道路与铁路、电信线路、电缆线路以及各种管线相交时应设置标志,并符合有关安全技术规定。

(3)此外,还应做好现场供水、供电、供压缩空气(当开挖石方时),以及施工机具和材料进场,搭设临时工棚(工具材料库、休息棚、茶炉棚等)等准备工作。

轻型动力触探检验深度及间距表见表1-24。

表1-24　　　　　　轻型动力触探检验深度及间距表　　　　　　m

| 排列方式 | 基槽宽度 | 检验深度 | 检验间距 |
| --- | --- | --- | --- |
| 中心一排 | <0.8 | 1.2 | 1.0~1.5m 视地层复杂情况定 |
| 两排错开 | 0.8~2.0 | 1.5 | |
| 梅花型 | >2.0 | 2.1 | |

### 关键细节34　土方开挖工程操作工艺

(1)先放好坡顶线、坡底线,经复测及验收合格后开挖。

(2)土方机械开挖:根据勘察报告及现场周边情况确定具体方案。注意应预留20cm土层人工清理。

(3)如有需要须作边坡支护,且分步开挖。

(4)第一步挖土结束,待边坡处理完毕方可进行下步施工。

(5)在开挖至距离坑底100cm以内时,测量人员抄标高线,严格控制开挖深度。坑底应平整,并适当向坑边排水沟方向做成不小于2‰坡度,以避免基坑集水。

(6)基坑开挖完后应及时进行排水沟和集水井的施工。

## (五)土方开挖工程质量检验标准

土方开挖工程的质量检验标准应符合表 1-25 的规定。

表 1-25　　　　土方开挖工程质量检验标准　　　　　　　mm

| 项 | 序 | 项目 | 允许偏差或允许值 | | | | | 检验方法 | 检查数量 |
|---|---|---|---|---|---|---|---|---|---|
| | | | 柱基基坑基槽 | 挖方场地平整 | | 管沟 | 地(路)面基层 | | |
| | | | | 人工 | 机械 | | | | |
| 主控项目 | 1 | 标高 | -50 | ±30 | ±50 | -50 | -50 | 水准仪 | 柱基按总数抽查10%,但不少于5个,每个不少于2点;基坑每20m²取1点,每坑不少于2点;基槽、管沟、排水沟、路面基层每20m取1点,但不少于5点;挖方每30~50m²取1点,但不少于5点 |
| | 2 | 长度、宽度(由设计中心线向两边量) | +200 -50 | +300 -100 | +500 -150 | +100 | — | 经纬仪,用钢尺量 | 每20m取1点,每边不少于1点 |
| | 3 | 边坡 | 设计要求 | | | | | 用坡度尺检查 | |
| 一般项目 | 1 | 表面平整度 | 20 | 20 | 50 | 20 | 20 | 用2m靠尺和楔形塞尺检查 | 每30~50m²取1点 |
| | 2 | 基底土性 | 设计要求 | | | | | 观察或土样分析 | 全数观察检查 |

注:地(路)面基层的偏差只适用于直接在挖、填方上做地(路)面的基层。

### 🎯 关键细节 35　土方开挖时应注意的问题

(1)在土方工程施工测量中,应对平面位置(包括控制边界线、分界线、边坡的上口线和底口线等)、边坡坡度(包括放坡线、变坡等)和标高(包括各个地段的标高)等经常进行测量,校核是否符合设计要求。

上述施工测量的基准——平面控制桩和水准控制点,也应定期进行复测和检查。

(2)挖土堆放不能离基坑上边缘太近。

(3)土方开挖应具有一定的边坡坡度,临时性挖方的边坡值应符合表1-26的规定。

(4)为了使建(构)筑物有一个比较均匀的下沉,对地基应进行严格的检验,与地质勘察报告进行核对,检查地基土与工程地质勘察报告、设计图纸是否相符,有无破坏原状土的结构或发生较大的扰动现象。

表 1-26　　　　　　　　　　　临时性挖方边坡值

| 土的类别 | | 边坡值(高：宽) |
|---|---|---|
| 砂土(不包括细砂、粉砂) | | 1：1.25～1：1.50 |
| 一般性黏土 | 硬 | 1：0.75～1：1.00 |
| | 硬、塑 | 1：1.00～1：1.25 |
| | 软 | 1：1.50 或更缓 |
| 碎石类土 | 充填坚硬、硬塑黏性土 | 1：0.50～1：1.00 |
| | 充填砂土 | 1：1.00～1：1.50 |

注：1. 设计有要求时，应符合设计标准。
　　2. 如采用降水或其他加固措施，可不受本表限制，但应计算复核。
　　3. 开挖深度，对软土应不超过 4m，对硬土应不超过 8m。
　　4. 本表摘自《建筑地基基础工程施工质量验收规范》(GB 50202—2002)。

### 🎯 关键细节 36　表面检查法验槽的步骤

(1)根据槽壁土层分布情况及走向，初步判明全部基底是否已挖至设计所要求的土层。

(2)检查槽底的土质情况(是否挖至老土)，是否需继续下挖或进行处理。

(3)检查整个槽底土的颜色是否均匀一致；土的坚硬程度是否一样，有否局部过松软或过坚硬的部位；有否局部含水量异常现象。

### 🎯 关键细节 37　如何使用钎探进行验槽

基坑挖好后，用锤把钢钎打入槽底的基土内，根据每打入一定深度的锤击次数判断地基土质情况。

(1)钢钎的规格和重量：钢钎用直径 22～25mm 的钢筋制成，钎尖呈 60°尖锥状，长度 1.8～2.0m。配合重量 3.6～4.5kg 铁锤。打锤时，举高离钎顶 50～70cm，将钢钎垂直打入土中，并记录每打入土层 30cm 的锤击数。

(2)钎孔布置和钎探深度：应根据地基土质的复杂情况和基槽宽度、形状而定，一般可参考表 1-27。

表 1-27　　　　　　　　　　　钎孔布置表

| 槽宽/cm | 排列方式及图示 | 间距/m | 钎探深度/m |
|---|---|---|---|
| 小于 80 | 中心一排 | 1～2 | 1.2 |
| 80～200 | 两排错开 | 1～2 | 1.5 |

（续）

| 槽宽/cm | 排列方式及图示 | 间距/m | 钎探深度/m |
|---|---|---|---|
| 大于200 | 梅花形 | 1~2 | 2.0 |
| 柱基 | 梅花形 | 1~2 | ≥1.5m，并不浅于短边宽度 |

注：对于较软弱的新近沉积黏性土和人工杂填土的地基，钎孔间距应不大于1.5m。

### 🎯关键细节38 如何利用洛阳铲钎探进行验槽

在黄土地区基坑挖好后或大面积基坑挖土前，根据建筑物所在地区的具体情况或设计要求，对基坑底以下的土质、古墓、洞穴用专用洛阳铲进行钎探检查。

(1) 探孔的布置：探孔布置见表1-28。

表1-28　　　　　　探孔布置表

| 基槽宽/mm | 排列方式及图示 | 间距 L/m | 探孔深度/m |
|---|---|---|---|
| 小于2000 |  | 1.5~2.0 | 3.0 |
| 大于2000 |  | 1.5~2.0 | 3.0 |
| 柱基 |  | 1.5~2.0 | 3.0（荷重较大时为4.0~5.0） |
| 加孔 |  | <2.0（如基础过宽时中间再加孔） | 3.0 |

(2) 探查记录和成果分析：先绘制基础平面图，在图上根据要求确定探孔的平面位置，并依次编号，再按编号顺序进行探孔。探查过程中，一般每3~5铲看一下土，查看土质变化和含有物的情况。遇有土质变化或含有杂情况，应测量深度并用文字记录清楚。遇

有墓穴、地道、地窖、废井等时,应在此部位缩小探孔距离(一般为1m左右),沿其周围仔细探查清其大小、深浅、平面形状,并在探孔平面图中标注出来,全部探查完后,绘制探孔平面图和各探孔不同深度的土质情况表,为地基处理提供完整的资料。探完以后尽快用素土或灰土将探孔回填。

### 关键细节39　应用轻型动力触探法进行验槽

(1)遇到下列情况之一时,应在基坑底普遍进行轻型动力触探:
1)持力层明显不均匀。
2)浅部有软弱下卧层。
3)有浅埋的坑穴、古墓、古井等,直接观察难以发现。
4)勘察报告或设计文件规定应进行轻型动力触探。
(2)采用轻型动力触探进行基槽检验时,检验深度及间距按表1-29执行。

表1-29　　　　　　　轻型动力触探检验深度及间距表

| 排列方式 | 基槽宽度 | 检验深度 | 检验间距 |
| --- | --- | --- | --- |
| 中心一排 | <0.8 | 1.2 | 1.0~1.5m 视地层复杂情况定 |
| 两排错开 | 0.8~2.0 | 1.5 | |
| 梅花型 | >2.0 | 2.1 | |

## 二、土方回填

### (一)回填土料的要求

填方土料应符合设计要求,保证填方的强度和稳定性,如设计无要求,应符合以下规定:
(1)碎石类土、砂土和爆破石渣(粒径不大于每层铺土厚的2/3),可用于表层下的填料。
(2)含水量符合压实要求的黏性土,可作各层填料。
(3)淤泥和淤泥质土一般不能用作填料,但在软土地区,经过处理含水量符合压实要求的,可用于填方中的次要部位。
(4)碎块草皮和有机质含量大于5%的土,只能用于无压实要求的填方。
(5)含有盐分的盐渍土中,仅中、弱两类盐渍土,一般可以使用,但填料中不得含有盐晶、盐块或含盐植物的根茎。
(6)不得使用冻土、膨胀性土作填料。
(7)含水率要求。
1)填土土料含水量的大小直接影响到夯实(碾压)质量,在夯实(碾压)前应预试验,以得到符合密实度要求条件下的最优含水量和最少夯实(或碾压)遍数,含水量过小,夯压(碾压)不实;含水量过大,则易成"橡皮土"。
2)当填料为黏性土或排水不良的砂土,其最优含水量与相应的最大干密度应用击实试验测定,见表1-30。

表 1-30　　　　　　　　土的最优含水量和最大干密度参考表

| 项 次 | 土 的 种 类 | 变 动 范 围 | |
|---|---|---|---|
| | | 最佳含水量(重量比%) | 最大干密度(g/cm³) |
| 1 | 砂　土 | 8～12 | 1.80～1.88 |
| 2 | 黏　土 | 19～23 | 1.58～1.70 |
| 3 | 粉质黏土 | 12～15 | 1.85～1.95 |
| 4 | 粉　土 | 16～22 | 1.61～1.80 |

注：1. 表中土的最大密度应根据现场实际达到的数字为准。
　　2. 一般性的回填可不做此项测定。

3) 土料含水量一般以手握成团,落地开花为适宜。当含水量过大时应采取翻松、晾干、风干、换土回填、掺入干土或其他吸水性材料等措施；如土料过干,则应预先洒水润湿,每 1m³ 铺好的土层需要补充水量(L)按下式计算：

$$V=\frac{\rho_w}{1+w}(w_{op}-w)$$

式中　$V$——单位体积内需要补充的水量(L)；
　　　$w$——土的天然含水量(%),以小数计；
　　　$w_{op}$——土的最优含水量(%),以小数计；
　　　$\rho_w$——填土碾压前的密度(kg/m³)。

4) 当填料为碎石类土(充填物为砂土)时,碾压前应充分洒水湿透,以提高压实效果。

### (二)土方回填质量检验标准

填方施工结束后,应检查标高、边坡坡度、压实程度等,质量检验标准应符合表 1-31 的规定。

表 1-31　　　　　　　　填土工程质量检验标准　　　　　　　　mm

| 项 | 序 | 项 目 | 允许偏差或允许值 | | | | | 检验方法 | 检验数量 |
|---|---|---|---|---|---|---|---|---|---|
| | | | 柱基基坑基槽 | 场地平整 | | 管沟 | 地(路)面基层 | | |
| | | | | 人工 | 机械 | | | | |
| 主控项目 | 1 | 标高 | −50 | ±30 | ±50 | −50 | −50 | 水准仪 | 柱基按总数抽查 10%,但不少于 5 个,每个不少于 2 点;基坑每 20m² 取 1 点,每坑不少于 2 点;基槽、管沟、排水沟、路面基层每 20m 取 1 点,但不少于 5 点;场地平整每 100～400m² 取 1 点,但不少于 10 点。用水准仪检查 |
| | 2 | 分层压实系数 | 设计要求 | | | | | 按规定方法 | 密实度控制基坑和室内填土,每层按 100～500m² 取样一组;场地平整填方,每层按 400～900m² 取样一组;基坑和管沟回填每 20～50m² 取样一组,但每层均不得少于一组,取样部位于每层压实后的下半部 |

(续)

| 项 | 序 | 项目 | 允许偏差或允许值 | | | | 检验方法 | 检验数量 |
|---|---|---|---|---|---|---|---|---|
| | | | 柱基基坑基槽 | 场地平整 | | 管沟 | 地(路)面基层 | | |
| | | | | 人工 | 机械 | | | | |
| 一般项目 | 1 | 回填土料 | 设计要求 | | | | | 取样检查或直观鉴别 | 同一土场不少于1组 |
| | 2 | 分层厚度及含水量 | 设计要求 | | | | | 水准仪及抽样检查 | 分层铺土厚度检查每10~20mm或100~200m² 设置一处。回填料实测含水量与最佳含水量之差,黏性土控制在−4%~+2%,每层填料均应抽样检查一次,由于气候因素使含水量发生较大变化时应再抽样检查 |
| | 3 | 表面平整度 | 20 | 20 | 30 | 20 | 20 | 用靠尺或水准仪 | 每30~50m² 取1点 |

#### 关键细节40 土方回填的处理细节

(1)土方回填前应清除基地的垃圾、树根等杂物,抽除坑穴积水、淤泥,验收基地标高,如在耕植上或松土上填方,应在基底压实后再进行。

填方基底处理属于隐蔽工程,必须按设计要求施工。如设计无要求,必须符合以上规定。

(2)填方基底处理应做好隐蔽工程验收,重点内容应画图表示,基底处理经中间验收合格后才能进行填方和压实。

(3)经中间验收合格的填方区域场地应基本平整,并有0.2%坡度以利排水,填方区域有陡于1/5的坡度时,应控制好阶宽不小于1m的阶梯形台阶,台阶面口严禁上抬造成台阶上积水。

(4)回填土的含水量控制:土的最佳含水率和最少压实遍数可通过试验求得。土的最优含水量和最大干密度可参见表1-32。

表1-32　　　　土的最佳含水量和最大干密度参考表

| 项次 | 土的种类 | 变动范围 | |
|---|---|---|---|
| | | 最佳含水量(重量比%) | 最大干密度(g/cm³) |
| 1 | 砂　土 | 8~12 | 1.80~1.88 |
| 2 | 黏　土 | 19~23 | 1.58~1.70 |
| 3 | 粉质黏土 | 12~15 | 1.85~1.95 |
| 4 | 粉　土 | 16~22 | 1.61~1.80 |

注:1. 表中土的最大密度应根据现场实际达到的数字为准。
　　2. 一般性的回填可不做此项测定。

(5)填土的边坡控制见表1-33。

表1-33　　　　　　　　　填土的边坡控制

| 项次 | 土 的 种 类 | 填方高度/m | 边 坡 坡 度 |
|---|---|---|---|
| 1 | 黏土类土、黄土、类黄土 | 6 | 1∶1.50 |
| 2 | 粉质黏土、泥灰岩土 | 6～7 | 1∶1.50 |
| 3 | 中砂和粗砂 | 10 | 1∶1.50 |
| 4 | 砾石和碎石土 | 10～12 | 1∶1.50 |
| 5 | 易风化的岩土 | 12 | 1∶1.50 |
| 6 | 轻微风化、尺寸在25cm内的石料 | 6以内<br>6～12 | 1∶1.33<br>1∶1.50 |
| 7 | 轻微风化、尺寸大于25cm的石料,边坡用最大石块,分排整齐铺砌 | 12以内 | 1∶1.50～1∶0.75 |
| 8 | 轻微风化、尺寸大于40cm的石料,其边坡分排整齐 | 5以内<br>5～10<br>＞10 | 1∶0.50<br>1∶0.65<br>1∶1.00 |

注:1. 当填方高度超过本表规定限值时,其边坡可做成折线形,填方下部的边坡坡度应为1∶1.75～1∶2.00。
　　2. 凡永久性填方,土的种类未列入本表者,其边坡坡度不得大于$\varphi+45°/2$,$\varphi$为土的自然倾斜角。

(6)填方土料应严格进行验收,符合相关要求后方可填入。

(7)填方施工过程中应检查排水措施、每层填筑厚度、含水量控制、压实程度。填筑厚度及压实遍数应根据土质、压实系数及所用机具确定。如无试验依据,应符合表1-34的规定。

表1-34　　　　　　填土施工时的分层厚度及压实遍数

| 压 实 机 具 | 分层厚度/mm | 每层压实遍数 |
|---|---|---|
| 平　碾 | 250～300 | 6～8 |
| 振动压实机 | 250～350 | 3或4 |
| 柴油打夯机 | 200～250 | 3或4 |
| 人工打夯 | ＜200 | 3或4 |

(8)施工结束后应检查标高、边坡坡度、压实程度等。

**关键细节41　分层压实系数的检查方法**

当设计没有规定时,分层压实系数$\lambda_0$采用环刀取样测定土的干密度,求出土的密实系数($\lambda_0=\rho_d/\rho_{d(max)}$,$\rho_d$为土的控制干密度,$\rho_{d(max)}$为土的最大干密度);或用小轻便触探仪直接通过锤击数来检验密实系数;也可用钢筋贯入深度法检查填土地基质量,但必须按击实试验测得的钢筋贯入深度的方法。环刀取样、小轻便触探仪锤数、钢筋贯入深度法取得的压密系数均应符合设计要求的压密系数。当设计无详细规定时,可参见填方的压实系数(密实度)要求,见表1-35。

表 1-35　　　　　　　　填方的压实系数(密实度)要求

| 结构类型 | 填土部位 | 压实系数 $\lambda_0$ |
|---|---|---|
| 砌体承重结构和框架结构 | 在地基主要持力层范围内 | >0.96 |
|  | 在地基主要持力层范围以下 | 0.93~0.96 |
| 简支结构和排架结构 | 在地基主要持力层范围内 | 0.94~0.97 |
|  | 在地基主要持力层范围以下 | 0.91~0.93 |
| 一般工程 | 基础四周或两侧一般回填土 | 0.90 |
|  | 室内地坪、管道地沟回填土 | 0.90 |
|  | 一般堆放物体场地回填土 | 0.85 |

注：压实系数 $\lambda_0$ 为土的控制干密度 $\rho_d$ 与最大干密度 $\rho_{dmax}$ 的比值。控制含水量为 $w_{op}\pm 2\%$。

## 三、季节性施工

由于土容易受水的影响,雨期土方施工时,土方工程的质量和施工安全将受到严重影响。如在冬期施工,低温会使含水的土体冻结,从而破坏土体结构和使土体膨胀,挖方和填方均不能正常进行,尤其对基坑地基土的冻结,由于冻胀作用使土体遭到破坏,如果基础做在冻土上,会加大地基土沉降量,危及基础结构的安全,所以要根据土方工程的这种特性,组织土方工程施工,制定相应的保证质量、安全措施。

### 关键细节 42　雨期施工的常用防护措施

土方工程施工应尽可能避开雨期,可安排在雨期之前,也可安排在雨期之后。对于无法避开雨期的土方工程,应做好如下主要措施：

(1)大型基坑或施工周期长的地下工程,应先在基础边坡四周做好截水沟、挡水堤,防止场内雨水灌槽。

(2)一般挖槽要根据土的种类、性质、湿度和挖槽深度,按照安全规程放坡,挖土过程中加强对边坡和支承的检查。必要时放缓边坡或加设支承,以保证边坡的稳定。

(3)雨期施工,土方开挖面不宜过大,应逐段、逐片分期完成。

(4)挖出的土方应集中运至场外,以避免场内积水或造成塌方。留做回填土的应集中堆置于槽边 3m 以外。机械在槽外侧行驶应距槽边 5m 以外,手推车运输应距槽 1m 以外。

(5)回填土时,应先排除槽内积水,然后方可填土夯实。

(6)雨期进行灰土基础垫层施工时,应做到"四随"(即随筛、随拌、随运、随打),如未经夯实而淋雨时,应挖出重做。在雨期施工期间,当日所下的灰土必须当日打完,槽内不准留有虚土。

### 关键细节 43　冬期施工的技术措施

土方工程不宜在冬期施工,以免增加工程造价。如必须在冬期施工,其施工方法应经过技术经济比较后确定。施工前应周密计划、充分准备,做到连续施工。

(1)凡冬期施工期间新开工程,可根据地下水位、地质情况,采用预制混凝土桩或钻孔灌筑桩,并及早落实施工条件,进行变更设计洽商,以减少大量的土方开挖工程。

(2)冬期施工期间,原则上尽量不开挖冻土。如必须在冬季开挖基础土方,应预先采取防冻措施,即沿槽两侧各加宽30~40cm的范围内,于冻结前,用保温材料覆盖或将表面不小于30cm厚的土层翻松。此外也可以采用机械开冻土法或白灰(石灰)开冻法。

(3)开挖基坑(槽)或管沟时,必须防止基土遭受冻结。如坑(槽)开挖完毕至垫层和基础施工之间有间歇时间,应在基底的标高之上留适当厚度的松土或保温材料覆盖。

(4)冬期开挖土方时,如可能引起邻近建筑物(或构筑物)的地基或地下设施产生冻结破坏,应预先采取防冻措施。

(5)冬期施工基础应及时回填,并用土覆盖表面免遭冻结。用于房心回填的土应采取保温防冻措施。不允许在冻土层上做地面垫层,防止地面的下沉或裂缝。

(6)为保证回填土的密实度,规范规定:室外的基坑(槽)或管沟允许用含有冻土块的土回填,但冻土块的体积不得超过填土总体积的15%;管沟底至管顶50cm范围内不得用含有冻土块的土回填;室内的基坑(槽)或管沟不得用含有冻块的土回填,以防常温后发生沉陷。

(7)灰土应尽量错开严冬季节施工,灰土不准许受冻,如必须在严冬期打灰土时,要做到随拌、随打、随盖。一般当气温低于-10℃时,灰土不宜施工。

# 第二章　砌体工程

## 第一节　砌筑砂浆

### 一、砌筑砂浆的材料要求

砂浆由胶结材料、细骨料、掺加料和水配制而成，在建筑中起到粘结、沉淀和传递应力的作用。将砖、砌块、石等粘结成为砌体的砂浆称为砌筑砂浆。砌筑砂浆按组成材料不同分为水泥砂浆与水泥混合砂浆；按拌制方式不同分为现场拌制砂浆与干拌砂浆（即工厂内将水泥、钙质消石灰粉、砂、掺加料及外加剂按一定比例干混制成，现场仅加水机械拌合即成）。

一般砌筑砂浆的强度分为 M2.5、M5、M7.5、M10 和 M15 等五个等级；干拌砌筑砂浆与预拌砌筑砂浆的强度分为 M5、M7.5、M10、M15、M20、M25、M30 等七个等级。

砌筑砂浆对水泥、砂、掺加料、水、外加剂等的要求如下。

**1. 水泥**

(1) 水泥进场使用前应分批对其强度、安定性进行复验。检验批应以同一生产厂家、同一编号为一批。当在使用中对水泥质量有怀疑或水泥出厂超过三个月（快硬硅酸盐水泥超过一个月）时应复查试验，并按其结果使用。不同品种的水泥不得混合使用。

(2) 水泥进场后应按不同品种和强度等级分级储存，不得混杂，不得受潮。复验的要按照复验结果使用。

(3) 水泥的强度等级应根据设计要求进行选择。水泥砂浆采用的水泥，其强度等级应不大于 32.5 级；水泥混合砂浆采用的水泥强度等级不宜大于 42.5 级。

**2. 砂**

(1) 不应混有草根、树叶、树枝、塑料、煤块、炉渣等杂物；

(2) 砂中含泥量、泥块含量、石粉含量、云母、轻物质、有机物、硫化物、硫酸盐及氯盐含量（配筋砌体砌筑用砂）等应符合现行行业标准《普通混凝土用砂石质量及检验方法标准》（JGJ 52）的有关规定；

(3) 人工砂、山砂及特细砂，应经试配能满足砌筑砂浆技术条件要求。

**3. 掺加料**

(1) 配制水泥石灰砂浆时不得采用脱水硬化的石灰膏。生石灰熟化成石灰膏时，熟化时间不得少于 7d。

(2) 消石灰粉不得直接使用于砌筑砂浆中。

(3) 采用黏土或者粉质黏土制备黏土膏时宜用搅拌机加水搅拌，通过孔径不大于 3mm

×3mm 的网过筛,用比色法检定黏土中用色物含量时应浅于标准色。

**4. 水**

拌制砂浆用水,水质应符合国家现行标准《混凝土用水标准》(JGJ 63)的规定。

**5. 外加剂**

凡在砂浆中掺入有机塑化剂、早强剂、缓凝剂、防冻剂等,应经检验和试配符合要求后方可使用。有机塑化剂应有砌体强度的型式检验报告。有机催化剂应做气体强度的型式检验。

**6. 砂浆**

(1)砂浆的品种、强度等级必须符合设计要求。砌筑砂浆的强度等级宜采用 M20、M15、M10、M7.5、M5、M2.5。

(2)砂浆的稠度应符合表 2-1 规定。

表 2-1　　　　　　　　砌筑砂浆的稠度

| 砌体种类 | 砂浆稠度/mm |
|---|---|
| 烧结普通砖砌体<br>蒸压粉煤灰砖砌体 | 70～90 |
| 混凝土实心砖、混凝土多孔砖砌体<br>普通混凝土小型空心砌块砌体<br>蒸压灰砂砖砌体 | 50～70 |
| 烧结多孔砖、空心砖砌体<br>轻骨料小型空心砌块砌体<br>蒸压加气混凝土砌块砌体 | 60～80 |
| 石砌体 | 30～50 |

注:1. 采用薄灰砌筑法砌筑蒸压加气混凝土砌块砌体时,加气混凝土粘结砂浆的加水量按照其产品说明书控制;
　　2. 当砌筑其他块体时,其砌筑砂浆的稠度可根据块体吸水特性及气候条件确定。

(3)砂浆的分层度不得大于 30mm。

(4)水泥砂浆中水泥用量应不小于 200kg/m³;水泥混合砂浆中水泥和掺加料总量宜为 300～350kg/m³。水泥砂浆的密度不宜小于 1900kg/m³;水泥混合砂浆的密度不宜小于 1800kg/m³。

(5)具有冻融循环次数要求的砌筑砂浆,经冻融试验后,质量损失率不得大于 5%,抗压强度损失率不得大于 25%。

## 二、砂浆的拌制和使用

砂浆拌制时对砂浆的材料要求有以下几方面:

(1)水泥、有机塑化剂和冬期施工中掺用的氯盐等的配料准确度应控制在±2%以内;砂、水及石灰膏、电石膏、黏土膏、粉煤灰、磨细生石灰粉等的配料准确度应控制在±5%

以内。

(2)砂浆所用细骨料主要为天然砂,它应符合混凝土用砂的技术要求。由于砂浆层较薄,对砂子最大料径应有限制。用于毛石砌体砂浆,砂子最大料径应小于砂浆层厚度的1/5~1/4;用于砖砌体的砂浆,宜用中砂,其最大粒径不大于2.5mm;光滑表面的抹灰及勾缝砂浆,宜选用细砂,其最大料径不宜大于1.2mm。当砂浆强度等级大于或等于M5时,砂的含泥量应不超过5%;强度等级为M5以下的砂浆,砂的含泥量应不超过10%。若用煤渣做骨料,应选用燃烧完全且有害杂质含量少的煤渣,以免影响砂浆质量。

(3)石灰膏、黏土膏和电石膏的用量,宜按稠度为(120±5)mm计量。现场施工当石灰膏稠度与试配不一致时,应进行换算。

(4)为使砂浆具有良好的保水性,应掺入无机或有机塑化剂,应不采用增加水泥用量的方法。

(5)水泥混合砂浆中掺入有机塑化剂时,无机掺加料的用量最多可减少一半。

(6)水泥砂浆中掺入有机塑化剂时,应考虑砌体抗压强度较水泥混合砂浆砌体降低10%的不利影响。

(7)水泥黏土砂浆中不得掺入有机塑化剂。

(8)在冬季砌筑工程中使用氯化钠、氯化钙时,应先将氯化钠、氯化钙溶解于水中后投入搅拌,其掺量可参考表2-2。

表2-2　　　　　　氯盐掺量(占用水量的百分比)　　　　　　　　　%

| 砌体种类 | 盐类 | 日最低气温(℃) | | | |
| --- | --- | --- | --- | --- | --- |
| | | ≥-10 | -11~-15 | -16~-20 | -20~-25 |
| 砖、砌块 | 氯化钠 | 3 | 5 | 7 | — |
| 石 | 氯化钠 | 4 | 7 | 10 | — |
| 砖、砌块 | 氯化钠+氯化钙 | | | 5+2 | 7+3 |

### 关键细节1　砂浆拌制时的要求

(1)砌筑砂浆现场拌制时,各组分材料应采用重量计量。

(2)砌筑砂浆应采用机械搅拌,自投料完毕算起,搅拌时间应符合下列规定:

1)水泥砂浆和水泥混合砂浆不得少于120s。

2)水泥粉煤灰砂浆和掺用外加剂的砂浆不得少于180s。

(3)掺增塑剂的砂浆,其搅拌方式、搅拌时间应符合现行行业标准《砌筑砂浆增塑剂》(JG/T 164)的有关规定。

(4)干混砂浆及加气混凝土砌块专用砂浆宜按掺用外加剂的砂浆确定搅拌时间或按产品说明书采用。

### 关键细节2　砂浆使用中应注意的问题

现场拌制的砂浆应随拌随用,拌制的砂浆应在3h内使用完毕;当施工期间最高气温超过30℃时,应在2h内使用完毕。预制砂浆及蒸压加气混凝土砌块专用砂浆的使用时间应按照厂方提供的说明书确定。

## 第二节 砖砌体与小砌块砌体工程

### 一、砖砌体工程

**(一)砖砌体工程施工一般规定**

(1)用于清水墙、柱表面的砖,应色泽均匀。

品质为优等品的砖适用于清水墙和墙体装修;一等品、合格品砖可用于混水墙。中等泛霜的砖不得用于潮湿部位。冻胀地区的地面或防潮层以下的砌体不宜采用多孔砖;水池、化粪池等不得采用多孔砖。

(2)有冻胀环境和条件的地区,地面以下或防潮层以下的砌体,不宜采用多孔砖。

(3)砌筑砖砌体时,砖应提前 1~2d 浇水湿润。

(4)采用铺浆法砌筑时,铺浆长度不得超过 750mm;施工期间若气温超过 30℃,铺浆长度不得超过 500mm。

(5)240mm 厚承重墙的每层墙的最上一皮砖,砖砌体的阶台水平面上及挑出层,应整砖丁砌。

(6)施工时施砌的蒸压(养)砖的产品龄期应不小于 28d。

(7)多雨地区砌筑外墙时,不宜将有裂缝的砖面砌在室外表面。

(8)非抗震设防及抗震设防烈度为 6 度、7 度地区的临时间断处,当不能留斜槎时,除转角处外,可留直槎,但直槎必须做成凸槎。留直槎处应加设拉结钢筋,拉结钢筋的数量为每 120mm 墙厚放置 1φ6 拉结钢筋(120mm 厚墙放置 2φ6 拉结钢筋),间距沿墙高应不超过 500mm;埋入长度从留槎处算起每边均应不小于 500mm,对抗震设防烈度 6 度、7 度的地区,应不小于 1000mm;末端应有 90°弯钩,如图 2-1 所示。

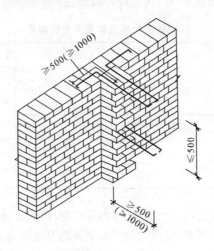

图 2-1 留直槎

(9)多层砌体结构中,后砌的非承重砌体隔墙,应沿墙高每隔500mm配置2根φ6的钢筋与承重墙或柱拉结,每边伸入墙内应不小于500mm。抗震设防烈度为8度和9度区,长度大于5m的后砌隔墙的墙顶应与楼板或梁拉结。隔墙砌至梁板底时,应留一定空隙,间隔一周后再补砌挤紧。

(10)设置在潮湿环境或有化学侵蚀性介质的环境中的砌体灰缝内的钢筋应采取防腐措施。

(11)预留孔洞及预埋件留置应符合下列要求:

1)设计要求的洞口、管道、沟槽应在砌筑时按要求预留或预埋。未经设计同意,不得打凿墙体和在墙体上开凿水平沟槽。超过300mm的洞口上部应设过梁。

2)砌体中的预埋件应做防腐处理,预埋木砖的木纹应与钉子垂直。

3)在墙上留置临时施工洞口,其侧边离高楼处墙面应不小于500mm,洞口净宽度应不超过1m,洞顶部应设置过梁。抗震设防烈度为9度的地区建筑物的临时施工洞口位置,应会同设计单位确定。临时施工洞口应做好补砌。

4)预留外窗洞口位置应上下挂线,保持上下楼层洞口位置垂直。

(12)多孔砖的孔洞应垂直于受压面砌筑。多孔砖的孔洞垂直于受压面,能使砌体有较大的有效受压面积,有利于砂浆结合层进入上下砖块的孔洞产生"销键"的作用,提高砌体的抗剪强度和砌体的整体性。

### (二)砖砌体施工质量检验标准

(1)砖和砂浆的强度等级必须符合设计要求。

(2)砌体水平灰缝的砂浆饱满度不得小于80%。

(3)砖砌体的转角处和交接处应同时砌筑,严禁无可靠措施的内外墙分砌施工。对不能同时砌筑而又必须留置的临时间断处应砌成斜槎,斜槎水平投影长度不小于高度的2/3。

(4)砖砌体的位置及垂直度允许偏差应符合表2-3的规定。

表2-3　　　　　　　　砖砌体的位置及垂直度允许偏差

| 项次 | 项目 | | 允许偏差/mm | 检验方法 |
|---|---|---|---|---|
| 1 | 轴线位置偏移 | | 10 | 用经纬仪和尺检查或用其他测量仪器检查 |
| 2 | 垂直度 | 每层 | 5 | 用2m托线板检查 |
| | | ≤10m | 10 | 用经纬仪、吊线和尺检查,或用其他测量仪器检查 |
| | | 全高 >10m | 20 | |

(5)砖砌体组砌方法应正确,上、下错缝,内外搭砌,砖柱不得采用包心砌法。

(6)砖砌的灰缝应横平竖直,厚薄均匀。水平灰缝厚度宜为10mm,但应不小于8mm,也应不大于12mm。

(7)砖砌体的一般尺寸允许偏差应符合表2-4的规定。

表 2-4　　　　　　　　　　砖砌体的一般尺寸允许偏差

| 项次 | 项　目 | | 允许偏差/mm | 检验方法 | 抽检数量 |
|---|---|---|---|---|---|
| 1 | 基础顶面和楼面标高 | | ±15 | 用水平仪和尺检查 | 应不少于5处 |
| 2 | 表面平整度 | 清水墙、柱 | 5 | 用 2m 靠尺和楔形塞尺检查 | 有代表性自然间10%，但应不少于3间，每间应不少于2处 |
|  |  | 混水墙、柱 | 8 |  |  |
| 3 | 门窗洞口高、宽（后塞口） | | ±5 | 用尺检查 | 检验批洞口的10%，且应不少于5处 |
| 4 | 外墙上下窗口偏移 | | 30 | 以底层窗口为准，用经纬仪或吊线检查 | 检验批的10%，且应不少于5处 |
| 5 | 水平灰缝平直度 | 清水墙 | 7 | 拉 10m 线和尺检查 | 有代表性自然间10%，但应不少于3间，每间应不少于2处 |
|  |  | 混水墙 | 10 |  |  |
| 6 | 清水墙游丁走缝 | | 20 | 吊线和尺检查，以每层第一皮砖为准 | 有代表性自然间10%，但应不少于3间，每间应不少于2处 |

◎ 关键细节 3　放线和皮数杆质量控制要点

(1)建筑物的标高应引自标准水准点或设计指定的水准点。基础施工前，应在建筑物的主要轴线部位设置标志板。标志板上应标明基础、墙身和轴线的位置及标高。外形或构造简单的建筑物，可用控制轴线的引桩代替标志板。

(2)砌筑前，弹好墙基大放脚外边沿线、墙身线、轴线、门窗洞口位置线，并必须用钢尺校核放线尺寸。

(3)砌筑基础前应校核放线尺寸，允许偏差应符合表 2-5 的规定。

表 2-5　　　　　　　　放线尺寸的允许偏差

| 长度 L、宽度 B/m | 允许偏差/mm | 长度 L、宽度 B/m | 允许偏差/mm |
|---|---|---|---|
| L(或 B)≤30 | ±5 | 60<L(或 B)≤90 | ±15 |
| 30<L(或 B)≤60 | ±10 | L(或 B)>90 | ±20 |

注：本表摘自《砌体结构工程施工质量验收规范》(GB 50203—2011)。

(4)按设计要求在基础及墙身的转角及某些交接处立好皮数杆，其间距每隔 10~15m 立一根，皮数杆上画有每皮砖和灰缝厚度及门窗洞口、过梁、楼板等竖向构造的变化位置，控制楼层及各部位构件的标高。砌筑完每一楼层(或基础)后，应校正砌体的轴线和标高。

◎ 关键细节 4　砌体工作段的划分要点

(1)相邻工作段的分段位置宜设在伸缩缝、沉降缝、防震缝构造柱或门窗洞口处。
(2)相邻工作段的高度差不得超过一个楼层的高度，且不得大于 4m。
(3)砌体临时间断处的高度差不得超过一步脚手架的高度。
(4)砌体施工时，楼面堆载不得超过楼板允许荷载值。

(5)尚未安装楼板或屋面的墙和柱,当可能遇到大风时,其允许自由高度不得超过表2-6的规定。如超过规定,必须采取临时支承等有效措施以保证墙或柱在施工中的稳定性。

表2-6　　　　　　　　墙和柱的允许自由高度　　　　　　　　　　　m

| 墙(柱)厚/mm | 砌体密度>1600kg/m³ | | | 砌体密度1300～1600kg/m³ | | |
|---|---|---|---|---|---|---|
| | 风载/(kN/m²) | | | | | |
| | 0.3(约7级风) | 0.4(约8级风) | 0.5(约9级风) | 0.3(约7级风) | 0.4(约8级风) | 0.5(约9级风) |
| 190 | — | — | — | 1.4 | 1.1 | 0.7 |
| 240 | 2.8 | 2.1 | 1.4 | 2.2 | 1.7 | 1.1 |
| 370 | 5.2 | 3.9 | 2.6 | 4.2 | 3.2 | 2.1 |
| 490 | 8.6 | 6.5 | 4.3 | 7.0 | 5.2 | 3.5 |
| 620 | 14.0 | 10.5 | 7.0 | 11.4 | 8.6 | 5.7 |

注:1. 本表适用于施工处相对标高($H$)在10m范围内的情况。如10m<$H$≤15m,15m<$H$≤20m时,表中的允许自由高度应分别乘以0.9、0.8的系数;如$H$>20m,应通过抗倾覆验算确定其允许自由高度。
2. 当所砌筑的墙有横墙或其他结构与其连接,而且间距小于表列限值的2倍时,砌筑高度可不受本表的限制。
3. 当砌体密度小于1300kg/m³时,墙和柱的允许自由高度应另行验算确定。

### 关键细节5　砌体留槎和拉结筋质量控制要点

(1)砖砌体的转角处和交接处应同时砌筑,严禁无可靠措施的内外墙分砌施工,对不能同时砌筑而又必须留置的临时间断处应砌成斜槎,斜槎水平投影长度应不小于高度的2/3。砖砌体接槎时必须将接槎处的表面清理干净,浇水湿润,填实砂浆并保持灰缝平直。

(2)多层砌体结构中,后砌的非承重砌体隔墙应沿墙高每隔500mm配置2根$\phi 6$的钢筋与承重墙或柱拉结,每边伸入墙内应不小于500mm。抗震设防烈度为8度和9度区,长度大于5m的后砌隔墙的墙顶应与楼板或梁拉结隔墙砌至梁板底时,应留一定空隙,间隔一周后再补砌挤紧。

### 关键细节6　砖砌体灰缝质量控制要点

(1)水平灰缝砌筑方法宜采用"三一"砌砖法,即"一铲灰、一块砖、一揉挤"的操作方法。竖向灰缝宜采用挤浆法或加浆法,使其砂浆饱满,严禁用水冲浆灌缝。如采用铺浆法砌筑,铺浆长度不得超过750mm。施工期间气温超过30℃时,铺浆长度不得超过500mm。水平灰缝的砂浆饱满度不得低于80%;竖向灰缝不得出现透明缝、瞎缝和假缝。

(2)清水墙面不应有上下两皮砖搭接长度小于25mm的通缝,不得有三分头砖,不得在上部随意变活乱缝。

(3)空斗墙的水平灰缝厚度和竖向灰缝宽度一般为10mm,但应不小于7mm,也应不大于13mm。

(4)筒拱拱体灰缝应全部用砂浆填满,拱底灰缝宽度宜为5～8mm,筒拱的纵向缝应与拱的横断面垂直。筒拱的纵向两端不宜砌入墙内。

(5)为保持清水墙面立缝垂直一致,当砌至一步架子高时,水平间距每隔2m在丁砖竖缝位置弹两道垂直立线,控制游丁走缝。

(6)清水墙勾缝应采用加浆勾缝,勾缝砂浆宜采用细砂拌制的1∶1.5水泥砂浆。勾凹缝时深度为4~5mm,多雨地区或多孔砖可采用稍浅的凹缝或平缝。

(7)砖砌平拱过梁的灰缝应砌成楔形缝。灰缝宽度,在过梁底面应不小于5mm;在过梁的顶面应不大于15mm。拱脚下面应伸入墙内不小于20mm,拱底应有1%起拱。

(8)砌体的伸缩缝、沉降缝、防震缝中不得夹有砂浆、碎砖和杂物等。

## 二、小砌块砌体工程

### (一)材料要求

(1)小砌块包括普通混凝土小型空心砌块和轻集料混凝土小型空心砌块,施工时所用的小砌块的产品龄期应不小于28d。

(2)砌筑小砌块时,应清除表面污物和芯柱用小砌块孔洞底部的毛边,剔除外观质量不合格的小砌块。

(3)小砌块的品种、强度等级必须符合设计要求,并应有产品合格证书和性能检验报告,进场后需进行复验。

(4)普通小砌块砌筑时,可为自然含水率;当天气干燥炎热时,可提前洒水润湿。轻集料小砌块因吸水率大,宜提前一天浇水湿润。当小砌块表面有浮水时,为避免游砖,应不进行砌筑。

(5)小砌块吸水率应不大于20%。

(6)施工时所用的砂浆宜选用专用的小砌块砌筑砂浆。

(7)砌筑时小砌块的产品龄期不得小于28d。

(8)用于清水墙的砌块,其抗渗性能指标应满足产品标准规定,并应选用优等品小砌块。小砌块对方运输时应有防雨、防潮和排水措施;卸装时应轻码轻放。

### (二)施工准备

运到现场的小砌块应分规格分等级堆放,堆垛上应设标记,堆放现场必须平整并做好排水。小砌块的堆放高度不宜超过1.6m,堆垛之间应保持适当的通道。砌筑基础前应对基坑(或基槽)进行检查,符合要求后方可开始砌筑基础。普通混凝土小砌块不宜浇水;当天气干燥炎热时,可在小砌块上稍加喷水润湿;轻骨料混凝土小砌块可洒水,但不宜过多。

### (三)砂浆制备

砂浆的制备通常应符合以下要求:

(1)砌体所用砂浆应按照设计要求的砂浆品种、强度等级进行配置,砂浆配合比应由试验室确定,采用重量比时,其计量精度为水泥±2%,砂、石灰膏控制在±5%以内。

(2)砂浆应采用机械搅拌。搅拌时间:水泥砂浆和水泥混合砂浆不得少于2min;掺用外加剂的砂浆不得少于3min;掺用有机塑化剂的砂浆应为3~5min。同时还应具有较好的和易性和保水性,一般稠度以5~7cm为宜。

(3)砂浆应搅拌均匀,随拌随用,水泥砂浆和水泥混合砂浆应分别在3h和4h内使用完毕;当施工期间最高气温超过30℃时,应分别在拌成后2h和3h内使用完毕。细石混凝土应在2h内用完。

(4)砂浆试块的制作:在每一楼层或250m³砌体中,每种强度等级的砂浆应至少制作一组(每组6块);当砂浆强度等级或配合比有变更时,也应制作试块。

### (四)质量检验标准

(1)小砌块和芯柱混凝土、砌筑砂浆的强度等级必须符合设计要求。

(2)砌体水平灰缝的砂浆饱满度应按净面积计算,不得低于90%,竖向灰缝饱满度不得小于80%,竖缝凹槽部位应用砌筑砂浆填实,不得出现瞎缝、透明缝。

(3)墙体转角处和纵横交接处应同时砌筑。临时间断处应砌成斜槎,斜槎水平投影长度不应小于斜槎高度。施工洞口可预留直槎,但在洞口砌筑和补砌时,应在直槎上下搭砌的小砌块孔洞内用强度等级不低于C20(或Cb20)的混凝土灌实。

(4)小砌块砌体的芯柱在楼盖处应贯通,不得削弱芯柱截面尺寸;芯柱混凝土不得漏灌。

(5)砌体的水平灰缝厚度和竖向灰缝宽度宜为10mm,但不应小于8mm,也不应大于12mm。

(6)小砌块砌体尺寸、位置的允许偏差应符合表2-3、表2-4的要求。

### ◆关键细节7 小砌块砌筑质量控制要点

(1)小砌块砌筑前应预先绘制砌块排列图,并应确定皮数。不够主规格尺寸的部位应采用辅助规格小砌块。排列图应包括平面与立面两个方面。它不仅对估算主规格及辅助规格块材的用量是不可缺少的,对正确设定皮数杆及指导砌体操作工人进行合理摆砖,准确留置预留洞口、构造柱、梁等位置,确保砌筑质量也是十分重要的。对采用混凝土芯柱的部位,既要保证上下畅通不梗阻,又要避免由于组砌不当造成混凝土灌注时横向流窜,芯柱呈正三角形状(或宝塔状)。不仅浪费材料,而且增加了房屋的永久荷载。

(2)小砌块砌筑墙体时应对孔错缝搭砌;当不能对孔砌筑时,搭接长度不得小于90mm;当个别部位不能满足时,应在水平灰缝中设置拉结钢筋网片,网片两端距竖缝长度均不得小于300mm。竖向通缝(搭接长度小于90mm)不得超过两皮。

(3)小砌块砌筑应将底面(壁、肋稍厚一面)朝上反砌于墙上。需要移动砌体中的小砌块或砌体被撞动后应重新铺砌。

(4)常温下,普通混凝土小砌块日砌高度控制在1.8m以内;轻集料混凝土小砌块日砌高度控制在2.4m以内。

(5)需要移动砌体中的小砌块或砌体被撞动后应重新铺砌。

(6)厕浴间和有防水要求的楼面,墙底部浇筑高度不宜小于200mm的混凝土坎。

(7)雨天砌筑应有防雨措施,砌筑完毕应对砌体进行遮盖。

### ◆关键细节8 小砌块砌体灰缝的设置要求

小砌块砌体铺灰长度不宜超过两块主规格块体的长度;小砌块清水墙的勾缝应采用加浆勾缝,当设计无具体要求时宜采用平缝形式;小砌块砌体的水平灰缝应平直,按净面积计算水平灰缝,砂浆饱满度不得小于90%;小砌块的水平灰缝厚度和竖向灰缝宽度宜为

10mm,但应不小于8mm,也应不大于12mm;铺灰长度不宜超过两块主规格块体的长度;小砌块清水墙的勾缝应采用加浆勾缝,当设计无具体的要求时应采用平缝形式。

#### 关键细节9 浇灌芯柱混凝土的要求

(1)清除孔洞内的砂浆等杂物,并用水冲洗。

(2)砌筑砂浆强度大于1MPa时方可浇灌芯柱混凝土。

(3)在浇灌芯柱混凝土前应先注入适量与芯柱混凝土相同的去石水泥砂浆,再浇灌混凝土。

## 第三节 石砌体与配筋砌体工程

### 一、石砌体工程

#### (一)石砌体工程材料要求

石砌体工程中所用的石料应质地坚实,无风化剥落和裂纹;用于清水墙表面的石材要色泽均匀;在天气严寒地区使用的石料,还要具有一定的抗冻性。砌筑用石有毛石和料石两类。

毛石分为乱毛石和平毛石。乱毛石是指形状不规则的石块;平毛石是指形状不规则,但有两个平面大致平行的石块。对于毛石砌体,选用的毛石应呈块状。

料石按其加工面的平整程度分为细料石、粗料石和毛料石三种。料石各面的加工要求应符合表2-7的规定。料石加工的允许偏差应符合表2-8的规定。料石的宽度、厚度均不宜小于200mm,长度不宜大于厚度的4倍。

表 2-7　　　　　　　　　料石各面的加工要求

| 料石种类 | 外露面及相接周边的表面凹入深度 | 叠砌面和接砌面的表面凹入深度 |
| --- | --- | --- |
| 细料石 | 不大于2mm | 不大于10mm |
| 粗料石 | 不大于20mm | 不大于20mm |
| 毛料石 | 稍加修整 | 不大于25mm |

注:相接周边的表面是指叠砌面、接砌面与外露面相接处20~30mm范围内的部分。

表 2-8　　　　　　　　　料石加工的允许偏差

| 料石种类 | 加工允许偏差/mm | |
| --- | --- | --- |
|  | 宽度、厚度 | 长度 |
| 细料石 | ±3 | ±5 |
| 粗料石 | ±5 | ±7 |
| 毛料石 | ±10 | ±15 |

注:如设计有特殊要求,应按设计要求加工。

石材的强度等级:MU100、MU80、MU60、MU50、MU40、MU30、MU20、MU15

和MU10。

### (三)毛石砌体砌筑要点

毛石砌体在砌筑前要进行选石、坐石。选石是从石料中选取在应砌的位置上大小适宜的石块,然后砌入墙中。坐石时,要把石块垫起,使要打掉的那边架空。毛石砌体应采用铺浆法砌筑。砂浆必须饱满,叠砌面的黏灰面积(即砂浆饱满度)应大于80%。

毛石砌体宜分皮卧砌,各皮石块间应利用毛石自然形状经敲打修整便能与先砌毛石基本吻合、搭砌紧密;毛石应上下错缝,内外搭砌,不得采用外面侧立毛石中间填心的砌筑方法;中间不得有铲口石(尖石倾斜向外的石块)、斧刃石(尖石向下的石块)和过桥石(仅在两端搭砌的石块)。

毛石砌体的灰缝厚度宜为20~30mm,石块间不得有相互接触现象。石块间较大的空隙应先填塞砂浆后用碎石块嵌实,不得采用先摆碎石块后塞砂浆或干填碎石块的方法。

如果设计要求中没有明确的规定,石墙勾缝应采用凸缝或平缝,毛石墙尚应保持砌合的自然缝。

### (四)料石砌体砌筑要点

料石砌体应采用铺浆法砌筑,料石应放置平稳,砂浆必须饱满。砂浆铺设厚度应略高于规定灰缝厚度,其高出厚度:细料石宜为3~5mm;粗料石、毛料石宜为6~8mm。

料石砌体的灰缝厚度:应按料石的种类确定,细料石不宜大于5mm,半细料石墙不宜大于10mm,粗料石墙和毛料石墙不宜大于20mm,砌筑料石墙时,砂浆铺设厚度应略高于灰缝铺设厚度。料石砌体的水平灰缝和竖向灰缝的砂浆饱满度均应大于80%。

料石砌体上下皮料石的竖向灰缝应相互错开,错开长度应不小于料石宽度的1/2。砌体厚度等于或大于两块料石宽度时,如同皮内全部采用顺砌,每砌两皮后,应砌一皮丁砌层;如同皮内采用丁顺组砌,丁砌石应交错设置,其中心间距不应大于2m。

砌体厚度等于或大于两块料石宽度时,如同皮内全部采用顺砌,每砌两皮后,应砌一皮丁砌层;如同皮内采用丁顺组砌,丁砌石应交错设置,其中心间距应不大于2m。

### (五)石砌体质量检验标准

(1)对石砌体的轴线位置及垂直度允许偏差的检查:外墙应按楼层(或4m高以内)每20m抽查1处,每处3延长米,但应不少于3处;内墙应按有代表性的自然间抽查10%,但应不少于3间,每间应不少于2处,柱子应不少于5根。

(2)石砌体的尺寸位置的允许偏差应符合表2-9的规定。

表2-9　　　　　石砌体尺寸、位置的允许偏差及检验方法

| 项次 | 项目 | 允许偏差/mm | | | | | | | 检验方法 |
| --- | --- | --- | --- | --- | --- | --- | --- | --- | --- |
| | | 毛石砌体 | | 料石砌体 | | | | | |
| | | | | 毛料石 | | 粗料石 | | 细料石 | |
| | | 基础 | 墙 | 基础 | 墙 | 基础 | 墙 | 墙、柱 | |
| 1 | 轴线位置 | 20 | 15 | 20 | 15 | 15 | 10 | 10 | 用经纬仪和尺检查,或用其他测量仪器检查 |

(续)

| 项次 | 项目 | | 允许偏差/mm | | | | | | 检验方法 |
|---|---|---|---|---|---|---|---|---|---|
| | | | 毛石砌体 | | 料石砌体 | | | | |
| | | | | | 毛料石 | | 粗料石 | 细料石 | |
| | | | 基础 | 墙 | 基础 | 墙 | 基础 | 墙 | 墙、柱 | |
| 2 | 基础和墙砌体顶面标高 | | ±25 | ±15 | ±25 | ±15 | ±15 | ±15 | ±10 | 用水准仪和尺检查 |
| 3 | 砌体厚度 | | +30 | +20<br>−10 | +30 | +20<br>−10 | +15 | +10<br>−5 | +10<br>−5 | 用尺检查 |
| 4 | 墙面垂直度 | 每层 | — | 20 | — | 20 | — | 10 | 7 | 用经纬仪、吊线和尺检查或用其他测量仪器检查 |
| | | 全高 | — | 30 | — | 30 | — | 25 | 10 | |
| 5 | 表面平整度 | 清水墙、柱 | — | — | — | 20 | — | 10 | 5 | 细料石用 2 m 靠尺和楔形塞尺检查,其他用两直尺垂直于灰缝拉 2 m 线和尺检查 |
| | | 混水墙、柱 | — | — | — | 20 | — | 15 | — | |
| 6 | 清水墙水平灰缝平直度 | | — | — | — | — | — | 10 | 5 | 拉 10 m 线和尺检查 |

(3)石砌体的组砌形式应符合下列规定:

1)内外搭砌,上下错缝,拉结石、丁砌石交错设置;

2)毛石墙拉结石每 $0.7m^2$ 墙面不应少于 1 块。

### 关键细节 10  石砌体搭槎质量控制要点

(1)石砌体的转角处和交接处应同时砌筑。对不能同时砌筑而必须留置的临时间断处,应砌成踏步槎。

(2)在毛石和实心砖的组合墙中,毛石砌体与砖砌体应同时砌筑,并每隔 4~6 皮砖用 2~3 皮丁砖与毛石砌体拉结砌合。两种砌体间的空隙应用砂浆填满。

(3)毛石墙和砖墙相接的转角处和交接处应同时砌筑。转角处应自纵墙(或横墙)每隔 4~6 皮砖高度引出不小于 120mm 与横墙(或纵墙)相接;交接处应自纵墙每隔 4~6 皮砖高度引出不小于 120mm 与横墙相接。

(4)在料石和毛石或砖的组合墙中,料石砌体和毛石砌体或砖砌体应同时砌筑,并每隔 2~3 皮料石层用丁砌层与毛石砌体或砖砌体拉结砌合。丁砌料石的长度宜与组合墙厚度相同。

### 关键细节 11  石砌体基础质量控制要点

(1)砌筑毛石基础的第一皮石块应坐浆,并将大面向下。毛石基础如做成阶梯形,上级阶梯的石块应至少压砌下级阶梯的 1/2,相邻阶梯的毛石应相互错缝搭砌。

(2)砌筑料石基础的第一皮应用丁砌层坐浆砌筑。阶梯形料石基础,上级阶梯的料石应至少压砌下级阶梯的 1/3。

### 关键细节12 石砌挡土墙质量控制要点

(1)毛石的中部厚度不宜小于200mm。

(2)毛石每砌3~4皮为一个分层高度,每个分层高度应找平一次。

(3)毛石外露面的灰缝厚度不得大于40mm,两个分层高度间分层处毛石的错缝不得小于80mm。

(4)料石挡土墙中间部分为毛石砌时,丁砌料石伸入毛石部分长度应不小于200mm。从挡土墙的整体性和稳定性考虑,对料石挡土墙,当设计未做具体要求时,从经济出发,中间部分可添砌毛石,但应时丁砌料石深入毛石部分的长度不小于200mm。

(5)湿砌挡土墙泄水孔当设计无规定时,应符合下列规定:泄水孔应均匀设置;泄水孔与土体间铺设长宽各为300mm、厚200mm的卵石或碎石做疏水层。

(6)挡土墙内侧回填土必须分层夯填,分层松土厚度应为300mm。墙顶土面应有坡度使水流向挡土墙外侧。

挡土墙内侧回填土的质量是保证挡土墙可靠性的重要因素之一,应控制其质量,并在顶面应有适当坡度使水流向挡土墙外侧面。

## 二、配筋砌体工程

### (一)配筋砌体工程材料要求

(1)用于砌体工程的钢筋品种、强度等级必须符合设计要求,并应有产品合格证书和性能检测报告,进场后应进行复验。

(2)设置在潮湿或有化学侵蚀性介质环境中的砌体灰缝内的钢筋,应采用镀锌钢材、不锈钢或有色金属材料,或在钢筋表面涂刷防腐涂料或防锈剂。

### (二)面层和砖组合砌体施工要点

面层和砖组合砌体有组合砖柱、组合砖垛、组合砖墙(图2-2)。

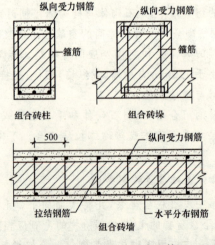

图2-2 面层和砖组合砌体

面层和砖组合砌体由烧结普通砖砌体、混凝土或砂浆面层以及钢筋等组成。

烧结普通砖砌体,所用砌筑砂浆强度等级不得低于 M7.5,砖的强度等级不宜低于 MU10。

混凝土面层所用混凝土强度等级宜采用 C20。混凝土面层厚度应大于 45mm。

砂浆面层所用水泥砂浆强度等级不得低于 M7.5。砂浆面层厚度为 30~45mm。

竖向受力钢筋宜采用 HPB300 级钢筋,混凝土面层亦可采用 HRB335 级钢筋。箍筋的直径不宜小于 4mm 及 0.2 倍的受压钢筋直径,并不宜大于 6mm。箍筋的间距应不大于 20 倍受压钢筋的直径及 500mm,并应不小于 120mm。

当组合砖砌体一侧受力钢筋多于 4 根时,应设置附加箍筋或拉结钢筋。

对于组合砖墙,应采用穿通墙体的拉结钢筋作为箍筋,同时设置水平分布钢筋。水平分布钢筋竖向间距及拉结钢筋的水平间距均应不大于 500mm。

面层和砖组合砌体应按下列顺序施工:

(1)砌筑砖砌体,同时按照箍筋或拉结钢筋的竖向间距,在水平灰缝中铺置箍筋或拉结钢筋。

(2)绑扎钢筋:将纵向受力钢筋与箍筋绑牢,在组合砖墙中将纵向受力钢筋与拉结钢筋绑牢,将水平分布钢筋与纵向受力钢筋绑牢。

(3)在面层部分的外围分段支设模板,每段支模高度宜在 500mm 以内,浇水润湿模板及砖砌体面,分层浇灌混凝土或砂浆,并用捣棒捣实。

(4)待面层混凝土或砂浆的强度达到其设计强度的 30% 以上时方可拆除模板。如有缺陷应及时修整。

### (三)构造柱和砖组合砌体施工要点

构造柱和砖组合砌体仅有组合砖墙(图 2-3)。构造柱和砖组合墙由钢筋混凝土构造柱、烧结普通砖墙以及拉结钢筋等组成。

图 2-3 构造柱和砖组合墙

构造柱和砖组合砌体施工要点如下:

(1)构造柱和砖组合墙的施工程序应为先砌墙后浇混凝土构造柱。构造柱施工程序为:绑扎钢筋→砌砖墙→支模板→浇混凝土→拆模。

(2)构造柱的模板可用木模板或组合钢模板。在每层砖墙及其马牙槎砌好后,应立即支设模板。

(3)构造柱的底部(圈梁面上)应留出 2 皮砖高的孔洞,以便清除模板内的杂物,清除后封闭。

(4)在进行构造柱混凝土浇筑前,需要将马牙槎部位和模板浇水湿润,将模板内的落地灰、砖渣等杂物清理干净,并在结合面处适量注入与构造柱混凝土相同的去石水泥砂浆。

(5)构造柱的混凝土坍落度宜为50～70mm,石子粒径不宜大于20mm。混凝土随拌随用,拌合好的混凝土应在1.5h内浇灌完。

(6)构造柱的混凝土浇灌可以分段进行,每段高度不宜大于2.0m。在施工条件较好并能确保混凝土浇灌密实时,亦可每层一次浇灌。

(7)捣实构造柱混凝土时,宜用插入式混凝土振动器分层振捣,振动棒随振随拔,每次振捣层的厚度应不超过振捣棒长度的1.25倍。振捣棒应避免直接碰触砖墙,严禁通过砖墙传振。钢筋的混凝土保护层厚度宜为20～30mm。

(8)构造柱从基础到顶层必须垂直,对准轴线。在逐层安装模板前,必须根据构造柱轴线随时校正竖向钢筋的位置和垂直度。

### (四)网状配筋砖砌体施工要点

网状配筋砖砌体有配筋砖柱、砖墙,即在烧结普通砖砌体的水平灰缝中配置钢筋网(图2-4)。

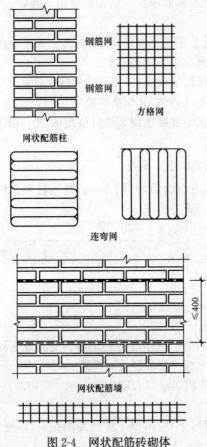

图2-4 网状配筋砖砌体

网状配筋砖砌体施工要点如下:
(1)设计中所用的钢筋应按设计要求规定制作成型。

(2)砖砌体部分用常规方法砌筑。在配置钢筋网的水平灰缝中,应先铺一半厚的砂浆层,放入钢筋网后再铺一半厚砂浆层,使钢筋网居于砂浆层厚度中间。钢筋网四周应有砂浆保护层。

(3)在进行钢筋网的水平灰缝厚度配置的过程中应注意:当用方格网时,水平灰缝厚度为2倍钢筋直径加4mm;当用连弯网时,水平灰缝厚度为钢筋直径加4mm。确保钢筋上下各有2mm厚的砂浆保护层。

(4)网状配筋砖砌体外表面宜用1∶1水泥砂浆勾缝或抹灰。

**(五)配筋砌块构造配筋的相关规定**

配筋砌块柱的构造配筋(图2-5)应符合下列规定:

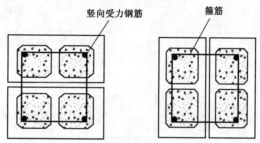

图2-5 配筋砌块柱的构造配筋

(1)柱的纵向钢筋直径不宜小于12mm,数量不少于4根,全部纵向受力钢筋的配筋率不宜小于0.2%。

(2)箍筋设置应根据下列情况确定:

1)当纵向受力钢筋的配筋率大于0.25%,且柱承受的轴向力大于受压承载力设计值的25%时,柱应设箍筋;当配筋率小于0.25%时,或柱承受的轴向力小于受压承载力设计值的25%时,柱中可不设置箍筋。

2)箍筋直径不宜小于6mm。

(3)箍筋的间距应不大于16倍的纵向钢筋直径、48倍箍筋直径及柱截面短边尺寸中较小者。

(4)箍筋应做成封闭状,端部应有弯钩。

(5)箍筋应设置在水平灰缝或灌孔混凝土中。

**(六)配筋砌体工程质量检验标准**

(1)钢筋的品种、规格、数量和设置部位应符合设计要求。

(2)构造柱、芯柱、组合砌体构件、配筋砌体剪力墙构件的混凝土或砂浆的强度等级应符合设计要求。

(3)构造柱与墙体的连接应符合下列规定:

1)墙体应砌成马牙槎,马牙槎凹凸尺寸不宜小于60mm,高度不应超过300mm,马牙槎应先退后进,对称砌筑;马牙槎尺寸偏差每一构造柱不应超过2处;

2)预留拉结钢筋的规格、尺寸、数量及位置应正确,拉结钢筋应沿墙高每隔500mm设

2φ6，伸入墙内不宜小于600mm，钢筋的竖向移位不应超过100mm，且竖向移位每一构造柱不得超过2处；

3）施工中不得任意弯折拉结钢筋。

抽检数量：每检验批抽查不应少于5处。

检验方法：观察检查和尺量检查。

(4) 配筋砌体中受力钢筋的连接方式及锚固长度、搭接长度应符合设计要求。

(5) 构造柱一般尺寸允许偏差及检验方法应符合表2-10的规定。

表2-10　　　　　　　构造柱一般尺寸允许偏差及检验方法

| 项次 | 项目 | | 允许偏差/mm | 检验方法 |
|---|---|---|---|---|
| 1 | 中心线位置 | | 10 | 用经纬仪和尺检查或用其他测量仪器检查 |
| 2 | 层间错位 | | 8 | 用经纬仪和尺检查或用其他测量仪器检查 |
| 3 | 垂直度 | 每层 | 10 | 用2m托线板检查 |
| | | ≤10 m | 15 | 用经纬仪、吊线和尺检查，或用其他测量仪器检查 |
| | | >10 m | 20 | |

(6) 网状配筋砖砌体中，钢筋网规格及放置间距应符合设计规定。每一构件钢筋网沿砌体高度位置超过设计规定一皮砖厚不得多于一处。

(7) 钢筋安装位置的允许偏差及检验方法应符合表2-11的规定。

表2-11　　　　　　　钢筋安装位置的允许偏差和检验方法

| 项目 | | 允许偏差/mm | 检验方法 |
|---|---|---|---|
| 受力钢筋保护层厚度 | 网状配筋砌体 | ±10 | 检查钢筋网成品，钢筋网放置位置局部剔缝观察，或用探针刺入灰缝内检查，或用钢筋位置测定仪测定 |
| | 组合砖砌体 | ±5 | 支模前观察与尺量检查 |
| | 配筋小砌块砌体 | ±10 | 浇筑灌孔混凝土前观察与尺量检查 |
| 配筋小砌块砌体墙凹槽中水平钢筋间距 | | ±10 | 钢尺量连续三挡，取最大值 |

## 关键细节13　配筋砖砌体配筋质量控制要点

(1) 砌体水平灰缝中钢筋的锚固长度不宜小于50d，且其水平或垂直弯折段长度不宜小于20d和150mm；钢筋的搭接长度应不小于55d。

(2) 配筋砌块砌体剪力墙的灌孔混凝土中竖向受拉钢筋，钢筋搭接长度应不小于35d且不小于300mm。

(3) 砌体与构造柱、芯柱的连接处应设2φ6拉结筋或φ4钢筋网片，间距沿墙高应不超过500mm(小砌块为600mm)；埋入墙内长度每边不宜小于600mm；对抗震设防地区不宜小于1m；钢筋末端应有90°弯钩。

(4)钢筋网可采用连弯网或方格网。钢筋直径宜采用3~4mm；当采用连弯网时，钢筋的直径应不大于8mm。

(5)钢筋网中钢筋的间距应不大于120mm，并应不小于30mm。

### 关键细节14  构造柱、芯柱质量控制要点

(1)构造柱浇灌混凝土前，必须将砌体留槎部位和模板浇水润湿，将模板内的落地灰、砖渣和其他杂物清理干净，并在结合面处适量注入与构造柱混凝土相同的去石水泥砂浆。振捣时，应避免触碰墙体，严禁通过墙体传震。

(2)配筋砌块芯柱在楼盖处应贯通，并不得削弱芯柱截面尺寸。

(3)构造柱纵筋应穿过圈梁，保证纵筋上下贯通；构造柱箍筋在楼层上下各500mm范围内应进行加密，间距宜为100mm。

(4)墙体与构造柱连接处应砌成马牙槎，从每层柱脚起，先退后进，马牙槎的高度应不大于300mm；并应先砌墙后浇混凝土构造柱。

(5)小砌块墙中设置构造柱时，与构造柱相邻的砌块孔洞，当设计无具体要求时，6度（抗震设防烈度，下同）时宜灌实，7度时应灌实，8度时应灌实并插筋。

### 关键细节15  构造柱、芯柱中的箍筋质量控制要点

(1)当纵向钢筋的配筋率大于0.25%，且柱承受的轴向力大于受压承载力设计值的25%时，柱应设箍筋；当配筋率等于或小于0.25%时，或柱承受的轴向力小于受压承载力设计值的25%时，柱中可不设置箍筋。

(2)箍筋直径不宜小于6mm。

(3)箍筋的间距应不大于16倍的纵向钢筋直径、48倍箍筋直径及柱截面短边尺寸中较小者。

(4)箍筋应做成封闭式，端部应弯钩。

(5)箍筋应设置在灰缝或灌孔混凝土中。

## 第四节  填充墙砌体

### 一、填充墙砌体对材料的要求

(1)砌筑填充墙时，轻骨料混凝土小型空心砌块和蒸压加气混凝土砌块的产品龄期不应小于28d，蒸压加气混凝土砌块的含水率宜小于30%。

(2)烧结空心砖、蒸压加气混凝土砌块、轻骨料混凝土小型空心砌块等的运输、装卸过程中，严禁抛掷和倾倒；进场后应按品种、规格堆放整齐，堆置高度不宜超过2m。蒸压加气混凝土砌块在运输及堆放中应防止雨淋。

(3)吸水率较小的轻骨料混凝土小型空心砌块及采用薄灰砌筑法施工的蒸压加气混凝土砌块，砌筑前不应对其浇（喷）水湿润；在气候干燥炎热的情况下，对吸水率较小的轻骨料混凝土小型空心砌块宜在砌筑前喷水湿润。

(4)采用普通砌筑砂浆砌筑填充墙时，烧结空心砖、吸水率较大的轻骨料混凝土小型

空心砌块应提前1~2d浇(喷)水湿润。蒸压加气混凝土砌块采用蒸压加气混凝土砌块砌筑砂浆或普通砌筑砂浆砌筑时,应在砌筑当天对砌块面喷水湿润。块体湿润程度宜符合下列规定:

1)烧结空心砖的相对含水率60%~70%;

2)吸水率较大的轻骨料混凝土小型空心砌块、蒸压加气混凝土砌块的相对含水率40%~50%。

(5)在厨房、卫生间、浴室等处采用轻骨料混凝土小型空心砌块、蒸压加气混凝土砌块砌筑墙体时,墙底部宜现浇混凝土坎台,其高度宜为150mm。

(6)填充墙拉结筋处的下皮小砌块宜采用半盲孔小砌块或用混凝土灌实孔洞的小砌块;薄灰砌筑法施工的蒸压加气混凝土砌块墙体,拉结筋应放置在砌块上表面设置的沟槽内。

(7)蒸压加气混凝土砌块、轻骨料混凝土小型空心砌块不应与其他块体混砌,不同强度等级的同类块体也不得混砌。

注:窗台处和因安装门窗需要,在门窗洞口处两侧填充墙上、中、下部可采用其他块体局部嵌砌;对与框架柱、梁不脱开方法的填充墙,填塞填充墙顶部与梁之间缝隙可采用其他块体。

(8)填充墙砌体砌筑,应待承重主体结构检验批检验合格后进行。填充墙与承重主体结构间的空(缝)隙部位施工,应在填充墙砌筑14d后进行。

## 二、填充墙砌体的墙体砌筑方法

### (一)填充墙砌体的砌筑方法

(1)按照设计图纸的要求和砌块的尺寸进行砌块的排列。

(2)砌筑前,先根据砖墙位置弹出墙身轴线和边线。开始砌筑时先要摆砖,排出灰缝宽度,摆砖时应注意门窗位置、砖垛等对灰缝的影响,同时要考虑窗间墙的组砌方法,砌块排列上下皮应错缝搭砌,搭砌长度为砌块的1/2,应不小于砌块的1/3(加气块)。

(3)外墙转角处和纵横墙交接处的砌块应分皮交槎,交错搭砌。

(4)填充墙砌体砌筑时,墙底部应砌烧结普通砖,其高度不宜小于200mm。

(5)蒸压加气混凝土砌块要单独使用,不应与其他块材混砌。

(6)填充墙砌体留置的拉接筋应与块体皮数相符合。拉接钢筋应置于灰缝中,埋置长度应符合设计要求。

(7)要确保墙体中留置的过人洞侧边离交接处的墙面不小于500mm,洞口顶部设置钢筋混凝土过梁。

(8)砌体施工前应将基底清理干净。砖砌体组砌方法要正确,上下错缝,砌体灰缝应为8~12mm。蒸压加气混凝土砌块砌体的水平灰缝厚度及竖向灰缝宽度宜分别为15mm和20mm。砌体的砂浆饱满度≥80%。

(9)施工作业的前两天需要对填充墙砌体砌筑块材进行浇水润湿。蒸压加气混凝土砌筑时应向砌筑面适量浇水。

(10)砂浆试块留置方法、组数、养护应符合规范要求。

(11)填充墙砌至接近梁、板底时应留一定空隙,待填充墙砌筑完并应至少间隔7d后,再将其补砌挤紧。

## (二)填充墙砌体施工质量检验标准

(1)砖、砌块和砌筑砂浆的强度等级应符合设计要求。

检验方法:检查砖或砌块的合格证书、产品性能检验报告和砂浆试块试验报告。

(2)填充墙砌体一般尺寸的允许偏差应符合表2-12的规定。

表2-12　　　　　填充墙砌体一般尺寸允许偏差

| 项次 | 项目 | | 允许偏差/mm | 检验方法 |
|---|---|---|---|---|
| 1 | 轴线位移 | | 10 | 用尺检查 |
| | 垂直度 | 小于或等于3m | 5 | 用2m托线板或吊线、尺检查 |
| | | 大于3m | 10 | |
| 2 | 表面平整度 | | 8 | 用2m靠尺和楔形塞尺检查 |
| 3 | 门窗洞口高、宽(后塞口) | | ±5 | 用尺检查 |
| 4 | 外墙上、下窗口偏移 | | 20 | 用经纬仪或吊线检查 |

(3)填充墙砌体的砂浆饱满度及检验方法应符合表2-13的规定。

表2-13　　　　　填充墙砌体的砂浆饱满度及检验方法

| 砌体分类 | 灰缝 | 饱满度及要求 | 检验方法 |
|---|---|---|---|
| 空心砖砌体 | 水平 | ≥80% | 采用百格网检查块体底面或侧面砂浆的粘结痕迹面积 |
| | 垂直 | 填满砂浆,不得有透明缝、瞎缝、假缝 | |
| 蒸压加气混凝土砌块、轻骨料混凝土小型空心砌块砌体 | 水平 | ≥80% | |
| | 垂直 | ≥80% | |

(4)填充墙砌体留置的拉结钢筋或网片的位置应与块体皮数相符合。拉结钢筋或网片应置于灰缝中,埋置长度应符合设计要求,竖向位置偏差应不超过一皮高度。

(5)填充墙砌筑时应错缝搭砌,蒸压加气混凝土砌块搭砌长度应不小于砌块长度的1/3;轻骨料混凝土小型空心砌块搭砌长度应不小于90mm;竖向通缝应不大于2皮。

(6)填充墙的水平灰缝厚度和竖向灰缝宽度应正确,烧结空心砖、轻骨料混凝土小型空心砌块砌体的灰缝应为8～12mm;蒸压加气混凝土砌块砌体当采用水泥砂浆、水泥混合砂浆或蒸压加气混凝土砌块砌筑砂浆时,水平灰缝厚度和竖向灰缝宽度不应超过15mm;当蒸压加气混凝土砌块砌体采用蒸压加气混凝土砌块粘结砂浆时,水平灰缝厚度和竖向灰缝宽度宜为3～4mm。

(7)填充墙至接近梁、板底时,应留一定空隙,待填充墙砌完并应至少间隔7d后,再将其补砌挤紧。

### 关键细节16　填充墙砌体工程质量控制要点

(1)用砂浆砌筑时的含水率:轻集料小砌块宜为5%～8%,空心砖宜为10%～15%,加气砌块宜小于15%,粉煤灰加气混凝土制品宜小于20%。

(2)轻集料小砌块、加气砌块和薄壁空心砖(如三孔砖)砌筑时,墙底部应砌筑烧结普通砖、多孔砖、普通小砖块(采用混凝土灌孔更好)或浇筑混凝土,其高度不宜小于200mm。

(3)厕浴间和有防水要求的房间,所有墙底部200mm高度内均应浇筑混凝土坎台。

(4)轻集料小砌块和加气砌块砌体,由于干缩值大(是烧结黏土砖的数倍),应不与其他块材混砌。但对于因构造需要的墙底部、顶部、门窗固定部位等,可局部适量镶嵌其他块材。不同砌体交接处可采用构造柱连接。

(5)小砌块、加气砌块砌筑时应防止雨淋。

(6)填充墙的水平灰缝砂浆饱满度均应不小于80%;小砌块、加气砌块砌体的竖向灰缝也应不小于80%,其他砖砌体的竖向灰缝应填满砂浆,并不得有透明缝、瞎缝、假缝。

(7)填充墙砌筑时应错缝搭砌。单排孔小砌块应对孔错缝砌筑,当不能对孔时,搭接长度应不小于90mm,加气砌块搭接长度不小于砌块长度的1/3;当不能满足时,应在水平灰缝中设置钢筋加强。

(8)封堵外墙支模洞、脚手眼等,应在抹灰前派专人实施,在清洗干净后应从墙体两侧封堵密实,确保不开裂、不渗漏,并应加强检查,做好记录。

(9)填充墙砌至梁、板底部时,应留一定空隙,至少间隔7d后再砌筑、挤紧;或用坍落度较小的混凝土或水泥砂浆填嵌密实。在封砌施工洞口及外墙井架洞口时尤其应严格控制,千万不能一次到顶。

(10)砌筑伸缩缝、沉降缝、抗震缝等变形缝处砌体时应确保缝的净宽,并应采取遮盖措施或填嵌聚苯乙烯等发泡材料等,防止缝内夹有块材、碎渣、砂浆等杂物。

(11)钢筋混凝土结构中砌筑填充墙时,应沿框架柱(剪力墙)全高每隔500mm(砌块模数不能满足时可为600mm)设2$\phi$6拉结筋,拉结筋伸入墙内的长度应符合设计要求;当设计未具体要求时:非抗震设防及抗震设防烈度为6度、7度时,应不小于墙长的1/5且不小于700mm;烈度为8度、9度时宜沿墙全长贯通。

(12)利用砌体支承模板时,为防止砌体松动,严禁采用"骑马钉"直接敲入砌体的做法。利用砌体入模浇筑混凝土构造柱等,当砌体强度、刚度不能克服混凝土振捣产生的侧向力时,应采取可靠措施,防止砌体变形、开裂,杜绝渗漏隐患。

(13)填充墙与混凝土结合部的处理,应按设计要求进行;若设计无要求,宜在该处内外两侧敷设宽度不小于200mm的钢丝网片,网片应绷紧后分别固定于混凝土与砌体上的粉刷层内,要保证网片粘结牢固。

### 关键细节17 砌体砌筑时应注意的问题

(1)进场人员必须戴好安全帽,禁止穿拖鞋或赤脚。

(2)脚手架上堆料不得超过规定荷载,堆砖(普通砖)高度不得超过单排3皮侧砖,同一脚手架板上的操作人员不要超过二人。

(3)在楼层施工时,堆放机具、砖块等物品不得超过使用荷载。

(4)不得用不稳定的工具或物体在脚手板面垫高操作。

(5)吊盘上砖灰时应注意上下人员的安全,禁止乘吊盘上下。

(6)在同垂直面内,上下交叉作业时,必须设置安全隔离板,下方操作人员必须戴好安全帽。

# 第五节 砌体冬期施工

## 一、砌体冬期施工时材料的要求

砌体冬期施工对材料的要求有以下几方面：

(1)烧结普通砖、烧结多孔砖、蒸压灰砂砖、蒸压粉煤灰砖、烧结空心砖、吸水率较大的轻骨料混凝土小型空心砌块在气温高于0℃条件下砌筑时，应浇水湿润；在气温低于、等于0℃条件下砌筑时，可不浇水，但必须增大砂浆稠度；

(2)普通混凝土小型空心砌块、混凝土多孔砖、混凝土实心砖及采用薄灰砌筑法的蒸压加气混凝土砌块施工时，不应对其浇(喷)不湿润。

(3)抗震设防烈度为9度的建筑物，当烧结普通砖、烧结多孔砖、蒸压粉煤灰砖、烧结空心砖无法浇水湿润时，如无特殊措施，不得砌筑。

(4)拌合砂浆时水的温度不得超过80℃，砂的温度不得超过40℃。

(5)采用砂浆掺外加剂法、暖棚法施工时，砂浆使用温度不应低于5℃。

(6)采用暖棚法施工，块体在砌筑时的温度不应低于5℃，距离所砌的结构底面0.5m处的棚内温度也不应低于5℃。

## 二、冬期施工措施

工程在低温季(日平均气温低于5℃或最低气温低于气3℃)修建时，需要采取防冻保暖措施。

气温根据当地气象资料确定。

冬期施工期限以外，当日最低气温低于0℃时，也应按本节的规定执行。

若应采用冬期施工措施时没有采取，会导致技术上的失误，造成工程质量事故；若冬期施工工期规定得太长，到了没有必要时仍采取冬期施工措施，将影响到冬期施工费用问题；冬期施工的砌体工程质量验收除应符合本节要求外，还应符合国家现行标准《建筑工程冬期施工规程》(JGJ/T 104—2011)的规定。砌体工程冬期施工，由于气温低给施工带来诸多不便，必须采取一些必要的冬期施工技术措施来确保工程质量，同时又要保证常温施工情况下的一些工程质量要求。砌体工程冬期施工应有完整的冬期施工方案。砌体工程在冬期施工过程中只有加强管理和采取必要的技术措施才能保证工程质量符合要求。因此，砌体工程冬期施工应有完整的冬期施工方案。

### 关键细节18 外加剂法进行冬期施工质量控制

外加剂法是在砌筑砂浆中掺入适量外加剂，使砂浆在砌筑和养护过程中不致冻结且加速硬化。

(1)外加剂可使用氯盐或亚硝酸钠等盐类。氯盐以氯化钠为主。当气温低于-15℃时，也可与氯化钙复合使用。氯盐掺量应按表2-14选用。

| 表 2-14 | | 氯盐外加剂掺量（占用水重量百分比） | | | | % |
|---|---|---|---|---|---|---|
| 氯盐及砌体材料种类 | | 日最低温度/℃ | | | | |
| | | ≥-10 | -11~-15 | -16~-20 | -21~-25 | |
| 氯化钠 | 砖、砌块 | 3 | 5 | 7 | — | |
| | 石 | 4 | 7 | 10 | — | |
| 复盐 | 氯化钠 氯化钙 | 砖、砌块 | — | — | 5 2 | 7 3 |

注：掺盐量以无水盐计。

（2）砌筑时砂浆温度应不低于5℃。当最低气温等于或低于-15℃时，砌筑承重砌体的砂浆强度等级应按常温施工提高一级。

（3）采用氯盐砂浆时，砌体中配置的钢筋及钢预埋件，应预先做好防腐处理。

（4）氯盐砂浆砌体施工时，每日砌筑高度不宜超过1.2m，墙体留置的洞口，距交接处应不小于500mm。

（5）氯盐砂浆砌体不得在下列情况下采用：
1）对装饰工程有特殊要求的建筑物。
2）使用温度大于80％的建筑物。
3）配筋、钢埋件无可靠的防腐处理措施的砌体。
4）接近高压电线的建筑物（如变电所、发电站等）。
5）经常处于地下水位变化范围内，以及在地下未设防水层的结构。

### 关键细节19 暖棚法进行冬期施工质量控制

暖棚法是将砌体置于搭设的棚中，棚内设置散热器、排管、电热器或火炉等加热棚内空气，使砌体处于正温环境下养护，适用于地下工程、基础工程以及量小又急需砌筑使用的砌体结构。

（1）采用暖棚法施工时，块材在砌筑时的温度应不低于5℃，而距离所砌的砌体底面0.5m处的棚内温度也应不低于5℃，主要是保证砌体中的砂浆具有一定的温度以利其强度的增长。

（2）砌体在暖棚内的养护时间，根据暖棚内的温度，应按表2-15确定。

| 表 2-15 | 暖棚法砌体的养护时间 | | | |
|---|---|---|---|---|
| 暖棚内温度/℃ | 5 | 10 | 15 | 20 |
| 养护时间/d | ≥6 | ≥5 | ≥4 | ≥3 |

（3）砌体暖棚法施工，近似于常温施工与养护，为有利于砌体强度的增长，暖棚内尚应保持一定的温度。表2-15中给出的养护时间是根据砂浆等级和养护温度与强度增长之间的关系确定的。砂浆强度达到强度的30%，即达到了砂浆允许受冻临界强度值，在拆除暖棚时，遇到负温度也不会引起强度损失。表中数值是最少养护期限，并限于未掺盐的砂浆，如果施工要求强度有较快增长，可以延长养护时间或提高棚内养护温度以满足施工进度要求。

### 关键细节 20  冻结法进行冬期施工质量控制

冻结法是采用普通水泥砂浆、铺砌完毕后,允许砌体冻结的施工方法。

(1)采用冻结法砌筑时,砂浆使用最低温度应符合表 2-16 的规定。

表 2-16  冻结法砌筑时砂浆最低温度  ℃

| 室外空气温度 | 砂浆最低温度 |
| --- | --- |
| 0~-10 | 10 |
| -11~-25 | 15 |
| 低于-25 | 25 |

(2)当日最低气温高于-25℃时,砌筑承重砌体砂浆强度等级应较常温施工提高 1 级;当日最低气温等于或低于-25℃时,应提高 2 级。砂浆强度等级不得小于 M2.5,重要结构的砂浆强度等级不得小于 M5。

(3)在冻结法施工的解冻期间,应经常对砌体进行观测和检查,如出现裂缝、不均匀下沉等情况,应立即采取加固措施。

(4)采用冻结法施工,在楼板水平面位置墙的拐角、交接和交叉处应配置拉结钢筋,并按墙厚计算,每 120mm 配一条 φ6 钢筋,其伸入相邻墙内的长度不得小于 1m。拉结钢筋的末端应设弯钩。

(5)施工应按水平分段进行,工作段宜画在变形缝处。每日砌筑高度及临时间断处的高度差均不得大于 1.2m。

(6)解冻期间砌体中砂浆基本无强度或强度较低,又可能产生不均匀沉降,造成砌体裂缝。

(7)在门窗框上部应留出缝隙,其宽度在砖砌体中应不小于 50mm,在料石砌体中应不小于 30mm。留置在砌体中的洞口和沟槽等,宜在解冻前填砌完毕。

(8)下列砌体不得采用冻结法施工:

1)混凝土小型空心砌块砌体。

2)毛石砌体。

3)承受侧压力的砌体。

4)在解冻期间可能受到振动或其他动力荷载的砌体。

5)在解冻时不允许产生沉降的砌体。

(9)采用冻结法砌筑的墙体,与已经沉降的墙交接处,应留沉降缝。

# 第三章 混凝土结构工程

## 第一节 模板工程

### 一、模板安装

#### (一)模板的分类

**1. 按材料性质分类**

模板是混凝土浇筑成型的模壳和支架。按材料的性质可分为木模板、钢模板、塑料模板和其他模板等。

(1)木模板。混凝土工程开始出现时,都是使用木材来做模板的。木材被加工成木板、木方,然后经过组合成构件所需的模板。20世纪50年代我国现浇结构模板主要采用传统的手工拼装木模板,耗用木材量大,施工方法落后。近些年,出现了用多层胶合板做模板料进行施工的方法。对这种胶合板做的模板,国家专门制定了《混凝土模板用胶合板》(GB/T 17656),对模板的尺寸、材质、加工提出了规定。用胶合板制作模板,加工成型比较省力,材质坚韧,不透水,自重轻,浇筑出的混凝土外观比较清晰美观。

(2)钢模板。国内使用的钢模板大致可分为两类。一类为小块钢模,是以一定尺寸模数做成不同大小的单块钢模,最大尺寸是300mm×1500mm×50mm,在施工时拼装成构件所需的尺寸,亦称为小块组合钢模,组合拼装时采用U形卡将板缝卡紧形成一体。另一类是大模板,用于墙体的支模,多用在剪力墙结构中,模板的大小按设计的墙身大小而定型制作,大模板构造图如图3-1所示。

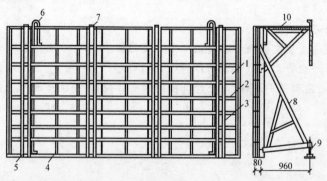

图 3-1 大模板构造图
1—面板;2—横肋;3—竖肋;4—小肋;5—穿墙螺栓;
6—吊环;7—上口卡座;8—支承架;9—地脚螺钉;10—操作平台

(3)塑料模板。塑料模板是随着钢筋混凝土预应力现浇密肋楼盖的出现而创制出来的。其形状如一个方的大盆,支模时倒扣在支架上,底面朝上,称为塑壳定型模板。在壳模四侧形成十字交叉的楼盖肋梁。这种模板的优点是拆模快,容易周转,它的不足之处是仅能用在钢筋混凝土结构的楼盖施工中。

(4)其他模板。20世纪80年代中期以来,现浇结构模板趋向多样化,发展更为迅速,主要有玻璃钢模板、压型钢模、钢木(竹)组合模板、装饰混凝土模板以及复合材料模板等。

**2. 按施工工艺条件分类**

模板按施工工艺条件可分为现浇混凝土模板、预组装模板、大模板、跃升模板、水平滑动的隧道工模板和垂直滑动的模板等。

(1)现浇混凝土模板。它是根据混凝土结构形状不同就地形成的模板,多用于基础、梁、板等现浇混凝土工程。模板支承系多通过支于地面或基坑侧壁以及对拉的螺栓承受混凝土的竖向和侧向压力。这种模板适应性强,但周转较慢。

(2)预组装模板。由定型模板分段预组成较大面积的模板及其支承体系,用起重设备吊运到混凝土浇筑位置,多用于大体积混凝土工程。

(3)大模板。由固定单元形成的固定标准系列的模板,多用于高层建筑的墙板体系。用于平面楼板的大模板又称为飞模。

(4)跃升模板。由两段以上固定形状的模板,通过埋设于混凝土中的固定件,形成模板支承条件承受混凝土施工荷载,当混凝土达到一定强度时,拆模上翻,形成新的模板体系。多用于变直径的双曲线冷却塔、水工结构以及设有滑升设备的高耸混凝土结构工程。

(5)水平滑动的隧道工模板。由短段标准模板组成的整体模板,通过滑道或轨道支于地面、沿结构纵向平行移动的模板体系。多用于地下直行结构,如隧道、地沟、封闭顶面的混凝土结构。

(6)垂直滑动的模板。由小段固定形状的模板与提升设备,以及操作平台组成的可沿混凝土成型方向平行移动的模板体系。它适用于高耸的框架、烟囱、圆形料仓等钢筋混凝土结构。根据提升设备的不同,又可分为液压滑模、螺旋丝杠滑模,以及拉力滑模等。

**(二)模板安装技术要求**

现浇混凝土结构工程施工用的模板结构,主要由面板、支承结构和连接件三部分组成。面板是所浇筑混凝土的直接接触的承立板;支承结构则是支承面板、混凝土和施工荷载的临时结构,保证模板结构牢固的组合,做到不变形、不破坏;连接件是将模板面板和支承结构连接成整体的部件,使模板结构组合成整体。模板结构使用的材料种类很多,常用的有木材和钢材,其他还有铝合金、竹(木)胶合板等。为了确保模板结构的质量和施工安全,模板结构材料必须满足以下要求:

(1)模板宜选用钢材、胶合板、塑料等材料,模板的支承材料宜选用钢材。

(2)具有足够的强度,以保证模板结构具有足够的承载能力。

(3)模板工程要有足够的承载力、刚度和稳定性能,以便在静荷载和动荷载的作用下不出现塑性变形、倾覆和失稳。

(4)必须确保新浇筑混凝土的表面质量。

(5)坚持因地制宜、就地取材的原则,做到支拆简便,周转次数多。

(6)保证工程结构和构件各部分形状尺寸和相互位置的正确。

(7)能可靠地承受新浇筑混凝土的自重和侧压力,以及在施工过程中所产生的荷载。

(8)构造简单,装拆方便并便于钢筋的绑扎、安装和混凝土的浇筑、养护等要求。

(9)模板的接缝应不漏浆,对于反复使用的钢模板要不断进行维修,保证其棱角顺直、平整。

(10)对模板及其支架进行定期维修。钢模板及其支架应防止锈蚀,从而延长模板及其支架的使用寿命。

### (三)模板安装质量检验标准

**1. 预埋件和预留孔洞**

(1)固定在模板上的预埋件、预留孔和预留孔洞均不得遗漏,且应安装牢固,其允许偏差应符合表3-1规定。

表3-1　　　　　　　　预埋件和预留孔、洞的允许偏差

| 项目 | | 允许偏差/mm |
|---|---|---|
| 预埋钢板中心线位置 | | 3 |
| 预埋管、预留孔中心线位置 | | 3 |
| 插筋 | 中心线位置 | 5 |
| | 外露长度 | +10,0 |
| 预埋螺栓 | 中心线位置 | 2 |
| | 外露长度 | +10,0 |
| 预留洞 | 中心线位置 | 10 |
| | 尺寸 | +10,0 |

注:检查中心线位置时,应沿纵、横两个方向量测,并取其中的较大值。

(2)对预埋件、预埋孔、洞的偏差检查数量,应在同一检验批内,对梁、柱和独立基础应抽查构件数量的10%且不少于3件;对墙和板,应按有代表性的自然间抽查10%,且不少于3间;对大空间结构,墙可按相邻轴线间高度5m左右划分检查面,板可按纵横轴线划分检查面,抽查10%且均不少于3面。

**2. 现浇结构模板安装允许偏差**

现浇结构模板安装的允许偏差应符合表3-2的规定。对梁、柱和独立基础,应抽查构件数量的10%且不少于3件;对墙和板,应按有代表性的自然间抽查10%且不少于3间;对大空间结构,墙可按相邻轴线间高度5m左右划分检查面,板可按纵、横轴线划分检查面,抽查10%且均不少于3面。

表3-2　　　　　　　　现浇结构模板安装的允许偏差

| 项目 | 允许偏差/mm | 检验方法 |
|---|---|---|
| 轴线位置 | 5 | 钢尺检查 |
| 底模上表面标高 | ±5 | 水准仪或拉线、钢尺检查 |

(续)

| 项　　目 | | 允许偏差/mm | 检验方法 |
|---|---|---|---|
| 截面内部尺寸 | 基础 | ±10 | 钢尺检查 |
| | 柱、墙、梁 | +4,-5 | 钢尺检查 |
| 层高垂直度 | 不大于5m | 6 | 经纬仪或吊线、钢尺检查 |
| | 大于5m | 8 | 经纬仪或吊线、钢尺检查 |
| 相邻两板表面高低差 | | 2 | 钢尺检查 |
| 表面平整度 | | 5 | 2m靠尺和塞尺检查 |

注：检查轴线位置时，应沿纵、横两个方向量测，并取其中的较大值。

### 3. 预制构件模板安装的允许偏差

检查预制构件模板安装的允许偏差结果，应符合表3-3的规定。

表3-3　　　　　　预制构件模板安装的允许偏差

| 项　　目 | | 允许偏差/mm | 检验方法 |
|---|---|---|---|
| 长　度 | 板、梁 | ±5 | 钢尺量两角边，取其中较大值 |
| | 薄腹梁、桁架 | ±10 | |
| | 柱 | 0,-10 | |
| | 墙板 | 0,-5 | |
| 宽　度 | 板、墙板 | 0,-5 | 钢尺量一端及中部，取其中较大值 |
| | 梁、薄腹梁、桁架、柱 | +2,-5 | |
| 高(厚)度 | 板 | +2,-3 | |
| | 墙板 | 0,-5 | |
| | 梁、薄腹梁、桁架、柱 | +2,-5 | |
| 侧向弯曲 | 梁、板、柱 | $l/1000$ 且 $\leqslant 15$ | 拉线、钢尺量最大弯曲处 |
| | 墙板、薄腹梁、桁架 | $l/1500$ 且 $\leqslant 15$ | |
| 板的表面平整度 | | 3 | 2m靠尺和塞尺检查 |
| 相邻两板表面高低差 | | 1 | 钢尺检查 |
| 对角线差 | 板 | 7 | 钢尺量两个对角线 |
| | 墙板 | 5 | |
| 翘　曲 | 板、墙板 | $l/1500$ | 调平尺在两端量测 |
| 设计起拱 | 薄腹梁、桁架、梁 | ±3 | 拉线、钢尺量跨中 |

注：$l$ 为构件长度(mm)。

#### 关键细节1　模板安装偏差质量控制要点

(1)模板轴线放线时，应考虑建筑装饰装修工程的厚度尺寸，留出装饰厚度。

(2)模板安装的根部及顶部应设标高标记，并设限位措施，确保标高尺寸准确。支模时应拉水平通线，设竖向垂直度控制线，确保横平竖直，位置正确。

(3)基础的杯芯模板应刨光直拼并钻有排气孔,减少浮力;杯口模板中心线应准确,模板钉牢,防止浇筑混凝土时芯模上浮;模板厚度应一致,栅面应平整,栅木料要有足够强度和刚度。墙模板的穿墙螺栓直径、间距和垫块规格应符合设计要求。

(4)安装柱模前应使柱子周围的基础达到平衡,弹好柱皮线和模板控制线,在柱皮外侧5mm粘贴20mm厚的海绵条,以保证下口及连接缝严密。成排柱支模时应先立两端柱模,在底部弹出通线,定出位置,校正与复核位置无误后,顶部拉通线,再立中间柱模。柱箍间距按柱截面大小及高度决定,一般控制在500~1000cm,根据柱距选用剪刀撑、水平撑及四面斜撑撑牢,保证柱模板位置准确。

(5)梁模板上口应设临时撑头,侧模下口应贴紧底模或墙面,斜撑与上口钉牢,保持上口呈直线;深梁应根据梁的高度及核算的荷载及侧压力适当以横挡。当采用多支架制模时,支架的横垫板应平整,支柱应垂直,上下层支柱应在同一竖向中心线上。

(6)梁柱节点连接处一般下料尺寸略缩短,采用边模包底模,拼缝应严密,支承牢靠,及时错位并采取有效、可靠措施予以纠正。

### 关键细节2 模板的支架要求

(1)支放模板的地坪、胎膜等应保持平整光洁,不得产生下沉、裂缝、起砂或起鼓等现象。

(2)支架的立柱底部应铺设合适的垫板,支承在疏松土质上时,基土必须经过夯实,并应通过计算确定其有效支承面积,还应有可靠的排水措施。

(3)立柱与立柱之间的带锥销横杆,应用锤子敲紧,防止立柱失稳,支承完毕应设专人检查。

(4)安装现浇结构的上层模板及其支架时,下层楼板应具有承受上层荷载的承载能力或加设支架支承,确保有足够的刚度和稳定性;多层楼板支架系统的立柱应安装在同一垂直线上。

### 关键细节3 模板变形控制要点

(1)超过3m高度的大型模板的侧模应留门子板;模板应留清扫口。

(2)浇筑混凝土高度应控制在允许范围内,浇筑时应均匀、对称下料,避免局部侧压力过大出现胀模。

(3)控制模板起拱高度,消除在施工中因结构自重、施工荷载作用引起的挠度。

对跨度不小于4m的现浇钢筋混凝土梁、板,其模板应按设计要求起拱;当设计无具体要求时,起拱高度宜为跨度的1/1000~3/1000。

## 二、模板拆除

混凝土结构在浇筑完成一些构件或一层结构之后,经过自然养护(或冬期蓄热法等养护)之后,在混凝土具有相当强度时,为使模板能周转使用,就要对支承的模板进行拆除。一般来说拆模可分为两种情况:一种是在混凝土硬化后对模板无作用力的,如侧模板;一种是混凝土已硬化,但要拆除模板而其构件本身还不具备承担荷载的能力,这种构件的模板不是随便就可以拆除的,如梁、板、楼梯等构件。

## (一)模板的拆除程序

(1)模板拆除一般是先支的后拆,后支的先拆,先拆非承重部位,后拆承重部位,并做到不损伤构件或模板。

(2)肋形楼盖应先拆柱模板,再拆楼板底模、梁侧模板,最后拆梁底模板。拆除跨度较大的梁下支柱时,应先从跨中开始分别拆向两端。侧立模的拆除应按自上而下的原则进行。

(3)工具式支模的梁、板模板的拆除,应先拆卡具,顺口方木、侧板,再松动木楔,使支柱、桁架等平稳下降,逐段抽出底模板和横挡木,最后取下桁架、支柱、托具。

(4)多层楼板模板支柱的拆除:当上层模板正在浇筑混凝土时,下一层楼板的支柱不得拆除,再下一层楼板支柱仅可拆除一部分。跨度4m及4m以上的梁,均应保留支柱,其间距不得大于3m;其余再下一层楼的模板支柱,当楼板混凝土达到设计强度时才可全部拆除。

## (二)现浇混凝土模板的拆除

当现浇结构的模板及其支架拆除时的混凝土抗压强度无具体的设计要求时,侧模、底模的拆除条件必须符合以下要求:在混凝土强度能保证其表面及棱角不因拆除模板而受损时方可拆除侧模;当混凝土强度符合表3-4规定后,允许拆除底模。

表3-4　　　　　　　　底模板拆除时的混凝土强度要求

| 构件类型 | 构件跨度/m | 达到设计的混凝土立方体抗压强度标准值的百分率(%) |
|---|---|---|
| 板 | ≤2 | ≥50 |
| 板 | >2,≤8 | ≥75 |
| 板 | >8 | ≥100 |
| 梁、拱、壳 | ≤8 | ≥75 |
| 梁、拱、壳 | >8 | ≥100 |
| 悬臂构件 | — | ≥100 |

注:本表中"按设计的混凝土强度标准值"系指与设计混凝土强度等级相应的混凝土立方体抗压强度。

## (三)预应力混凝土模板的拆除

预应力混凝土模板的拆除需要符合以下规定:

(1)对后张法预应力混凝土结构构件,侧模宜在预应力张拉前拆除;底模支架的拆除应按相应的技术要求规定进行,当无具体要求时,应不在结构构件建立预应力前拆除。

(2)对于芯模或预留孔洞的内模,在混凝土强度能保证构件的孔洞表面不发生坍陷和裂缝时方可拆除;若构件的跨度在4m以下,混凝土强度符合设计的混凝土强度标准值的50%的要求后,方可拆除底模;若构件跨度在4m以上时,混凝土强度符合设计的混凝土强度标准值的75%的要求后,底模可以拆除。

### 关键细节 4　模板拆除质量控制要点

(1)模板及其支架的拆除时间和顺序应事先在施工技术方案中确定,拆模必须按拆模顺序进行,一般是后支的先拆,先支的后拆;先拆非承重部分,后拆承重部分。重大复杂的模板拆除应按专门制定的拆模方案执行。

(2)现浇楼板采用早拆模施工时,经理论计算复核后将大跨度楼板改成支模形式为小跨度楼板(≤2m),当浇筑的楼板混凝土实际强度达到50%的设计强度标准值时可拆除模板,保留支架,严禁调换支架。

(3)多层建筑施工,当上层楼板正在浇筑混凝土时,下一层楼板的模板支架不得拆除,再下一层楼板的支架仅可拆除一部分;跨度4m及4m以上的梁下均应保留支架,其间距不得大于3m。

(4)混凝土结构在模板和支架拆除后,需待混凝土强度达到设计标准以后方可承受全部荷载;当施工荷载所产生的效应比使用荷载的效应更为不利时,必须经过核算加设临时支承。

(5)高层建筑梁、板模板,完成一层结构,其底模及其支架的拆除时间控制,应对所用混凝土的强度发展情况,分层进行核算,确保下层梁及楼板混凝土能承受上层全部荷载。

(6)拆除时应先清理脚手架上的垃圾杂物,再拆除连接杆件,经检查安全可靠后可按顺序拆除。拆除时要有统一指挥、专人监护,设置警戒区,防止交叉作业,拆下物品及时清运、整修、保养。

(7)后浇带模板的拆除和支顶方法应按施工技术方案执行。

### 关键细节 5　模板拆模时应注意的问题

(1)拆除时不要用力过猛、过急,拆下来的木料应整理好及时运走,做到活完地清。

(2)在拆除模板过程中,如发现混凝土有影响结构安全的质量问题时,应暂停拆除,经处理后方可继续拆除。

(3)拆除跨度较大的梁下支柱时,应先从跨中开始,分别拆向两端。

(4)多层楼板模板支柱的拆除,其上层楼板正在浇灌混凝土时,下一层楼板模板的支柱不得拆除,再下一层楼板的支柱仅可拆除一部分。

(5)拆模间歇时,应将已活动的模板、牵杆、支承等运走或妥善堆放,防止因扶空、踏空而坠落。

(6)模板上有预留孔洞者,应在安装后将洞口盖好。应在模板拆除后随即盖好混凝土板上的预留孔洞。

(7)模板上架设的电线和使用的电动工具,应用36V的低压电源或采用其他有效的安全措施。

(8)拆除模板一般用长撬棍。人不许站在正在拆除的模板下。在拆除模板时,要防止整块模板掉下,拆模人员要站在门窗洞口外拉支承,防止模板突然全部掉落伤人。

(9)高空拆模时,应有专人指挥,并在下面标明工作区,暂停人员过往。

(10)定型模板要加强保护,拆除后即清理干净,堆放整齐,以利再用。

(11)已拆除模板及其支架的结构,应在混凝土强度达到设计强度等级后,才允许承受全部计算荷载。当承受施工荷载大于计算荷载时,必须经过核算,加设临时支承。

## 第二节 钢筋工程

### 一、钢筋进场质量检验

(1)检查产品合格证、出厂检验报告。钢筋出厂,应具有产品合格证书、出厂试验报告单,作为质量的证明材料,所列出的品种、规格、型号、化学成分、力学性能等,必须满足设计要求,符合有关的现行国家标准的规定。当用户有特别要求时,还应列出某些专门的检验数据。

(2)检查进场复试报告。进场复试报告是钢筋进场抽样检验的结果,以此作为判断材料能否在工程中应用的依据。钢筋进场时,应按现行国家标准《钢筋混凝土用钢 第2部分:热轧带肋钢筋》(GB 1499.2—2007)的有关规定抽取试件做力学性能检验,其质量符合有关标准规定的钢筋,可在工程中应用。检查数量按进场的批次和产品的抽样检验方案确定。有关标准中对进场检验数量有具体规定的,应按标准执行。有关标准只对产品出厂检验数量有规定的,检查数量可按下列情况确定:

1)当一次进场的数量大于该产品的出厂检验批量时,应划分为若干个出厂检验批量,然后按出厂检验的抽样方案执行。

2)当一次进场的数量小于或等于该产品的出厂检验批量时,应作为一个检验批量,然后按出厂检验的抽样方案执行。

3)对连续进场的同批钢筋,当有可靠依据时,可按一次进场的钢筋处理。

(3)进场的每捆(盘)钢筋均应有标牌。按炉罐号、批次及直径分批验收,分类堆放整齐,严防混料,并应对其检验状态进行标识,防止混用。

(4)查看钢筋外观质量时,钢筋应平直、无损伤,表面不得有裂纹、油污、颗粒状或片状老锈。钢材表面的锈蚀、麻点、划伤等深度不得大于钢材厚度最大负偏差值的1/2;并要查看断口处是否有夹层、分层等缺陷。另外在查看钢筋的外表质量时,一般热轧带肋钢筋上均带有生产厂的代号、钢筋牌号、直径等。

(5)在外观质量符合要求的条件下,检测钢材的实际尺寸。检测尺寸时应采用统一的测量器具。如量测长度,应用钢卷尺,量测直径、厚度则应使用千分尺、游标卡尺。

(6)检测热轧钢筋实际尺寸时,带肋钢筋内径的测量应精确至0.1mm,带肋钢筋肋高的测量采用测量同一截面两侧肋高平均值的方法,即测量钢筋的最大外径,减去该处内径,所得数据的一半为该处的肋高,应精确至0.1mm。检测带肋钢筋的横肋间距,也应采用平均肋距的方法,即测取钢筋一面上第1个与第11个横肋的中心距离,该数据除以10即为横肋间距,精确至0.1mm。

### 二、钢筋冷加工

#### (一)钢筋的冷拉

工程中将钢材于常温下进行冷拉使之产生塑性变形,从而提高钢材屈服度的过程称为冷拉强化。产生冷拉强化的原理是:钢材在塑性变形中晶格的缺陷增多,而缺陷的晶格严重畸变对晶格进一步滑移将起到阻碍作用,故钢材的屈服点提高,塑性和韧性降低。由于塑性变形中产生了内应力,故钢材的弹性模量降低。将经过冷拉的钢筋于常温下存放15~20d 或加热到 100~200℃并保持一定时间,这个过程称为时效处理,前者称为自然时效,后者称为人工时效。冷拉以后再经时效处理的钢筋,其屈服点进一步提高,抗拉极限强度也有所增长,塑性继续降低。由于时效强化处理过程中内应力的消减,弹性模量可基本恢复。工地或预制构件厂常利用这一原理,对钢筋或低碳钢盘条按一定程度进行冷拉或冷拔加工,以提高屈服强度,节约钢材。

### (二)钢筋的冷拔

冷拔是使直径 6~8mm 的 HPB235 级钢筋在常温下强力通过特制的直径逐渐减小的钨合金拔丝模孔,使钢筋产生塑性变形,以改变其物理力学性能。钢筋冷拔后横向压缩纵向拉伸,内部晶格产生滑移,抗拉强度可提高 50%~90%;塑性降低,硬度提高。这种经冷拔加工的钢丝称为冷拔低碳钢丝。与冷拉相比,冷拉是纯拉伸线应力,而冷拔既有拉伸应力又有压缩应力。冷拔后冷拔低碳钢丝没有明显的屈服现象,按其材质特性可分为甲、乙两级,甲级钢丝适用于做预应力筋,乙级钢丝适用于做焊接网、焊接骨架、箍筋和构造钢筋。

**◎关键细节 6  控制应力进行钢筋冷加工质量控制要点**

采用控制应力的方法冷拉钢筋时,其冷拉控制应力最大冷拉率应符合表 3-5 的规定,冷拉时应随时检查钢筋的冷拉率,当超过表 3-5 的规定时,应进行力学性能检验。

表 3-5　　　　　　　　冷拉控制应力及最大冷拉率

| 钢筋级别 | 钢筋直径/mm | 冷拉控制应力/MPa | 最大冷拉率(%) |
| --- | --- | --- | --- |
| HPB235 | ≤12 | 280 | 10.0 |
| HRB335 | ≤25 | 450 | 5.5 |
|  | 28~40 | 430 | 5.5 |
| HRB400 | 8~40 | 500 | 5.0 |

冷拉多根连接的钢筋,冷拉率可按总长计算,但冷拉后每根钢筋的冷拉率应符合表 3-5 的规定。

**◎关键细节 7  控制冷拉率的方法进行钢筋冷加工质量控制要点**

冷拉钢筋时,其冷拉率应由试验确定。测定同炉批钢筋冷拉率的冷拉应力应符合表 3-6 的规定,测定各试样的冷拉率,取其平均值作为该批钢筋实际采用的冷拉率。冷拉率确定后,便可根据钢筋的长度求出钢筋的冷拉长度。

表3-6　　　　　　　测定冷拉率时钢筋的冷拉应力

| 钢筋级别 | 钢筋直径/mm | 冷拉应力/MPa |
| --- | --- | --- |
| HPB235 | ≤12 | 310 |
| HRB335 | ≤25 | 480 |
|  | 28～40 | 460 |
| HRB400 | 8～40 | 530 |

注：当钢筋平均冷拉率低于1%时，仍应按1%进行冷拉。

### 关键细节8　冷拉钢筋的质量要求

冷拉后，钢筋表面不得有裂纹或局部颈缩现象，并应按施工规范要求进行拉力试验和冷弯试验。其质量应符合表3-7的各项指标。冷弯试验后，钢筋不得有裂纹、起层等现象。

表3-7　　　　　　　冷拉钢筋质量指标

| 钢筋级别 | 钢筋直径/mm | 屈服强度/MPa | 抗拉强度/MPa | 伸长率 $\delta_{10}$(%) | 冷弯 | |
| --- | --- | --- | --- | --- | --- | --- |
|  |  | 不小于 | | | 弯曲角度 | 弯曲直径 |
| HPB235 | ≤12 | 280 | 370 | 11 | 180° | 3d |
| HRB335 | ≤25 | 450 | 510 | 10 | 90° | 3d |
|  | 28～40 | 430 | 490 | 10 | 90° | 4d |
| HRB400 | 8～40 | 500 | 570 | 8 | 90° | 5d |

### 关键细节9　钢筋冷拉的操作要点

(1)对钢筋的炉号、原材料的质量进行检查，不同炉号的钢筋分别进行冷拉，不得混杂。

(2)冷拉前应对设备特别是测力计进行校验和复核，并做好记录以确保冷拉质量。

(3)钢筋应先拉直(约为冷拉应力的10%)，然后量其长度再行冷拉。

(4)冷拉时为使钢筋变形充分发展，冷拉速度不宜过快，一般以0.5～1m/min为宜，当达到规定的控制应力(或冷拉长度)后，须稍停(1～2min)，待钢筋变形充分发展后，再放松钢筋，冷拉结束。钢筋在负温下进行冷拉时，其温度不宜低于-20℃，如采用控制应力方法时，冷拉控制应力应较常温提高30MPa；采用控制冷拉率方法时，冷拉率与常温相同。

(5)钢筋伸长的起点应以钢筋发生初应力时为准。如无仪表观测时，可观测钢筋表面的浮锈或氧化铁皮，以开始剥落时起计。

(6)预应力钢筋应先对焊后冷拉，以免后焊因高温而使冷拉后的强度降低。如焊接接头被拉断，可切除该焊区总长200～300mm，重新焊接后再冷拉，但一般不超过两次。

(7)钢筋时效可采用自然时效，冷拉后宜在常温(15～20℃)下放置一段时间(一般为7～14d)后使用。

(8)钢筋冷拉后应防止经常被雨淋、水湿，因钢筋冷拉后性质尚未稳定，遇水易变脆，且易生锈。

### 关键细节10　钢筋冷拔质量控制要点

影响钢筋冷拔质量的主要因素为原材料质量和冷拔总压缩率($\beta$)。为了稳定冷拔低碳钢丝的质量，要求原材料按钢厂、钢号、直径分别堆放和使用。甲级冷拔低碳钢丝应采用符合 HPB235 热轧钢筋标准的圆盘条拔制。影响冷拔质量的主要因素为原材料的质量和冷拔总压缩率。

总压缩是指由盘条拔至成品钢丝的横截面总缩减率，可按下式计算：

$$\beta = \frac{d_0^2 - d^2}{d_0^2} \times 100\%$$

式中　$\beta$——总压缩率；

　　　$d_0$——原料钢筋直径；

　　　$d$——成品钢丝直径。

总压缩率越大，抗拉强度提高越多，但塑性降低也越多，因此必须控制总压缩率，一般 $\phi^b 5$ 钢丝由 $\phi 8$ 盘条拔制而成，$\phi^b 3$ 和 $\phi^b 4$ 钢丝由 $\phi 6.5$ 盘条拔制而成。

冷拔低碳钢丝一般要经过多次冷拔才能达到预定的总压缩率。每次冷拔的压缩率不宜过大，否则易将钢丝拔断，并易损坏拔丝模。一般前、后道钢丝直径之比以 1.15：1 为宜。

如将 $\phi 8$ 盘条拔成 $\phi^b 5$ 时，其冷拔过程为：

$$\phi 8 \longrightarrow \phi 7 \longrightarrow \phi 6.3 \longrightarrow \phi 5.7 \longrightarrow \phi^b 5$$

如将 $\phi 6.5$ 盘条拔成 $\phi^b 4$ 时，其冷拔过程为：

$$\phi 6.5 \longrightarrow \phi 5.5 \longrightarrow \phi 4.6 \longrightarrow \phi^b 4$$

钢筋冷拔次数不宜过多，否则易使钢丝变脆。冷拔低碳钢丝验收时，需逐盘做外观检查，钢丝表面不得有裂纹和机械损伤。外观检查合格后还需按规范要求做机械性能检验。分别做拉力和反复弯曲试验。其质量指标应符合表 3-8 的规定。甲级冷拔低碳钢丝应逐盘检验，并按其抗拉强度确定该盘丝的组别。对乙级冷拔低碳钢丝可分批抽样检验。

表 3-8　　　　　　　冷拔低碳钢丝的机械性能

| 钢丝级别 | 直径 /mm | 抗拉强度/MPa | | 伸长率 $\delta_{10}$（%） | 反复弯曲 (180°)次数 |
|---|---|---|---|---|---|
| | | Ⅰ 组 | Ⅱ 组 | | |
| | | 不小于 | | | |
| 甲级 | 5 | 650 | 600 | 3 | 4 |
| | 4 | 700 | 650 | 2.5 | |
| 乙级 | 3～5 | 550 | | 2 | 4 |

## 三、钢筋的配料与加工

### (一)钢筋的配料

**1. 钢筋下料长度的计算**

为了使工作方便和不漏配钢筋，配料应该有顺序地进行。下料长度计算是配料计算中的关键。由于结构受力上的要求,许多钢筋需在中间弯曲和两端弯成弯钩。钢筋弯曲时,其外壁伸长,内壁缩短,而中心线长度并不改变。但是简图尺寸或设计图中注明的尺寸是根据外包尺寸计算,且不包括端头弯钩长度。显然外包尺寸大于中心线长度,它们之间存在一个差值,称为"量度差值"。各类钢筋加工的形状、尺寸必须符合设计要求,下料时的长度尺寸可按下式计算:

钢筋下料长度＝外包尺寸＋端头弯钩度－量度差值

箍筋下料长度＝箍筋周长＋箍筋调整值

**2. 钢筋弯钩增加长度**

(1)钢筋有三种弯钩形式,即半圆弯钩、直弯钩和斜弯钩。半圆弯钩是房屋建筑中最常用的一种;直弯钩只是用在柱子钢筋下部和附加钢筋中;斜弯钩用在直径较小的箍筋中。弯钩的增加长度如图 3-2 所示。

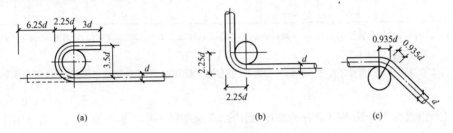

图 3-2 弯钩的增加长度
(a)半圆弯钩;(b)90°直弯钩;(c)45°斜弯钩

(2)在实践中由于实际弯心直径与理论直径有时不一致、钢筋粗细和机具条件不同等而影响弯钩长度,所以在实际配料时对各类弯钩的增加长度可按表 3-9 规定。

表 3-9　　　　　各种规格钢筋弯钩增加长度参考表　　　　　mm

| 钢筋直径 $d$ | 半圆弯钩 | | 半圆弯钩（不带平直部分） | | 斜弯钩 | | 直弯钩 | |
|---|---|---|---|---|---|---|---|---|
| | 一个钩长 | 两个钩长 | 一个钩长 | 两个钩长 | 一个钩长 | 两个钩长 | 一个钩长 | 两个钩长 |
| 3.4 | 25 | 50 | — | — | 20 | 40 | 10 | 20 |
| 5.6 | 40 | 80 | 20 | 40 | 30 | 60 | 15 | 30 |
| 8 | 50 | 100 | 25 | 50 | 40 | 80 | 20 | 40 |
| 9 | 55 | 110 | 30 | 60 | 45 | 90 | 25 | 50 |
| 10 | 60 | 120 | 35 | 70 | 50 | 100 | 25 | 50 |
| 12 | 75 | 150 | 40 | 80 | 60 | 120 | 30 | 60 |
| 14 | 85 | 170 | 45 | 90 | | | | |
| 16 | 100 | 200 | 50 | 100 | | | | |
| 18 | 110 | 220 | 60 | 120 | | | | |

(续)

| 钢筋直径 d | 半圆弯钩 | | 半圆弯钩(不带平直部分) | | 斜弯钩 | | 直弯钩 | |
|---|---|---|---|---|---|---|---|---|
| | 一个钩长 | 两个钩长 | 一个钩长 | 两个钩长 | 一个钩长 | 两个钩长 | 一个钩长 | 两个钩长 |
| 20 | 125 | 250 | 65 | 130 | | | | |
| 22 | 135 | 270 | 70 | 140 | | | | |
| 25 | 155 | 310 | 80 | 160 | | | | |
| 28 | 175 | 350 | 85 | 190 | | | | |
| 32 | 200 | 400 | 105 | 210 | | | | |
| 36 | 225 | 450 | 115 | 230 | | | | |
| 40 | 250 | 500 | 130 | 260 | | | | |

注:1. 半圆弯钩计算长度为 $6.25d$;半圆弯钩不带平直部分计算长度为 $3.25d$;斜弯钩计算长度为 $4.9d$;直弯钩计算长度为 $3.5d$。

2. 直弯钩弯起高度按不小于直径的 3 倍计算,在楼板中使用时,其长度取决于楼板厚度,需按实际情况计算。

(3)钢筋端部弯钩平直部分的长度,HPB235 级钢筋不小于钢筋直径的 3 倍,HRB335、HRB440 级按设计要求确定。

(4)钢筋弯曲斜段长度调整值应按表 3-10 的规定。

表 3-10　　　　钢筋弯曲斜段长度调整值　　　　mm

| 直径/mm | 角度 调数值 | 30° | 45° | 60° | 90° | 135° |
|---|---|---|---|---|---|---|
| | | $0.35d$ | $0.5d$ | $0.35d$ | $2d$ | $2.5d$ |
| 6 | | — | — | — | 12 | 15 |
| 8 | | — | — | — | 16 | 20 |
| 10 | | 3.5 | 5.0 | 8.5 | 20 | 25 |
| 12 | | 4.0 | 6.0 | 10.0 | 24 | 30 |
| 14 | | 5.0 | 7.0 | 12.0 | 28 | 35 |
| 16 | | 5.5 | 8.0 | 13.5 | 32 | 40 |
| 18 | | 6.5 | 9.0 | 15.5 | 36 | 45 |
| 20 | | 7.0 | 10.0 | 17.0 | 40 | 50 |
| 22 | | 8.0 | 11.0 | 19.0 | 44 | 55 |
| 25 | | 9.0 | 12.5 | 21.5 | 50 | 62.5 |
| 28 | | 10.0 | 14.0 | 24.0 | 56 | 70 |
| 32 | | 11.0 | 16.0 | 27.0 | 64 | 80 |
| 32 | | 12.5 | 18.0 | 30.5 | 72 | 90 |

注:$d$ 为弯曲钢筋直径。表中角度是指钢筋弯曲后与水平线的夹角。

(5)箍筋调整值为弯钩增加长度与弯曲度量差值两项之和,需根据箍筋外包尺寸或内包尺寸确定,见表 3-11。

表 3-11　　　　　　　　　　箍筋外包尺寸与内包尺寸

| 箍筋量度方法 | 箍筋直径/mm | | | |
|---|---|---|---|---|
| | 4~5 | 6 | 8 | 10~12 |
| 量外包尺寸 | 40 | 50 | 60 | 70 |
| 量内包尺寸 | 80 | 100 | 120 | 150~170 |

### (二)钢筋的加工

**1. 钢筋除锈**

工程中钢筋的表面应洁净,以保证钢筋与混凝土之间的握裹力。钢筋上的油漆、漆污和用锤敲击时能剥落的乳皮、铁锈等应在使用前清除干净。带有颗粒状或片状老锈的钢筋不得使用。

**2. 钢筋调直**

钢筋调直分人工调直和机械调直两类。人工调直可分为绞盘调直(多用于 12mm 以下的钢筋、板柱)、铁柱调直(用于粗钢筋)、蛇形管调直(用于冷拔低碳钢丝)。机械调直常用的有钢筋调直机调直(用于冷拔低碳钢丝和细钢筋)、卷扬机调直(用于粗细钢筋)。

**3. 钢筋切断**

钢筋切断分为机械切断和人工切断两种。机械切断常用钢筋切断机,操作时要保证断料正确,钢筋与切断机口要垂直,并严格执行操作规程,确保安全。在切断过程中,如发现钢筋有劈裂、缩头或严重的弯头,必须切除。手工切断常采用手动切断机(用于直径 16mm 以下的钢筋)、克子(又称踏扣,用于直径 6~32mm 的钢筋)、断线钳(用于钢丝)等几种工具。

**关键细节 11　钢筋配料质量控制要点**

(1)仔细查看结构施工图,把不同构件的配筋数量、规格、间距、尺寸弄清楚,抓好钢筋翻样,检查配料单的准确性。

(2)钢筋加工严格按照配料单进行,在制作加工中发生断裂的钢筋,应进行抽样做化学分析,防止其力学性能合格而化学含量有问题,保证钢材材质的安全合格性。

(3)钢筋加工所用施工机械必须经试运转,调整正常后才可正式使用。

**关键细节 12　钢筋加工弯钩和弯折质量控制要点**

(1)HPB235 级钢筋末端应做 180°弯钩,其弯弧内直径应不小于钢筋直径的 2.5 倍,弯钩的弯后平直部分长度应不小于钢筋直径的 3 倍。

(2)当设计要求钢筋末端需做 135°弯钩时,HRB335 级、HRB400 级钢筋的弯弧内直径应不小于钢筋直径的 4 倍,弯钩的弯后平直部分长度应符合设计要求。

(3)钢筋做不大于 90°的弯折时,弯折处的弯弧内直径应不小于钢筋直径的 5 倍。

**关键细节 13　焊接封闭环式箍筋末端弯钩的做法**

当设计无具体要求时,焊接封闭环式箍筋末端弯钩应符合下列规定:

(1)箍筋弯钩的弯弧内直径应满足相应规定的要求,且应不小于受力钢筋直径。

(2)箍筋弯钩的弯折角度:对一般结构应不小于90°,对有抗震等要求的结构应为135°。

(3)箍筋弯后平直部分长度:对一般结构不宜小于箍筋直径的5倍,对有抗震等要求的结构应不小于箍筋直径的10倍。

### 四、钢筋的连接

#### (一)一般要求

(1)钢筋连接方法有机械连接、焊接、绑扎搭接等。钢筋连接的外观质量和接头的力学性能,在施工现场,均应按国家现行标准《钢筋机械连接技术规程》(JGJ 107)和《钢筋焊接及验收规程》(JGJ 18)的规定抽取试件进行检验,其质量应符合规程的相关规定。

(2)进行钢筋机械连接和焊接的操作人员必须经过专业培训,持考试合格证上岗。

(3)钢筋连接所用的焊剂、套筒等材料必须符合检验认定的技术要求,并具有相应的出厂合格证。

#### (二)绑扎连接

钢筋绑扎连接是利用混凝土的粘结锚固作用,实现两根锚固钢筋的应力传递。为保证钢筋的应力能充分传递,必须满足施工规范规定的最小搭接长度的要求,且应将接头位置设在受力较小处。

#### (三)焊接连接

钢筋的焊接质量与钢材的可焊性、焊接工艺有关。可焊性与含碳量、合金元素的数量有关,含碳、锰数量增加,则可焊性差;而含适量的钛可改善可焊性。焊接工艺(焊接参数与操作水平)亦影响焊接质量,即使可焊性差的钢材,若焊接工艺合宜,亦可获得良好的焊接质量。当环境温度低于-5℃,即为钢筋低温焊接,此时应调整焊接工艺参数,使焊缝和热影响区缓慢冷却。风力超过4级时,应有挡风措施。环境温度低于-20℃时不得进行焊接。

#### (四)机械连接

钢筋机械连接是通过连接件的机械咬合作用或钢筋端面的承压作用,将一根钢筋中的力传递至另一根钢筋的连接方法,具有施工简便、工艺性能良好、接头质量可靠、不受钢筋焊接性的制约、可全天候施工、节约钢材和能源等优点。常用的机械连接接头类型有挤压套筒接头、锥螺纹套筒接头等。

#### (五)钢筋连接质量检验标准

(1)钢筋的接头宜设置在受力较小处。同一纵向受力钢筋不宜设置两个或两个以上接头。接头末端至钢筋弯起点的距离应不小于钢筋直径的10倍。

(2)在施工现场,应按国家现行标准《钢筋机械连接技术规程》(JGJ 107)、《钢筋焊接及验收规程》(JGJ 18)的规定对钢筋机械连接接头、焊接接头的外观进行检查,其质量应符合有关规程的规定。

(3)当受力钢筋采用机械连接接头或焊接接头时,设置在同一构件内的接头宜相互错开。纵向受力钢筋机械连接接头及焊接接头连接区段的长度为 $35d$($d$ 为纵向受力钢筋的大直径),且不小于 500mm,凡接头中点位于该连接区段长度内的接头均属于同一连接区段。

同一连接区段内,纵向受力钢筋机械连接及焊接的接头面积百分率为该区段内有接头的纵向受力钢筋截面面积与全部纵向受力钢筋截面面积的比值。

同一连接区段内,纵向受力钢筋的接头面积百分率应符合设计要求,当设计无具体要求时,应符合下列规定:

(1)在受拉区不宜大于 50%。

(2)接头不宜设置在有抗震设防要求的框架梁端、柱端的箍筋加密区,当无法避开时,对等强度高质量机械连接接头,应不大于 50%。

(3)直接承受动力荷载的结构构件中不宜采用焊接接头,当采用机械连接接头时,应不大于 50%。在同一检验批内,对梁、柱和独立基础,应抽查构件数量的 10% 且不少于 3 件;对墙和板,应按有代表性的自然间抽查 10% 且不少于 3 间;对大空间结构,墙可按相邻轴线间高度 5m,左右划分检查面,板可按纵横轴线划分检查面,抽查 10% 且均不少于 3 面。

(4)同一构件中相邻纵向受力钢筋的绑扎搭接接头宜相互错开。绑扎搭接接头中钢筋的横向净距应不小于钢筋直径,且应不小于 25mm。

钢筋绑扎搭接接头连接区段的长度为 $1.3l_l$($l_l$ 为搭接长度),凡搭接接头中点位于该连接区段长度内的搭接接头均属于同一连接区段。同一连接区段内,纵向钢筋搭接接头面积百分率为该区段内有搭接接头的纵向受力钢筋截面面积与全部纵向受力钢筋截面面积的比值。

同一连接区段内,纵向受拉钢筋搭接接头面积百分率应符合设计要求,当设计无具体要求时,应符合下列规定:①对梁类、板类及墙类构件,不宜大于 25%;②对柱类构件,不宜大于 50%;③当工程中确有必要增大接头面积百分率时,对梁类构件,应不大于 50%,对其他构件,可根据实际情况放宽。

在同一检验批内,对梁、柱和独立基础,应抽查构件数量的 10% 且不少于 3 件;对墙和板,应按有代表性的自然间抽查 10% 且不少于 3 间;对大空间结构,墙可按相邻轴线间高度 5m 左右划分检查面,板可按纵、横轴线划分检查面,抽查 10% 且均不少于 3 面。检查时应观察和用钢尺检查。

(5)在梁、柱类构件的纵向受力钢筋搭接长度范围内,应按设计要求配置箍筋。当设计无具体要求时,应符合下列规定:①箍筋直径应不小于搭接钢筋较大直径的 0.25 倍;②受拉搭接区段的箍筋间距应不大于搭接钢筋较小直径的 5 倍且应不大于 100mm;③受压搭接区段的箍筋间距应不大于搭接钢筋较小直径的 10 倍且应不大于 200mm;④当柱中纵向受力钢筋直径大于 25mm 时,应在搭接接头两个端面外 100mm 范围内各设置两个箍筋,其间距宜为 50mm。

在同一检验批内,对梁、柱和独立基础,应抽查构件数量的 10% 且不少于 3 件;对墙和板,应按有代表性的自然间抽查 10% 且不少于 3 间;对大空间结构,墙可按相邻轴线间高度5m左右划分检查面,板可按纵、横轴线划分检查面,抽查10%且均不少于3面。用钢尺进行检查。

### 关键细节14 钢筋绑扎连接细节处理

(1)在绑扎接头的搭接长度范围内,应采用钢丝在搭接的两端和中间各绑扎一点,如图3-3所示。

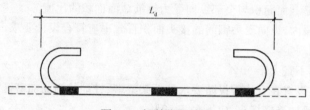

图3-3 钢筋绑扎接头

(2)绑扎钢筋网片时,四周两行钢筋交叉点均要绑扎牢固,中间部分交叉点可相隔交错绑扎,但必须保证受力钢筋不会移动变形。双向主筋的钢筋网,所有交叉点全部绑扎。绑扎时,应注意相邻绑扎点的钢丝扣要成八字形,以免网片歪斜变形。

(3)对于钢筋直径大于25mm的钢筋不得采用绑扎连接,而要采用焊接连接方式。这点要引起重视。

(4)绑扎接头在构件中的位置应符合如下要求:

1)钢筋接头宜设置在受力较小处,钢筋接头末端至钢筋弯曲点的距离应不小于钢筋直径的10倍,如图3-4所示。

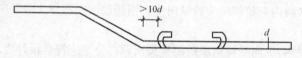

图3-4 接头末端至弯曲点的距离

2)同一纵向受力筋不宜设置两个或两个以上接头。受力钢筋的绑扎位置应相互错开。

3)在绑扎操作的过程中如果分不清受压区,接头的位置应按受拉区的规定处理。

### 关键细节15 钢筋焊接骨架和焊接网质量检验试件的抽取

钢筋焊接骨架和焊接网的质量检验按下列规定抽取试件:

(1)凡钢筋牌号、直径及尺寸相同的焊接骨架和焊接网应视为同一类型制品,且每300件作为一批,一周内不足300件的亦应按一批计算。

(2)外观检查应按同一类型制品分批检查,每批抽查5%且不得少于5件。

(3)力学性能检验的试件,应从每批成品中切取;切取过试件的制品,应补焊同牌号、同直径的钢筋,其每边的搭接长度应不小于2个孔格的长度。

(4)由几种直径钢筋组合的焊接骨架或焊接网,应对每种组合的焊点做力学性能检验。

(5)热轧钢筋的焊点应做剪切试验,试件应为3件;冷轧带肋钢筋焊点除做剪切试验外,尚应对纵向和横向冷轧带肋钢筋做拉伸试验,试件应各为1件。

(6)焊接网剪切试件应沿同一横向钢筋随机切取。

(7)切取剪切试件时,应使制品中的纵向钢筋成为试件的受拉钢筋。

### 关键细节 16　焊接骨架外观质量要求

(1)每件制品的焊点脱落、漏焊数量不得超过焊点总数的4%,且相邻两焊点不得有漏焊及脱落。

(2)应量测焊接骨架的长度和宽度,并应抽查纵、横方向3~5个网格的尺寸,其允许偏差应符合表3-12的规定。

(3)当外观检查结果不符合上述要求时,应逐件检查并剔出不合格品。对不合格品经整修后可提交二次验收。

表3-12　　　　　　　　焊接骨架的允许偏差

| 项　目 | | 允许偏差/mm |
|---|---|---|
| 焊接骨架 | 长度 | ±10 |
| | 宽度 | ±5 |
| | 高度 | ±5 |
| 骨架箍筋间距 | | ±10 |
| 受力主筋 | 间距 | ±15 |
| | 排距 | ±5 |

### 关键细节 17　焊接网外观质量要求

(1)焊接网的长度、宽度及网格尺寸的允许偏差均为±10mm;网片两对角线之差不得大于10mm;网格数量应符合设计规定。

(2)焊接网交叉点开焊数量不得大于整个网片交叉点总数的1%,并且任一根横筋上开焊点数不得大于该根横筋交叉点总数的1/2;焊接网最外边钢筋上的交叉点不得开焊。

(3)焊接网组成的钢筋表面不得有裂纹、折叠、结疤、凹坑、油污及其他影响使用的缺陷,但焊点处可有不大的毛刺和表面浮锈。

(4)冷轧带肋钢筋试件拉伸试验结果,其抗拉强度不得小于$550N/mm^2$。

(5)当拉伸试验结果不合格时,应再切取双倍数量试件进行复检;复检结果均合格时,应评定该批焊接制品焊点拉伸试验合格。

### 关键细节 18　钢筋机械连接操作要点

(1)操作工人必须经过专业系统的培训,并具备相应证件。

(2)钢筋应先调直再下料。切口端面应与钢筋轴线垂直不得有马蹄形或挠曲。不得用气割下料。

(3)加工的钢筋锥螺纹丝头的锥度、牙形、螺距等必须与连接套的锥度、牙形、螺距相一致,且经配套的量规检测合格。

(4)加工钢筋锥螺纹时,应采用水溶液切削润滑液;当气箍低于0℃时,应掺入15%~20%亚硝酸钠,不得用机油做润液或不加润滑液套丝。

(5)对于已检验合格的丝头需要采取保护措施。

(6)连接钢筋时,钢筋规格和连接套的规格应一致,并确保钢筋和连接套的丝扣干净完好无损。

(7)采用预埋接头时,带连接套的钢筋应固定牢固,连接套的外露端应有密封盖。

(8)必须用精度±5%的力矩扳手拧紧接头,且要求每半年用扭力仪检定力矩扳手一次。

(9)连接钢筋时,应对正轴线将钢筋拧入连接套,然后用力矩扳手拧紧。

(10)接头拧紧值应满足表3-13规定的力矩值,不得超拧。拧紧后的接头应做上标志。

表3-13　　　　　　　　　　接头拧紧力矩值

| 钢筋直径/mm | 16 | 18 | 20 | 22 | 25～28 | 32 | 36～40 |
|---|---|---|---|---|---|---|---|
| 拧紧力矩/(N·m) | 118 | 147 | 177 | 216 | 275 | 314 | 343 |

#### 关键细节19　钢筋闪光接头质量控制要点

(1)闪光对焊接头的质量检验按下列规定抽取试件:

1)在同一台班内,由同一焊工完成的300个同牌号、同直径钢筋焊接接头应作为一批。当同一台班内焊接的接头数量较少,可在一周之内累计计算;累计仍不足300个接头时,应按一批计算。

2)力学性能检验时,应从每批接头中随机切取6个接头,其中3个做拉伸试验,3个做弯曲试验。

3)焊接等长的预应力钢筋(包括螺丝端杆与钢筋)时,可按生产时同等条件制作模拟试件。

4)螺丝端杆接头可只做拉伸试验。

5)封闭环式箍筋闪光对焊接头,以600个同牌号、同规格的接头作为一批,只做拉伸试验。

(2)闪光对焊接头外观检查结果,必须满足如下要求:

1)接头处不得有横向裂纹。

2)与电极接触处的钢筋表面不得有明显烧伤。

3)接头处的弯折角不得大于3°。

4)接头处的轴线偏移不得大于钢筋直径的0.1倍,且不得大于2mm。

(3)若模拟试件试验没有达到预期的效果,需要进行复验。复验时应从现场焊接接头中切取,其数量和要求与初始试验相同。

## 第三节　混凝土工程

### 一、原材料及配合比

#### (一)混凝土的组成

混凝土一般由水泥、骨料、水和外加剂,以及各种矿物掺合料组成。将各种组分材料按已经确定的配合比进行拌制生产,首先要进行配料,一般情况下配料与拌制是混凝土生产的连续过程,但也有在某地将各种干料配好后运送到另一地点加水拌制、浇筑的做法,主要由工程实际确定。通常混凝土供应有商品混凝土和现场搅拌两种方式。商品混凝土由混凝土生产厂专门生产。

推行商品混凝土,实施混凝土集中搅拌集中供应有以下优点:商品混凝土在生产过程中实现了机械化配料、上料;计量系统实现称量自动化,使计量准确,容易达到规范要求的材料计量精度;可以掺加外加剂和矿物掺合料。这些条件比现场搅拌站要优越得多。对于现场零星浇灌的混凝土,也可使用简易搅拌站进行搅拌。现场的简易搅拌站一般设一台强制式(或自落式)搅拌机,配一杆台秤。简易搅拌站一般采用手推车上料,每班称量材料不少于2次,将砂、石称量后装入搅拌机,称出水泥、水,将外加剂溶入水中,一起入机搅拌。混凝土拌制是混凝土施工技术中的重要环节,对混凝土的质量将产生重要影响,切不可等闲视之。拌制混凝土的每个环节都不可大意,首先应根据配合比设计要求选好原材料并进行严格的计量。所用计量器具必须定期送检,搅拌站(或搅拌楼)安装好后必须经政府有关部门进行计量认证。搅拌过程中对各种材料的数量要控制在允许偏差范围内。搅拌时要注意投料次序,控制最小搅拌时间。卸料后要控制混凝土的出机温度与坍落度并检查和易性与均匀性,这样才能保证拌制出优质混凝土。

### (二)材料要求

(1)水泥进场必须有出厂合格证,进场时应对其品种级别、包装或散装仓号、出厂日期等进行检查,并对其强度、安定性及其他必要的性能指标进行复验。质量检查员还应按批量进行取样检验。当在使用中对水泥质量有怀疑或普通水泥出厂超过三个月、快硬水泥超过一个月,应进行复验并按复验结果使用。

(2)混凝土用的粗骨料、细骨料应分别符合相关标准,并且所用粗骨料的最大颗粒径不得超过结构截面最小尺寸的1/4,且不得超过钢筋间最小净距的3/4。对于混凝土实心板,骨料的最大粒径不宜超过板厚的1/2且不得超过50mm。

(3)混凝土中掺用的外加剂,其质量应符合现行国家标准的要求。外加剂的品种及掺量必须依据混凝土性能的要求、施工及气候条件、混凝土所采用的原材料及配合比等因素经试验确定。

(4)在钢筋混凝土中掺用氯盐类防冻剂时,氯盐掺量按无水状态计算不得超过水泥用量的1%,当采用素混凝土时,氯盐掺量不得大于水泥用量的3%。

(5)如果使用的混凝土为商品混凝土,混凝土商应提供混凝土各类技术指标,如混凝土的强度等级、配合比、外加剂品种、混凝土的坍落度等,并应按批量出具出厂合格证。

#### 关键细节20 混凝土原材料及配合比设计质量控制要点

(1)水泥进场后必须按照施工总平面图放入指定的防潮仓内,临时露天堆放时应用防雨篷布遮盖。

(2)混凝土配合比设计要满足混凝土结构设计的强度要求和各种使用环境下的耐久性要求;对特殊要求的工程,还应满足抗冻性、抗渗性等要求。

(3)进行混凝土配合比试配时所用的各种原材料应采用工程中实际使用的原材料,且搅拌方法宜同于生产时使用的方法。

### 关键细节 21　混凝土搅拌质量控制要点

（1）拌制混凝土应用的搅拌机类型应与所拌混凝土的品种相适应。

（2）全轻混凝土宜采用强制式搅拌机搅拌，砂轻混凝土可采用自落式搅拌机搅拌，但搅拌时间应延长 60~90s；当掺有外加剂时，搅拌时间应适当延长。

（3）采用强制式搅拌机搅拌轻集料混凝土的加料顺序是：当轻集料在搅拌前预湿时，先加粗、细集料和水泥搅拌 30s，再加水继续搅拌；当轻集料在搅拌前未预湿时，先加 1/2 的总用水量和粗、细集料搅拌 60s，再加水泥和剩余用水量继续搅拌。

（4）当采用其他形式的搅拌设备时，搅拌的最短时间应按设备说明书的规定或经试验确定。

（5）混凝土搅拌的最短时间应根据搅拌机类型和混凝土坍落度的要求，按表 3-14 规定执行，同时做好检查记录。

表 3-14　　　　　　　　　混凝土搅拌的最短时间

| 混凝土坍落度 /mm | 搅拌机机型 | 搅拌机出料量/L | | |
|---|---|---|---|---|
| | | <250 | 250~500 | >500 |
| ≤30 | 自落式 | 90 | 120 | 150 |
| | 强制式 | 60 | 90 | 120 |
| >30 | 自落式 | 90 | 90 | 120 |
| | 强制式 | 60 | 60 | 90 |

注：1. 混凝土搅拌的最短时间系指自全部材料装入搅拌筒中起到开始卸料止的时间。

2. 当掺有外加剂时，搅拌时间应适当延长。

（6）混凝土搅拌完毕后应在搅拌地点和浇筑地点分别取样检测坍落度，每一工作班应不少于两次，评定时应以浇筑地点的测值为准。

### 关键细节 22　混凝土运输质量控制要点

混凝土运输过程中，应控制混凝土不离析、不分层、组成成分不发生变化，并保证卸料及输送通畅。如混凝土拌合物运送至浇筑地点出现离析或分层现象，应对其进行二次搅拌。当采用商品混凝土时，混凝土送至浇筑地点后，需要测定其坍落度。

运送混凝土的容器和泵送混凝土的管道应不吸水不漏浆，容器和管道在冬期应有保温措施，夏季最高气温超过 40℃时应有相应的隔热措施，采用泵送混凝土时应保证受料斗有足够的混凝土以防气阻。

管道清洗，应按照以下规定进行：

（1）泵送将结束时，应考虑管内混凝土数量，掌握泵送量；避免管内的混凝土浆过多。

（2）洗管前应先行反吸，以降低管内压力。

（3）洗管时可从进料口塞入海绵球或橡胶球，按机种用水或压缩空气将存浆推出。

（4）洗管时布料杆出口前方严禁站人。

（5）应预先准备好排浆沟管，不得将洗管残浆灌入已浇筑好的工程上。

（6）冬期施工下班前，应将全部水排清，并将泵机活塞擦洗拭干，防止冻坏活塞环。

## 二、混凝土浇筑

### (一)混凝土浇筑前的准备

混凝土浇筑前应对模板、支架、钢筋和预埋件的质量、数量、位置等逐一检查,并做好记录,符合要求后方能浇筑混凝土;将模板内的杂物和钢筋上的油污等清理干净,将模板的缝隙、孔洞堵严,并浇水湿润;在地基或基土上浇筑混凝土时,应清除淤泥和杂物,并应有排水和防水措施;对干燥的非黏性土,应用水润湿;对未风化的岩石应用水清洗,但其表面不得留有积水。

### (二)振捣器捣实混凝土的规定

(1)每一振点的振捣延续时间应使混凝土表面呈现浮浆和不再沉落。

(2)当采用插入式振捣器时,捣实普通混凝土的移动间距不宜大于振捣器作用半径的1.5倍;捣实轻集料混凝土的移动间距不宜大于其作用半径;振捣器与模板的距离应不大于其作用半径的0.5倍,并应避免碰撞钢筋、模板、芯管、吊环、预埋件或空心胶囊等;振捣器插入下层混凝土内的深度应不小于50mm。

(3)当采用表面振动器时,其移动间距应保证振动器的平板能覆盖已振实部分的边缘。

(4)当采用附着式振动器时,其设置间距应通过试验确定,并应与模板紧密连接。

(5)当采用振动台振实干硬性混凝土和轻集料混凝土时,宜采用加压振动的方法,压力为 $1\sim3kN/m^2$。

(6)当混凝土量小,缺乏设备机具时,亦可用人工借钢钎捣实。

### (三)施工缝的处理

(1)施工缝的留置应符合以下规定:

1)柱,宜留置在基础的顶面、梁或吊车梁牛腿的下面、吊车梁的上面、无梁楼板柱帽的下面。

2)与板连成整体的大截面梁,留置在板底面以下 20~30mm 处,当板下有梁托时,留置在梁托下部。

3)单向板,留置在平行于板的短边的任何位置。

4)有主次梁的楼板宜顺着次梁方向浇筑,施工缝应留置在次梁跨度的中间 1/3 范围内。

5)墙,留置在门洞口过梁跨中 1/3 范围内,也可留在纵横墙的交接处。

6)双向受力楼板、大体积混凝土结构、拱、穹拱、薄壳、蓄水池、斗仓、多层刚架及其他结构复杂的工程,施工缝的位置应按设计要求留置。

(2)施工缝的处理应按施工技术方案执行。在施工缝处继续浇筑混凝土时,应符合下列规定:

1)已浇筑的混凝土,其抗压强度应不小于 $1.2N/mm^2$。

2)在已硬化的混凝土接缝面上,清除水泥薄膜、松动石子以及软弱混凝土层,并用水冲洗干净,且不得积水。

3)在浇筑混凝土前,铺一层厚度 10~15mm 的与混凝土成分相同的水泥砂浆。

4)新浇筑的混凝土应仔细捣实,使新旧混凝土紧密结合。

5)混凝土后浇带的留置位置应按设计要求和施工技术方案确定。后浇带混凝土浇筑应按施工技术方案进行。

### (四)现浇混凝土结构相关尺寸偏差及质量检验标准

**1. 现浇混凝土结构构件尺寸允许偏差**

对现浇混凝土结构构件各部位尺寸的允许偏差值的检查,按楼层、结构缝或施工段划分检验批。在同一检验批内,对梁、柱和独立基础的件数各抽查 10%,但不少于 3 件;对墙和板按有代表性的自然间抽查 10%且不少于 3 间。对于大空间结构,墙可按相邻轴线高度 5m 左右划分检查面,抽查 10%,且均不小于 3 面;对电梯井、设备基础应全数检查。其偏差值应符合表 3-15 的规定。

表 3-15　　　　　　　　现浇混凝土结构允许偏差

| 项目 | | 允许偏差 mm/ | 检验方法 |
|---|---|---|---|
| 轴线位移 | 基础 | 15 | 钢尺检查 |
| | 独立基础 | 10 | |
| | 墙、柱、梁 | 8 | |
| | 剪力墙 | 5 | |
| 垂直度 | 层高　≤5m | 8 | 经纬仪或吊线、钢尺检查 |
| | 层高　>5m | 10 | |
| | 全高($H$) | $H/1000$ 且 ≤30 | 经纬仪、钢尺检查 |
| 标高 | 层高 | ±10 | 水准仪或拉线、钢尺检查 |
| | 全高 | ±30 | |
| 截面尺寸 | | +8,-5 | 钢尺检查 |
| 电梯井 | 井筒长、宽对定位中心线 | +25,0 | |
| | 井筒全高($H$)垂直度 | $H/1000$ 且 ≤30 | 经纬仪、钢尺检查 |
| 表面平整度 | | 8 | 2m 靠尺和塞尺检查 |
| 预埋设施中心线位置 | 预埋件 | 10 | 钢尺检查 |
| | 预埋螺栓 | 5 | |
| | 预埋管 | 5 | |
| 预留洞中心线位置 | | 15 | |

注:检查轴线、中心线位置时,应沿纵、横两个方向量测,并取其中的较大值。

**2. 混凝土设备基础尺寸允许偏差**

混凝土设备基础尺寸允许偏差应符合表 3-16 的规定。

表 3-16　　　　　　　　　混凝土设备基础尺寸允许偏差

| 项　目 | | 允许偏差/mm | 检验方法 |
|---|---|---|---|
| 坐标位置 | | 20 | 钢尺检查 |
| 不同平面的标高 | | 0，-20 | 水准仪或拉线、钢尺检查 |
| 平面外形尺寸 | | ±20 | |
| 凸台上平面外形尺寸 | | 0，-20 | 钢尺检查 |
| 凹穴尺寸 | | +20,0 | |
| 平面水平度 | 每米 | 5 | 水平尺、塞尺检查 |
| | 全长 | 10 | 水准仪或拉线、钢尺检查 |
| 垂直度 | 每米 | 5 | 经纬仪或吊线、钢尺检查 |
| | 全高 | 10 | |
| 预埋地脚螺栓 | 标高(顶部) | +20,0 | 水准仪或拉线、钢尺检查 |
| | 中心距 | ±2 | |
| 预埋地脚螺栓孔 | 中心线位置 | 10 | 钢尺检查 |
| | 深度 | +20,0 | |
| | 孔垂直度 | 10 | 吊线、钢尺检查 |
| 预埋活动地脚螺栓锚板 | 标高 | +20,0 | 水准仪或拉线、钢尺检查 |
| | 中心线位置 | 5 | 钢尺检查 |
| | 带槽锚板平整度 | 5 | 钢尺、塞尺检查 |
| | 带螺纹孔锚板平整度 | 2 | |

注：检查坐标、中心线位置时，应沿纵、横两个方向量测，并取其中的较大值。

**3. 混凝土结构外观质量缺陷**

现浇结构的外观质量缺陷，应由监理、建设单位等各方面根据其对结构性能和使用功能影响的严重程度，按表 3-17 确定。

表 3-17　　　　　　　　　现浇结构外观质量缺陷

| 名称 | 现象 | 严重缺陷 | 一般缺陷 |
|---|---|---|---|
| 露筋 | 构件内钢筋未被混凝土包裹而外露 | 纵向受力钢筋有露筋 | 其他钢筋有少量露筋 |
| 蜂窝 | 混凝土表面缺少水泥砂浆而形成石子外露 | 构件主要受力部位有蜂窝 | 其他部位有少量蜂窝 |
| 孔洞 | 混凝土中孔穴深度和长度均超过保护层厚度 | 构件主要受力部位有孔洞 | 其他部位有少量孔洞 |
| 夹渣 | 混凝土中夹有杂物且深度超过保护层厚度 | 构件主要受力部位有夹渣 | 其他部位有少量夹渣 |
| 疏松 | 混凝土中局部不密实 | 构件主要受力部位有疏松 | 其他部位有少量疏松 |

(续)

| 名称 | 现象 | 严重缺陷 | 一般缺陷 |
|---|---|---|---|
| 裂缝 | 缝隙从混凝土表面延伸至混凝土内部 | 构件主要受力部位有影响结构性能或使用功能的裂缝 | 其他部位有少量不影响结构性能或使用功能的裂缝 |
| 连接部位缺陷 | 构件连接处混凝土缺陷及连接钢筋、连接件松动 | 连接部位有影响结构传力性能的缺陷 | 连接部位有基本不影响结构传力性能的缺陷 |
| 外形缺陷 | 缺棱掉角、棱角不直、翘曲不平、飞边凸肋等 | 清水混凝土构件有影响使用功能或装饰效果的外形缺陷 | 其他混凝土构件有不影响使用功能的外形缺陷 |
| 外表缺陷 | 构件表面麻面、掉皮、起砂、沾污等 | 具有重要装饰效果的清水混凝土构件有外表缺陷 | 其他混凝土构件有不影响使用功能的外表缺陷 |

🎯 **关键细节 23　条形基础浇筑质量控制要点**

(1) 浇筑条形基础混凝土时宜分段分层连续浇筑。各层各段之间应相互衔接，每段长3m左右，使逐段逐层呈阶梯推进。浇筑时先灌注模板的内边角，再浇筑中间部位。

(2) 浇筑现浇柱下条形基础时，必须挂线浇筑，随时复量柱子的插筋位置。在浇筑开始时，先满铺一层50～100mm厚的混凝土，并捣实使柱子插筋下段和钢筋网片的位置基本固定，然后再对称浇筑。

(3) 对于上部带有坡度的翼板，应注意保持斜面坡度的正确，斜面部分模板应随混凝土分段支设并预压紧，以防模板上浮变形，严禁斜面部分不支模板，而用铁锹拍实。

(4) 混凝土应连续浇筑，以保证基础良好的整体性，由于其他原因而不能连续施工时，必须留置施工缝。但施工缝应留置在外墙或纵墙的窗口或门下或横墙和山墙的跨度中部为宜。必须避免留在内外墙丁字交接处和外墙大角附近。

🎯 **关键细节 24　如何进行独立基础的浇筑**

钢筋混凝土独立基础包括现浇柱基础和装配式柱，装配式柱基础就是杯形基础。在现浇独立基础中，实际上又分锥形基础和阶梯形基础。

(1) 浇筑基底垫层时要采用平板振动器，要求浇筑的混凝土表面平整密实。达到一定的强度后，弹出钢筋分布线、柱子的截面尺寸线。

(2) 当钢筋安装检查合格后再浇筑混凝土。浇筑混凝土时，锥形基础应注意保持斜面坡度的施工质量，当斜坡大于45°时，柱子边缘应留出50mm的平台，以便安装模板。做成后斜面应平整，棱角明显通直，立体感强。

(3) 在浇筑梯形台阶时下一层浇筑完成后，待混凝土初步沉降后，再浇筑上一台阶。

🎯 **关键细节 25　柱子混凝土浇筑质量控制要点**

(1) 柱子浇筑前，应先用水泥砂浆填于柱子的底部，充填厚度为50～100mm，砂浆应与浇筑混凝土的砂浆成分相同。

(2) 柱高在3m之内的，可在柱顶直接下料浇筑。当超过3m高度时应采取措施分段浇筑，每段自由下落的高度不宜超过2m。

(3) 柱子的混凝土应一次浇筑完毕，如需留施工缝时，应留在主梁下面。无梁楼盖应留在柱帽下面。对截面尺寸不太大的梁,施工缝可留在梁底以下一个浮浆的厚度加上 5mm。

(4)柱与梁板整体浇筑时,应在浇筑完毕静停 1h 后再校直梁板混凝土。

### 关键细节 26　浇筑混凝土梁、板时应注意的细节

(1)现浇结构的梁、板,混凝土应同时浇筑。浇筑时应先浇筑梁的混凝土。根据梁高分层浇筑成阶梯形,当达到板底位置时,再与板的混凝土一起浇筑。

(2)梁和板形成整体高度不大于 1m 高的梁,允许单独浇筑,其施工缝应留在板底以下 30mm 处。梁柱节点钢筋较密时,浇筑的混凝土石子粒径应为 10~20mm,并用小直径振捣棒振捣。

(3)若留置施工缝,单向板的施工缝应留置在平行于板的短边的任何位置;有主次梁的楼板宜沿次梁方向浇筑楼板,施工缝应留置在次梁跨度的中间 1/3 范围内,施工缝的表面应与梁轴线或板面垂直,不得留斜槎,并且应用齿形模板挡牢。

(4)当施工缝处的混凝土的抗压强度大于 1.2MPa 时才允许继续接槎浇筑。但在浇筑前,水平施工缝应全部剔除软弱层、浮浆层,直到石子露出,并浇筑 50~100mm 厚的水泥砂浆;垂直施工缝应剔除松散石子和浮浆,并用水冲洗干净后,浇筑一层水泥素浆结合层。

(5)浇筑混凝土叠合板时,预制板的表面应有凹凸差不小于 4mm 的人工粗糙面;当浇筑叠合式受弯构件时,需要考虑是否设置支承。

### 关键细节 27　剪力墙混凝土浇筑质量控制要点

(1)剪力墙混凝土浇筑前应先在底部均匀浇注 50~100mm 厚的水泥砂浆。如果柱和剪力墙体所浇筑的混凝土强度等级相同时,可以同时浇筑,否则应先浇筑柱子的混凝土,然后再浇筑墙体混凝土。

(2)剪力墙体混凝土浇筑时需要不间断连续进行。接槎振捣时间应不超过混凝土的初凝时间,每层浇筑厚度严格按混凝土分层尺杆进行控制。

(3)为防止门窗洞口处的模板受压变形,门窗洞口两侧应同时下料同时振捣。

(4)墙的施工缝可留置在门洞口过梁跨中 1/3 范围内,也可留在纵横墙的交接处。

# 第四章 装饰装修工程

## 第一节 抹灰工程

### 一、一般抹灰

一般抹灰按照等级分类,有普通抹灰、中级抹灰和高级抹灰之分。普通抹灰一般适用于地下室、仓库、车库、锅炉房和临时建筑物等。中级抹灰一般为住宅、公共建筑、厂房及高级建筑物的附属工程。高级抹灰主要是大型公共建筑、纪念性建筑以及有特殊要求的高级建筑。

#### (一)一般抹灰概述

**1. 抹灰工程应具备的条件**

(1)基体表面的尘土、污垢、油渍已处理干净。

(2)抹灰前应先核查门、窗框位置是否正确;基体表面的平整度较好;用与抹灰层相同的砂浆设置标志或标筋。

(3)木结构与砖石结构、混凝土结构等相接处基体表面的抹灰,应先铺钉金属网,并绷紧牢固。金属网与各基体的搭接宽度应不小于100mm。

(4)墙面甩浆已验收合格,外墙螺杆洞已验收合格。

(5)外墙抹灰前,外墙窗台、窗楣、雨篷、阳台、压顶和突出腰线等部位,上面应做流水坡,下面应做滴水线或滴水槽。滴水线和滴水槽的深度和宽度均应不小于10mm。

(6)室内抹灰工程应待上、下水,煤气管道安装合格后进行,并必须将管道穿越的墙洞和楼板洞填嵌密实。散热器和密集管道等背后的墙面抹灰,须在散热器和管道安装前进行。室内墙面、柱面和门洞口的阳角宜用1:2水泥砂浆做护角,其高度应不低于2m,每侧宽度应不小于50mm。

**2. 一般抹灰工序**

一般抹灰分为普通、中级、高级三级,主要工序如下:

普通抹灰——分层赶平、修整、表面压光;

中级抹灰——阳角找方,设置标筋,分层赶平,修整,表面压光;

高级抹灰——阴阳角找方,设置标筋,分层赶平,修整,表面压光。

**3. 抹灰层的厚度**

抹灰层的平均总厚度应按下列规定进行控制:

(1)外墙。外墙抹灰总厚度为20mm;勒脚及突出墙面部分为25mm;石墙为35mm。

(2)内墙。普通抹灰,总厚度为18mm;中级抹灰为20mm;高级抹灰为25mm。

(3)顶棚。板条、空心砖、现浇混凝土抹灰层的平均总厚度为15mm;预制混凝土为18mm;金属网面为20mm。

(4)混凝土大板和大模板建筑的内墙面和楼底面宜用腻子分遍刮平,各遍应粘结牢固,总厚度为2~3mm。如用聚合物水泥砂浆,水泥混合砂浆喷毛打底,纸筋石灰罩面,总厚度为3~5mm。

**4. 抹灰层的分层厚度**

涂抹水泥砂浆每遍厚度为5~7mm;涂抹石灰砂浆和水泥混合砂浆每遍厚度为7~9mm。

**5. 分层抹灰的要求**

(1)分层抹灰的目的是为了保证抹灰粘结牢固,控制好平整度,防止抹灰层起壳、开裂,确保抹灰质量。抹灰应分层操作,否则不但操作困难,而且抹灰层由于收水快慢不一,容易出现裂纹。抹灰层过厚,重力往往超过砂浆的初始粘结强度,造成抹灰与基层分离。

(2)抹灰层分层:通常把抹灰层分为底层、中层和面层。底层主要起与墙、顶、地等基体粘结的作用,同时还起着初步找平的作用。底层的材料与施工操作对抹灰层质量影响很大,其抹灰选用材料根据基体不同而异,并且内外有别。

**(二)一般抹灰施工**

**1. 毛化处理**

在抹灰工程中,经常会遇到"毛化处理",也就是将抹灰基层表面清除或冲洗干净后,将混凝土界面剂掺入1:1水泥细砂浆内,然后将其混合物采用喷或甩的方法喷甩到墙面上,其喷点或甩点要均匀,毛刺长度不宜大于8mm。

**2. 混凝土及砖墙基层抹灰**

(1)抹灰前需要检查表面是否干净,对于有污垢、油渍的地方需要精心处理。然后进行毛化处理。

(2)根据墙上弹出的基准线,分别在门口角、垛、墙面等处吊垂直线、找方正抹灰饼。灰饼厚度为抹灰层厚度(一般为1~1.5cm),大小为50mm×50mm。上下灰饼用吊线板垂直,水平方向用拉线找平,如图4-1所示。

(3)抹底层灰浆为1:1:6混合砂浆,每遍厚度5~7mm,应分层分遍与灰饼齐平。如抹灰层局部厚度大于35mm时或者不同材料墙体相交接部位的抹灰,应按设计要求采用加强网进行加强处理,加强网与网侧墙体的搭接宽度应不小于100mm。

(4)当底灰找平后,应把暖气、电气设备的箱、槽、孔、洞口周边修抹平齐、光滑,抹灰时应比墙面底灰高出一个罩面的厚度。

(5)抹面层灰时,先润湿墙面,采用1:1:4水泥混合砂浆抹面层。抹灰时,先薄薄地刮一层灰,使其与底灰粘结牢固,紧跟着抹第二道灰,刮平后用木抹子搓平,铁抹子压光压实。待表面无明水后,用刷子蘸水按垂直于地面的同一方向轻刷一遍,保证面层抹面颜色均匀一致,避免和减少收缩裂缝。

(6)按照墙裙或踢脚板的高度挂线,将线下的灰浆层剔除整齐,刷一道聚合物水泥砂浆,立即抹1:3水泥砂浆,厚5~7mm,随之抹中层灰浆5mm,表面刮平搓毛。待中层灰有六成干时,用1∶2.5水泥砂浆抹罩面灰,木抹子压光,上口用靠尺切割平齐。

(7)室内墙面、柱面的阳角和门窗洞口的阳角抹灰要求线条清晰、挺直并防止损坏。设计有无规定都需要做护角。

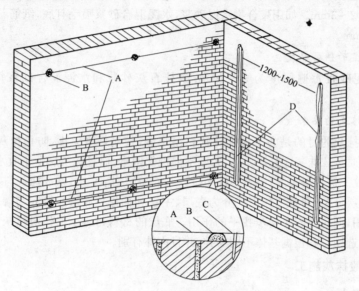

图 4-1　冲筋挂线的做法
A—引线;B—灰饼(标志块);C—钉子;D—冲筋

**3. 加气混凝土墙面抹灰**

(1)认真做好基层的处理工作,对灰浆不饱满、松动的砖缝等处用聚合物砂浆填塞密实并将凸凹不平、缺楞掉角及设备管线处的槽、洞、孔用聚合物砂浆修整密实、平整。

(2)抹灰前要对墙面进行多次浇水润湿,浇水量以水渗入加气混凝土墙深8~10mm为宜,且浇水宜在抹灰前一天进行。浇水充分润湿墙面后的第二天刷一道聚合物水泥砂浆后开始抹灰。

(3)用托线板检测墙面不同部位垂直度和平整度并根据墙面面积确定所贴灰饼的数量,灰饼和冲筋应和砖墙基层相同。

(4)抹加气混凝土墙面底灰时,应在墙面刷好聚合物水泥浆后及时抹灰。第一遍抹水泥混合砂浆,配合比为水泥∶石灰膏∶砂为1∶0.5∶6,厚度为6~8mm,扫毛或画出纹线。接着再用水泥∶石灰膏∶砂为1∶0.5∶5的砂浆抹第二遍,厚度为5~8mm。

(5)抹灰过程中要添加防裂剂,过样可以防止墙体抹灰表面出现裂缝。操作时喷嘴倾斜向上仰,与墙面距离适中,不得将灰层冲倒。防裂剂喷洒2~3h内不要搓动,以防止防裂剂表层破坏。面层砂浆采用1∶1∶4水泥砂浆。罩面灰抹好,待有初始硬度后,开始喷洒第二遍防裂剂。

(6)抹面层灰和门窗洞口护角等同砖墙抹灰。

**(三)一般抹灰质量检验标准**

(1)抹灰前基层表面的尘土、污垢、油渍等应清除干净并应洒水润湿。

检验方法:检查施工记录。

(2)一般抹灰所用材料的品种和性能应符合设计要求。水泥的凝结时间和安定性复验应合格。砂浆的配合比应符合设计要求。

(3)抹灰工程应分层进行。当抹灰总厚度大于或等于35mm时,应采取加强措施。不同材料基体交接处表面的抹灰应采取防止开裂的加强措施。当采用加强网时,加强网与各基体的搭接宽度应不小于100mm。

抹灰厚度过大时,容易产生起鼓、脱落等质量问题,不同材料基体交接处,由于吸水和收缩性不一致,接缝处表面的抹灰层容易开裂,上述情况均应采取加强措施,以切实保证抹灰工程的质量。

(4)抹灰层与基层之间及各抹灰层之间必须粘结牢固,抹灰层应无脱层、空鼓,面层应无爆灰和裂缝。

(5)抹灰表面应光滑、无砂眼、洁净、接茬平整、阴阳角方正、立面垂直,护角孔洞、槽盒周围应整齐,管道后面的抹灰应平整。

(6)抹灰层的总厚度应符合设计要求;水泥砂浆不得抹在石灰砂浆层上;罩面石膏灰不得抹在水泥砂浆层上。

(7)有排水要求的部位应做滴水线(槽)。滴水线(槽)应整齐顺直,滴水线应内高外低,滴水槽宽度和深度均应不小于10mm。

(8)一般抹灰工程允许偏差和检验方法应符合表4-1的规定。

表4-1　　　　　　　一般抹灰工程允许偏差和检验方法

| 项次 | 项目 | 允许偏差/mm | | 检验方法 |
|---|---|---|---|---|
| | | 普通抹灰 | 高级抹灰 | |
| 1 | 立面垂直度 | 4 | 3 | 用2m垂直检测尺检查 |
| 2 | 表面平整度 | 4 | 3 | 用2m靠尺和塞尺检查 |
| 3 | 阴阳角方正 | 4 | 3 | 用直角检测尺检查 |
| 4 | 分格条(缝)直线度 | 4 | 3 | 拉5m线,不足5m拉通线,用钢直尺检查 |
| 5 | 墙裙、勒脚上口直线度 | 4 | 3 | 拉5m线,不足5m拉通线,用钢直尺检查 |

注:1. 普通抹灰,本表第3项阴角方正可不检查。
　　2. 顶棚抹灰,本表第2项表面平整度可不检查,但应平顺。
　　3. 本表摘自《建筑装饰装修工程质量验收规范》(GB 50210—2001)。

## 关键细节1　一般抹灰施工质量控制要点

(1)一般抹灰应在基体或基层的质量检查合格后进行。

(2)各分项工程的检验批应按下列规定划分:

1)相同材料、工艺和施工条件的室外抹灰工程每500~1000m² 应划分为一个检验批,不足500m² 也应划分为一个检验批。

2)相同材料、工艺和施工条件的室内抹灰工程每50个自然间(大面积房间和走廊按抹灰面积30m²为一间)应划分为一个检验批,不足50间也应划分为一个检验批。

3)检查数量应符合下列规定:

①室内每个检验批应至少抽查10%,并不得少于3间;不足3间时应全数检查。

②室外每个检验批每100m²应至少抽查一处,每处不得小于10m²。

(3)一般抹灰工程施工顺序:通常应先室外后室内,先上面后下面,先顶棚后地面。高层建筑采取措施后也可分段进行。

(4)一般抹灰工程施工的环境温度,高级抹灰应不低于5℃,中级和普通抹灰应在0℃以上。

(5)抹灰前,砖石、混凝土等基体表面的灰尘、污垢和油渍等应清除干净,砌块的空壳层要凿掉,光滑的混凝土表面要进行斩毛处理,并洒水润湿。

(6)抹灰前,应纵横拉通线,用与抹灰层相同砂浆设置标志或标筋。

(7)各种砂浆的抹灰层,在凝结前,应防止快干、水冲、撞击和振动;凝结后,应采取措施防止沾污和损坏。

(8)水泥砂浆不得抹在石灰砂浆层上。

(9)抹灰的面层应在踢脚板、门窗贴脸板和挂镜线等木制品安装前进行涂抹。

(10)抹灰线用的模子,其线型、楞角等应符合设计要求,并按墙面、柱面找平后的水平线确定灰线位置。

(11)抹灰用的石灰膏的熟化期应不少于15d;罩面用的磨细石灰粉的熟化期应不少于3d。

(12)室内墙面、柱面和门洞口的阳角做法应符合设计要求。设计无要求时应采用1:2水泥砂浆做暗护角,其高度应不低于2m,每侧宽度应不小于50mm。

(13)当要求抹灰层具有防水、防潮功能时,应采用防水砂浆。

(14)外墙抹灰工程施工前应先安装钢木门窗框、护栏等,并应将墙上的施工孔洞堵塞密实。

(15)外墙窗台、窗楣、雨篷、阳台、压顶和突出腰线等,上面应做流水坡度,下面应做滴水线或滴水槽,滴水槽的深度和宽度均应不小于10mm,并整齐一致。阳台底滴水线抹灰要外低内高,厚度为10mm。窗洞、外窗台应在窗框安装验收合格,框与墙体间缝隙填嵌密实符合要求后进行。

### 关键细节2 外墙抹灰常见质量问题处理

(1)门窗两边塞灰不严,经常开关门窗振动,将门窗框两边的灰震裂、震空。故需重视门窗塞口的施工工序,应设专人负责检查,避免塞口抹灰不密实。

(2)基层清理不干净或处理不当,墙面浇水不透,抹灰后砂浆中的水分易很快被基层(或底灰)吸收,影响砂浆的粘结力,应认真清理基层并提前浇水,使水渗入墙体8~10mm即可达到要求。

(3)基层平整度或垂直度偏差过大,如一次抹灰过厚,干缩易空鼓、裂缝,应分层抹平、压实,每层厚度为7~9mm。

(4)砂浆配合比管理不到位,计量管理混乱,宜造成抹灰砂浆不均匀,抹灰层结合不好以及空鼓、脱落等。应重视砂浆配合比管理,计量必须严格按照配合比要求落实。

(5)若面层抹完后,压光跟得太紧,灰浆收水不及时,这样会导致压光后多余的水挥发时会产生起泡现象。

(6)底灰过分干燥,因此浇水要透,否则抹面层水分很快被底灰吸收,压光时易出现漏压或压光困难现象;若浇水过多,抹面层后水浮在灰层表面,压光后易出现抹纹或干缩裂缝、空鼓。

(7)抹灰前须认真挂线检查,做灰饼和冲筋,抹灰时阴阳角处亦要冲筋、顺杠、找规矩;否则就会出现抹灰面不平,阴阳角不垂直、不方正等现象。

(8)管道后抹灰不平、不光、管根空裂,应按规范要求安装过墙套管,管背后抹灰应用专用工具(长抹子或大鸭嘴抹子、刮刀等)。

(9)接顶、接地阴角处理不顺直、烂根、不平,抹灰时用横竖刮杆检查底灰,修整后方可罩面。室内墙面顶部及下部50cm作为平整度控制的重点(薄弱环节)。

(10)抹灰后要及时清理顶棚、地面、门窗框上的砂浆。

(11)推小车或搬运东西时注意不要损坏边角和墙面,抹灰用的木杠和铁锹把不要靠在墙上,严禁蹬踩窗台,防止损害其棱角。

(12)拆除脚手架时要轻拆轻放,拆除后材料要码放整齐,不要碰坏门窗、墙角和口角。

(13)抹灰层凝结前应防止块干、水冲、撞击、振动或挤压,以保证抹灰层有足够的强度。

(14)基体表面的灰土、污垢、油渍及碱膜均应清理干净,基体表面凹凸明显的部位,应事先剔平后用1:3水泥细砂浆分层补平,否则会造成抹灰层整体空鼓、脱落。

(15)为增强抹灰层的粘结力,在基体上甩1:1水泥细砂浆(掺10%108胶)疙瘩,并于第二天进行养护,保证粘结强度。

(16)为确保卫生间、厨房施工质量,要求吊通线找灰饼,避免房间不方正、管道井墙间距不等等问题。

## 二、装饰抹灰

### (一)装饰抹灰一般规定

(1)装饰抹灰面层的厚度、颜色、图案应符合设计要求。

(2)装饰抹灰面层应做在已硬化、粗糙而平整的中层砂浆面上,涂抹前应洒水润湿。

(3)装饰抹灰面层有分格要求时,分格条应宽窄厚薄一致,粘贴在中层砂浆面上应横平竖直,交接严密,完工后应适时全部取出。

(4)装饰抹灰面层的施工缝应留在分格缝、墙面阴角、水落管背后或独立装饰组成部分的边缘处。

(5)装配式混凝土外墙板,其外墙面和接缝不平处以及缺楞掉角处,用水泥砂浆修补后,可直接进行喷涂、滚涂、弹涂。

(6)水刷石、水磨石、斩假石和干粘石所用的彩色石粒应洁净,统一配料,干拌均匀。

(7)水刷石、水磨石、斩假石面层涂抹前,应在已浇水润湿的中层砂浆面上刮水泥浆(水灰比为0.37~0.40)一遍,以使面层与中层结合牢固。

(8)水刷石面层必须分遍拍平压实,石子应分布均匀、紧密。凝结前应用清水自上而下洗刷并采取措施防止沾污墙面。

(9)水磨石面层的施工应符合下列规定:
1)水磨石分格嵌条应在基层上镶嵌牢固,横平竖直,圆弧均匀,角度准确;
2)白色和浅色的美术水磨石面层应采用白水泥;
3)面层宜用磨石机分遍磨光,开磨前应经试磨,以石子不松动为准;
4)表面应用草酸清洗干净,晾干后方可打蜡。

(10)斩假石面层的施工应符合下列规定:
1)斩假石面层应赶平压实,斩剁前应经试剁,以石子不脱落为准;
2)在墙角、柱子等边楞处,宜横剁出边条或留出窄小边条不剁。

(11)干粘石面层的施工应符合下列规定:
1)中层砂浆表面应先用水润湿,并刷水泥浆(水灰比为0.40~0.50)一遍,随即涂抹水泥砂浆(可掺入外加剂及少量石灰膏或少量纸筋石灰膏)粘结层;
2)石粒粒径为4~6mm;
3)水泥砂浆粘结层的厚度一般为4~6mm,砂浆稠度应不大于8cm,将石粒黏在粘结层上,随即用滚子或抹子压平压实。石粒嵌入浆的深度不小于粒径的1/2;
4)水泥砂浆粘结层在硬化期间应保持湿润;
5)房屋底层不宜采用干粘石。
6)假面砖、喷涂、滚涂、弹涂和彩色抹灰所用的彩色砂浆,应先统一配料,干拌均匀过筛后,方可加水搅拌。

(12)外墙假面砖的面层砂浆涂抹后,先按面砖尺寸分格画线,再画沟、画纹。沟纹间距、深浅应一致,接缝平直。

(13)室内拉条灰面层的施工应符合下列规定:
1)按墙面尺寸确定拉模宽度,弹线划分竖格,粘贴拉模导轨应垂直平行,轨面平整;
2)拉条灰面层应用水泥混合砂浆(掺细纸筋)涂抹,表面用细纸精石灰揉光;
3)拉条灰面层应按竖格连续作业,一次抹完。上下端灰口应齐平。

(14)涂抹拉毛灰和洒毛灰面层,宜自上而下进行。涂抹的波纹应大小均匀,颜色一致,接槎平整。

(15)喷砂抹灰的面层应用聚合物水泥砂浆涂抹,其配合比应由试验确定。控制砂浆用的砂粉颜色与喷砂的砂粒颜色一致。

(16)外墙面喷涂、滚涂、弹涂面层的施工应符合下列规定:
1)中层砂浆表面的裂缝和麻坑应处理并清扫干净。
2)门窗和不做喷涂、弹涂的部位应采取措施,防止沾污。
3)喷涂、弹涂应分遍成活,每遍不宜太厚,不得流坠。面层厚度:喷涂为3~4mm,弹涂为2~3mm。滚涂厚度按花纹大小确定,并一次成活。
4)每个间隔分块必须连续作业,不显接槎。
5)面层砂浆中宜掺入甲基硅醇钠,以提高面层的防水、防污染性能。

(17)仿石和彩色抹灰的面层,接槎应平整,仿石表面涂饰的纹理应均匀。

## (二)装饰抹灰施工

### 1. 滴水的制作

为了防止雨水顺着门窗上口的底面流淌,要对室外墙面的门窗口上部做滴水。滴水的形式主要有滴水线、滴水槽及凸尖式,如图 4-2 所示。

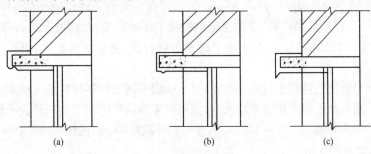

图 4-2　滴水形式
(a)滴水槽;(b)滴水线;(c)凸尖式

### 2. 分格条的粘贴

在装饰抹灰中,为了增加墙面美观,避免罩面砂浆收缩后产生裂缝,一般均有分格条分格。具体做法:在底子灰抹完后根据尺寸用粉线包弹出分格线。分格条用前要在水中泡透,防止分格条使用时变形,并便于粘贴。分格条因本身水分蒸发而收缩容易起出,又能使分格条两侧的灰口整齐。根据分格线长度将分格条尺寸分好,然后用钢抹子将素水泥浆抹在分格条的背面,水平分格线宜黏在水平线的下口,垂直分格线粘贴在垂线的左侧,这样易于观察,操作比较方便。粘贴完一条竖线或横线分格条后,应用直尺校正是否平整,并在分格条两侧用水泥浆抹成八字形斜角(若是水平线应先抹下口)。如当日抹面层的分格条,两侧八字形斜角可抹成 45°,如图 4-3(a)所示。如当日不抹面的"隔夜条"两侧八字形斜角应抹得陡一些,呈 60°角,如图 4-3(b)所示。

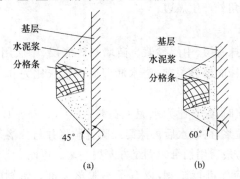

图 4-3　分格条两侧斜角示意
(a)当日起条者做 45°角;(b)"隔夜条"做 60°角

### 3. 水刷石面层施工

(1)水刷石所用的彩色石粒应清洗洁净,统一配料,干拌均匀。

(2)做水刷石装饰抹灰,砖墙基体底层和中层均采用 1∶3 水泥砂浆,厚度为 5～7mm;

混凝土基体底层用1∶0.5∶3水泥混合砂浆,中层用1∶3水泥砂浆,厚度为5~7mm。

在墙面上按设计要求的大小弹出分格线,分格条按弹出的分格线进行粘贴。

(3)待中层砂浆七成干时,进行水刷石面层抹灰。如中层灰较干时,应浇水润湿,接着在中层灰面上刮一遍1mm厚的素灰浆,随即抹面层石粒浆。石粒浆的配合比为1∶2.25,水灰比应为0.4左右,稠度以50~70mm为宜,厚度应为石子粒径的2.5倍,一般情况下为10~20mm。石粒浆铺设后,应随铺随用铁抹子压平压实,待稍收水后,再用铁抹子将露出的石子尖棱轻轻拍平。然后用刷子蘸水再刷再压,重复1或2次,使石粒排列均匀紧密。

(4)当面层水泥石粒用手轻按无指印时,用软刷子刷石粒不掉时就可喷刷。喷刷的方法是:用刷子蘸水从上而下刷除面层灰浆,或用喷雾器随喷随用毛刷刷掉表面砂浆。喷水压力要均匀,喷头距墙面100~200mm,直至石粒外露约2mm,达到清晰可见时止。

### 4. 干粘石面层施工

(1)做干粘石装饰抹灰,砖墙基体底层和中层均采用1∶3水泥砂浆,厚度为5~7mm;混凝土基体底层用1∶0.5∶3水泥混合砂浆,中层用1∶3水泥砂浆,厚度为5~7mm。

(2)粘分格条时,要控制分格的短边在1.5m以内,分格条的宽度应视房屋高低及大小确定。

(3)在中层砂浆表面应先用水湿润,并刷水灰比为0.4~0.5水泥浆一遍,随即抹水泥砂浆粘结层,厚度一般为6~8mm,稠度应不大于80mm。粘结层砂浆为聚合物水泥砂浆,其配合比为水泥∶石膏∶砂∶108胶为100∶50∶200∶(5~15)。

(4)抹好后的粘贴层,在适当的干湿程度下,需要手甩石粒,先甩边缘处,后甩中间部位。甩石粒时,一手托着用窗纱钉成的装石粒的托盘,一手用木拍铲石反手向墙上甩。甩石时,用力要适宜,注意使石粒分布均匀,再用抹子或橡胶滚轻轻拍滚,使石子嵌入砂浆的深度不小于1/2粒径。拍压后的石粒应平整坚实,大面向外。甩石时,阳角处应同时操作。这样可以避免在阳角处产生黑边。

### 5. 斩假石面层施工

(1)在基体处理后,抹底层、中层砂浆。砖墙基体底层、中层用1∶2水泥砂浆。底层与中层表面应划毛。涂抹面层砂浆前,浇水润湿后刮水灰比为0.37~0.40水泥浆一道,然后按要求弹线、分格。

(2)铺抹面层石粒浆时,配合比为水泥∶石粒=1∶(1.25~1.50)。面层应分两遍抹成,先薄薄地抹一层石粒浆,待收水后再抹第二层石粒浆并与分格条平,再用刮尺赶平,收水后用木抹子打磨压实,最后用扫帚顺剁纹方向扫一遍。罩面24h后养护4~5d。

(3)在正式斩剁前应先进行试剁,以石子不脱落为准。斩剁前应先弹顺线,间距约100mm,以保证斩纹顺直、均匀。剁石前应洒水湿润墙面,以免石层爆裂。但斩剁完成后不得湿水,以免影响外观质量。剁石时持斧应端正,用力要一致,刀口应平直,前锋和后锋要同时斩到。

(4)斩剁时应先斩剁转角和四周边缘,后斩剁中间墙面,转角和四周边缘的剁纹与其边棱呈垂直方向,中间墙面斩成垂直纹。在墙角、柱边等边棱处,可留出15~20mm不剁。

### 6. 假面砖面层施工

假面砖所用的彩色砂浆,应先统一配料,干拌均匀过筛后方可加水搅拌;假面砖的面层砂浆涂抹后,先按面砖尺寸分格画线,再画沟、画纹。沟纹间距、深浅应一致,接缝应平直。

### (三)装饰抹灰质量检验标准

(1)抹灰前基层表面的尘土、污垢、油渍等应清除干净,并应洒水润湿。

(2)装饰抹灰工程所用材料的品种和性能应符合设计要求。水泥的凝结时间和安定性复验应合格。砂浆的配合比应符合设计要求。

(3)抹灰工程应分层进行。当抹灰总厚度大于或等于35mm时应采取加强措施。不同材料基体交接处表面的抹灰应采取防止开裂的加强措施,当采用加强网时,加强网与各基体的搭接宽度应不小于100mm。

(4)装饰抹灰工程的表面质量应符合下列规定:①水刷石表面应石粒清晰、分布均匀、紧密平整、色泽一致,应无掉粒和接槎痕迹;②斩假石表面剁纹应均匀顺直、深浅一致,应无漏剁处,阳角处应横剁并留出宽窄一致的不剁边条,棱角应无损坏;③干粘石表面应色泽一致、不露浆、不漏粘,石粒应粘结牢固、分布均匀,阳角处应无明显黑边;④假面砖表面应平整、沟纹清晰、留缝整齐、色泽一致,应无掉角、脱皮、起砂等缺陷。

(5)装饰抹灰分格条(缝)的设置应符合设计要求,宽度和深度应均匀,表面应平整光滑,棱角应整齐。

(6)有排水要求的部位应做滴水线(槽)。滴水线(槽)应整齐顺直,滴水线应内高外低,滴水槽的宽度和深度均应不小于10mm。

(7)装饰抹灰的允许偏差和检验方法应符合表4-2的规定。

表 4-2 装饰抹灰允许偏差和检验方法

| 项次 | 项目 | 允许偏差/mm | | | | 检验方法 |
|---|---|---|---|---|---|---|
| | | 水刷石 | 斩假石 | 干粘石 | 假面砖 | |
| 1 | 立面垂直度 | 5 | 4 | 5 | 5 | 用2m垂直检测尺检查 |
| 2 | 表面平整度 | 3 | 3 | 5 | 4 | 用2m靠尺和塞尺检查 |
| 3 | 阳角方正 | 3 | 3 | 4 | 4 | 用直角检测尺检查 |
| 4 | 分格条(缝)直线度 | 3 | 3 | 3 | 3 | 用5m线,不足5m拉通线,用钢直尺检查 |
| 5 | 墙裙、勒脚上口直线度 | 3 | 3 | — | — | 用5m线,不足5m拉通线,用钢直尺检查 |

### 关键细节3 装饰抹灰施工质量控制要点

(1)装饰抹灰在基体与基层质量检验合格后方可进行。基层必须清理干净,使抹灰层与基层粘结牢固。

(2)装配式混凝土外墙板,其外墙面和接缝不平处以及缺楞掉角处,用水泥砂浆修补后,可直接进行喷涂、滚涂、弹涂。

(3)装饰抹灰面层应做在已硬化、粗糙而平整的中层砂浆面上,涂抹前应洒水湿润。

(4)装饰抹灰面层的施工缝,应留在分格缝、墙面阴角、水落管背后或独立装饰组成部分的边缘处。每个分块必须连续作业,不显接槎。

(5)喷涂、弹涂等工艺在雨天或天气预报下雨时不得施工;干粘石等工艺在大风天气不宜施工。

(6)装饰抹灰的周围墙面、窗口等部位应采取有效措施进行遮挡,以防污染。

(7)装饰抹灰的材料、配合比、面层颜色和图案要符合设计要求,以达到理想的装饰效果,为此应预先做出样板(一个样品或标准间),经建设、设计、施工、监理四方共同鉴定合格后,方可大面积施工。

## 三、清水砌体勾缝

### (一)一般规定

(1)在旧墙面上进行清水墙面勾缝时,应注意将原墙面风、碱蚀、剥皮和损坏的灰缝剔除干净,浇水润湿后,将破损砖按要求修补完毕,按原墙样式或设计要求进行勾缝。

(2)勾缝所用的材料、级配应严格按设计要求。当采用麻灰、纸筋灰时,应严格按工艺要求的级配和操作程序进行。

### (二)施工质量检验标准

(1)清水砌体勾缝所用水泥的凝结时间和安定性复验应合格。砂浆的配合比应符合设计要求。

(2)清水砌体勾缝应无漏勾。勾缝材料应粘结牢固、无开裂。

(3)清水砌体勾缝应横平竖直,交接处应平顺,宽度和深度应均匀,表面应压实抹平。

(4)灰缝应颜色一致,砌体表面应洁净。

**◎关键细节4　清水砌体勾缝质量控制要点**

(1)在勾缝之前先检查墙面的灰缝宽窄,水平和垂直是否符合要求,如果有缺陷,就应进行开缝和补缝。

(2)对缺棱掉角的砖和游丁的立缝应进行修补,修补前要浇水润湿,补缝砂浆的颜色必须与墙上砖面颜色近似。

(3)勾缝所用砂浆的配合比必须准确,即水泥:砂子=1:(1~1.5)。把水泥和砂拌和均匀后,再加水拌合,稠度为30~50mm,以勾缝溜子挑起不掉为宜。根据需要也可以在砂浆中掺加水泥用量10%~15%的磨细粉煤灰以调剂颜色,增加和易性。勾缝砂浆应随拌随用,下班前必须把砂浆用完,不能使用过夜砂浆。

(4)为了防止砂浆早期脱水,在勾缝前一天应将砖墙浇水润湿,勾缝时再适量浇水,但不宜太湿。勾缝时用溜子把灰挑起来填嵌,俗称"叼缝",防止托灰板沾污墙面。外墙一般勾成平缝,凹进墙面3~5mm,从上而下,自右向左进行,先勾水平缝,后勾立缝。使阳角方正,阴角处不能上下直通和瞎缝;水平和竖缝要深浅一致,密实光滑,搭接处平顺。

(5)勾完缝加强自检,检查有无丢缝现象。特别是勒脚、腰线,过梁上第一皮砖及门窗膀侧面,发现漏勾的应及时补勾好。

## 第二节　门窗工程

### 一、木门窗的制作与安装

#### (一)木门窗制作与安装工艺

**1. 木材干燥**

(1)烘干:将板材、枋材放入窑内,用合适温度的热空气或水蒸气缓慢蒸发木料的水分,达到规定含水率后才出窑,经自然通风 7d 以上待应力消除再进行加工。

(2)自然通风干燥:将木材开制成板材或枋料,将材料架起,相互隔开至少 30mm 以上,自然干燥达到设计和用户要求的含水率。设计没有要求时,控制含水率不大于 12%。

**2. 配材和制材**

(1)按设计要求配料,木材品种、材质等级、含水率和防腐、防虫防水处理均应符合设计要求和规范的规定。

(2)配材时要注意木材的缺陷,不得将节疤留在开榫、打榫眼和起线的位置。

(3)配材时木料两端头要平直、材料长度在 0～+20mm 允差范围内。

(4)制材后木料要平正顺直,四面互成 90°直角,允差为±1°。

(5)制材后木料的宽度和厚度允差为 0～+3mm。

(6)木料的翘扭度应≤2/1000。

(7)枋料需裁口处,允许一棱边有斜边为 9mm 的倒棱檐口。

**3. 刨料**

(1)刨料前需要对门窗的料材进行检查,确保符合要求。

(2)刨料后要确保枋料宽度和厚度允差为 0～+0.5mm。

(3)枋料的翘扭度≤1/1000,刨削后的枋料四角为 90°,允差为±0.5mm。

(4)枋料的弯曲度≤1.5/1000。

(5)枋料不需裁口的见光面不允许有倒棱檐口。

(6)刨削后的枋料要平整光滑,加工造成的表面缺陷(如抢岔、抢刀咬伤、劈裂)必须不超过以下范围:缺陷的面积≤100$mm^2$,缺陷的间距不小于 70mm,缺陷的深度≤0.2mm。

(7)刨各类板料的厚度偏差为 0～+0.5mm。

**4. 按图画线**

(1)根据设计要求所规定的门窗结构和尺寸画出相应的样料,同时注明编号、部位、数量、线型及需加工的各形状的尺寸位置。

(2)施工前需要对样料进行校核,符合要求后方可进行施工。

**5. 开榫**

(1)开榫时要特别注意榫眼的位置。

(2)透榫的榫厚应小于榫眼宽 0～0.2mm,半榫的榫头厚度应大于榫眼宽 0～0.2mm。

(3)榫肩要方正,无劈裂,边缘无较大的崩缺,膊位允许偏差为±0.2mm。

(4)半榫榫头长度允许偏差要控制在－3～10mm。

**6. 打榫眼**

(1)打榫眼前应弄清透榫或半榫、正面或背面，并注意与开榫配合。

(2)透榫眼的眼宽要大于榫头厚度0～0.2mm，半榫的榫眼要小于榫头厚度0～0.2mm。

(3)榫眼两端要正直，不过线，透榫眼应两面打穿，其榫眼错位允许偏差≤0.2mm。

(4)半榫眼的深度应大于榫头长度3mm，眼的宽度比榫头宽度小0.2mm。

**7. 裁口、打槽、起线**

(1)根据材质条件合理进料，控制速度，表面无明显刨痕。

(2)裁口要求平直，深浅宽窄一致，其允许偏差为±0.5mm，不得凹凸不平，阴角处要明显，并成直角。

(3)裁口时，若发现平面有严重的缺陷，要保证其较小缺陷间的间距不小于70mm。

(4)要确保打槽的深度和宽度准确平直，头尾一致，槽深允许偏差为＋2mm，槽宽允许偏差为±0.2mm，槽内要光洁无凹凸、无残缺，槽口无明显崩缺。

**8. 减榫**

(1)减榫时要保证减榫部位与榫肩平齐，其突出榫肩最高不能大于0.2mm，减高低膊的榫时，各配合面至榫肩的距离尺寸允许偏差为±0.2mm。

(2)减榫后，榫肩的边、角不允许有影响见光面的表面质量的劈裂、崩缺等缺陷。

**9. 拼装**

(1)门窗框：拼装前按图纸分辨出各部构件，拼装按先里后外，逐步加固后校正规方，钉好斜拉条(不得少于两根)，无下坎的钉好水平拉条。

(2)门窗扇：拼装前按图纸分辨出各部构件，拼装先里后外，校正规方，榫眼加胶用胶楔加紧。用板料拼合门心板应用龙凤榫或燕尾榫连合，镶门心板的凹槽深度应于镶入后尚余2～3mm的间隙。

(3)胶合板门(含纤维板门)应符合以下要求。

1)拼装前按图纸分出各部构件，边框和横楞必须在同一平面上，校正规方用胶楔或胶加钉紧固。

2)横楞和上、下冒头要有两个以上的透气孔。

3)面层与边框及横楞加压胶结，正面、侧面不允许离胶。

4)扇边四周尺寸缩减封边厚度截齐后进行修刨，不允许有崩缺、倒棱等缺陷。

5)对应上、下冒头的封边要有透气孔。

6)封边与扇边用胶加钉结合紧密。

**(二)木门窗制作质量检验标准**

(1)制作木门窗的木材品种、材质等级、规格、尺寸、框扇的线型以及用于造木板的甲醛含量应符合设计要求。

(2)要严格控制制作木门窗的木材的含水率。在气候比较干燥地区不大于12%，气候潮湿的南方地区不宜大于15%。由于我国幅员辽阔，各地湿度不一样，因此在制作时，木材含水率应不大于当地平衡含水率。

(3)门窗框与墙体、混凝土等接触处应进行防腐处理,并应设置防潮层。

(4)木门窗的结合处和安装配件处不得有木节或已填补的木节。木门窗如有允许限值以内的死节及直径较大的虫眼,应用同一材质的木塞加胶填补。对于清漆制品,木塞的木纹和色泽应与制品一致。

(5)门窗框和厚度大于50mm的门窗扇应用双榫连接。榫槽必须用胶和木楔打入固紧,嵌合严密并用直角尺随时检查拼装的方正。榫眼厚度一般为料厚的1/5~1/3。半榫眼深度不大于料宽度的1/3。门窗做成后,为了防止受潮变形应刷一遍干性底油。门窗框的宽度超过120mm时,背面应加工凹槽,以防扭曲弯形。

(6)木门窗制作的允许偏差和检验方法见表4-3。

表4-3　　　　　　　木门窗制作的允许偏差和检验方法

| 项次 | 项　目 | 构件名称 | 允许偏差/mm | | 检验方法 |
| --- | --- | --- | --- | --- | --- |
| | | | 普通 | 高级 | |
| 1 | 翘曲 | 框 | 3 | 2 | 将框、扇平放在检查平台上,用塞尺检查 |
| | | 扇 | 2 | 2 | |
| 2 | 对角线长度差 | 框、扇 | 3 | 2 | 用钢尺检查,框量裁口里角,扇量外角 |
| 3 | 表面平整度 | 扇 | 2 | 2 | 用1m靠尺和塞尺检查 |
| 4 | 高度、宽度 | 框 | 0;-2 | 0;-1 | 用钢尺检查,框量裁口里角,扇量外角 |
| | | 扇 | +2;0 | +1;0 | |
| 5 | 裁门、线条结合处高低差 | 框、扇 | 1 | 0.5 | 用钢直尺和塞尺检查 |
| 6 | 相邻棂子两端间距 | 扇 | 2 | 1 | 用钢直尺检查 |

### (三)木门窗安装质量检验标准

(1)木门窗的品种、类型、规格、开启方向、安装位置及连接方式应符合设计要求。

(2)木门窗安装前,应检查门窗洞口的垂直度、平整度、对角线差,它们均应在允许偏差范围内。检查预埋木砖的数量、间距和牢固程度。检查门窗毛、扇是否有窜角、翘曲、弯曲等缺陷,框与墙体接触处是否进行了防潮处理。

(3)预留洞口与框料之间的间隙尺寸应符合表4-4的规定。

表4-4　　　　　　　洞口与框间间隙　　　　　　　　　　　　　　　mm

| 墙体饰面层材料 | 洞口与框间间隙 |
| --- | --- |
| 清水墙 | 10 |
| 墙体外饰面抹水泥砂浆或贴马赛克 | 15~20 |
| 墙体外饰面贴釉面瓷砖 | 20~25 |
| 墙体外饰面贴大理石或花岗岩板 | 40~50 |

(4)安装门窗框时,在临时就位后,用线坠固定在框的上端,让铅坠自然下垂,看垂线是否与框边相重合。或者用水平尺放于框的上冒头,观察水平尺上的气泡是否处于中间位置。

(5)检查砌体上预埋的木砖数量和间距是否符合相关规定。当门窗框校正后,用100mm长钉将木框固定在预埋的木砖上,并将钉帽锤扁钉入木框3mm,每块木砖上应有2颗钉子。在砌体上安装门窗框时严禁用射钉固定。

(6)木门扇必须安装牢固,并应开关灵活,关闭严密,无倒翘。安装门窗扇时,先确定门窗的开启方向及小五金型号和安装位置,对开扇扇口的裁口位置开启方向一般为右扇压盖左扇。

(7)安装门窗扇上的合页时,上、下应距立梃高度的1/10并应避开上、下头,安装后应开关灵活。安装合页木螺钉时,应用手锤钉入钉长的1/3,剩下2/3须用螺丝刀拧入,严禁用锤一次打入。如为硬质木材,应用木螺钉直径0.9钻头钻孔,深度为螺钉长度的2/3。

(8)门锁距离地面的高度应为1000mm。

(9)门窗拉手应位于门窗扇中线以下。窗拉手距地面为1.5~1.6m;门拉手距地面0.9~1.05m为宜。

(10)木门窗安装的留缝限值、允许偏差和检验方法见表4-5。

表4-5  木门窗安装的留缝限值、允许偏差和检验方法

| 项次 | 项目 | | 留缝限值/mm | | 允许偏差/mm | | 检验方法 |
|---|---|---|---|---|---|---|---|
| | | | 普通 | 高级 | 普通 | 高级 | |
| 1 | 门窗槽口对角线长度差 | | — | — | 3 | 2 | 用钢尺检查 |
| 2 | 门窗框的正、侧面垂直度 | | — | — | 2 | 1 | 用1m垂直检测尺检查 |
| 3 | 框与扇、扇与扇接缝高低差 | | — | — | 2 | 1 | 用钢直尺和塞尺检查 |
| 4 | 门窗扇对口缝 | | 1~2.5 | 1.5~2 | — | — | 用塞尺检查 |
| 5 | 工业厂房双扇大门对口缝 | | 2~5 | — | — | — | |
| 6 | 门窗扇与上框间留缝 | | 1~2 | 1~1.5 | — | — | |
| 7 | 门窗扇与侧框间留缝 | | 1~2.5 | 1~1.5 | — | — | |
| 8 | 窗扇与下框间留缝 | | 2~3 | 2~2.5 | — | — | |
| 9 | 门扇与下框间留缝 | | 3~5 | 3~4 | — | — | |
| 10 | 双层门窗内外框间距 | | — | — | 4 | 3 | 用钢尺检查 |
| 11 | 无下框时门扇与地面间留缝 | 外门 | 4~7 | 5~6 | — | — | 用塞尺检查 |
| | | 内门 | 5~8 | 6~7 | — | — | |
| | | 卫生间门 | 8~12 | 8~10 | — | — | |
| | | 厂房大门 | 10~20 | — | — | — | |

注:1. 表中除给出允许偏差外,对留缝尺寸等给出了尺寸限值。考虑到所给尺寸限值是一个范围,不再给出允许偏差。

2. 本表摘自《建筑装饰装修工程质量验收规范》(GB 50210—2001)。

## 关键细节5 木门窗安装质量控制要点

(1)在选材锯割时,对门框边梃应选用锯割料中靠心材部位;对于无中贯档、下槛的门框,其边梃的翘曲面应将凸面向外,靠墙顶住使其无法变形;对于有中贯档、下槛的门框边梃,其翘曲面应与成品同在一个平面内,以便牵制其变形。当门框边梃、上槛料较宽时,应在靠墙面开5mm深、10mm宽的槽沟,以减少呈瓦形的反翘。

(2)门窗扇开榫应平整,榫眼、榫肩方正,榫眼应与梃料面垂直,榫与榫眼结合紧密。窗扇框和门窗扇厚度大于50mm时,应用双榫连接。榫槽应采用胶料严密嵌合并加紧。

(3)门窗框安装时,要注意水平标高和垂直度,安装完毕应进行复查。一般门窗框与墙体固定点应采用经防腐处理的预埋木砖,木砖间距一般不超过10皮砖,最大不超过7m。单砖墙或轻质隔墙,应用混凝土木砖。门窗框应用铁钉与墙体结合固定,铁钉钉入木砖不小于50mm。当门窗框较轻或为硬木门窗框时,应用铁脚与墙体结合固定。

(4)双开门窗铲口时,应注意顺手缝,并根据榉子宽度,凸缝不宜超过12mm。门窗铰链应铲铰链槽,禁止贴铰链。槽的深度应为铰链匣度。铰链距上下边的距离应等于门窗边长的1/10,并应错开以下冒头。铰链的固定页应安装在门窗框上,活动页安装在门窗扇上。

(5)安装小五金应用木螺钉固定,不得用铁钉代替。螺钉不得用锤子一次打入全部深度,应用螺丝刀拧入。当为硬木制品时,应先钻2/3深度的孔,孔径为木螺钉直径的0.9倍。

(6)门窗拉手应位于门窗扇中线以下。窗拉手距地面以15~16m为宜,门拉手距地面以0.9~1.05m为宜。

## 二、金属门窗的安装

### (一)金属门窗安装工艺

**1. 弹线定位**

(1)按照设计图纸要求在门窗洞口上弹出水平和垂直控制线,以确定钢门窗的安装位置、尺寸、标高。水平线应从+50cm水平线上量出门窗框下皮标高拉通线;垂直线应从顶层楼门窗边线向下垂吊至底层,以控制每层边线,并做好标志,确保各楼层的门窗上下、左右整齐划一。弹放垂直控制线:按设计要求,从顶层至首层用大线坠或经纬仪吊垂直,检查外立面门、窗洞口位置的准确度,并在墙上弹出垂直线,出现偏差超标时,必须先对其进行处理。室内用线坠吊垂直弹线。

(2)弹墙厚度方向的位置线:按设计位置并应考虑墙面抹灰的厚度(按墙面冲筋确定抹灰厚度)。根据设计的门窗位置尺寸及开启方向,在墙上弹出安装位置线。

**2. 立副框**

先将连接件固定在副框上,然后按照弹线的位置将门窗副框准确就位,再用检测工具校正副框的水平度、垂直度,调整正确后用木楔临时固定,之后将连接件与预埋件或墙体连接固定。连接件一般为1.5mm厚的镀锌板,长度可根据现场需要加工。副框与墙体洞口的连接要牢固、可靠,固定点的间距应不大于600mm,距框角的距离应不大于180mm。副框固定的方法主要有三种:墙体上有预埋铁件时,可直接将连接件与预埋铁件焊牢,焊接处应进行防锈处理;无预埋件时用膨胀螺栓将连接件固定到墙上;当洞口为钢筋混凝土墙体时,可用射钉将连接件固定到墙上。副框经检查合格后,将副框四周与洞口之间的缝隙用水泥砂浆分层填实抹平。

### 3. 门窗框就位固定

(1)门窗安装前,应按设计图纸要求核对以下内容:钢门窗的型号、规格、数量是否符合要求;拼樘构件、五金零件、安装铁脚和紧固零件的品种、规格、数量是否正确和齐全。

(2)将门窗框装入洞口临时就位,按照画好的门窗定位线将门窗框调整至横平竖直,再用螺钉将门窗与副框连接牢固。

(3)不带副框的金属门窗框与墙体的连接和副框与墙体的连接方法一样。

(4)推拉门的下边框在做完防腐处理后可直接埋入地面混凝土中;地弹簧门无下框,边框防腐处理后直接固定于地面中,地弹簧也埋于地面中,并用水泥浆固定。铝合金窗设计有要求时,安装前按设计要求将披水固定在铝合金窗上,位置准确,安装牢固。

### 4. 嵌缝

(1)金属门窗固定后,应先进行隐蔽工程验收,合格后及时按设计要求处理门窗框与墙体之间的缝隙。金属门窗的填缝应该作为一道工序完成。填缝所用的材料原则上按设计要求选用,不论使用哪种填缝材料,其目的都是为了密封和防水。

(2)带副框的建筑门窗,其连接处应采用硅酮系列密封胶;铝合金无副框缝隙采用低碱性水泥砂浆或细石混凝土填嵌缝隙时,应对铝合金门窗框四周外表面进行防腐处理。填嵌时不可用力过大,以免窗框受力后变形。

### 5. 清洁修色

(1)安装完毕后剥去门窗保护膜,将门窗上的油污、脏物清洗干净;对于在运输、安装过程中门窗破损的表面用门窗厂家提供的与门窗颜色、涂层材质一致的修色液进行修色,以保证门窗颜色一致。

(2)门窗扇及玻璃安装:门窗扇和门窗玻璃应在洞口墙体表面装饰完工后安装。门窗框固定牢固后,将门窗扇安装在框上。金属门窗的扇一般在工厂加工、组装,到施工现场直接安装门窗玻璃,玻璃安装后,将各个压条压好,然后填嵌密封条及密封胶。

### 6. 配件安装

按设计要求选配五金件,配件与门窗连接用镀锌螺钉,安装后应结实牢固,使用灵活。装纱窗:纱扇绷完纱后,按要求安装到门窗上。

### (二)铝合金门窗安装质量检验标准

(1)铝合金门窗安装前应检查门窗的品种、类型、规格、开启方向、门窗的外观质量和铝合金门窗的质量偏差(表4-6和表4-7)。

表 4-6　　　　　　　　　　　铝合金门窗的外观质量标准

| 项目 | 产品等级 | | |
|---|---|---|---|
| | 优等品 | 一级品 | 合格品 |
| 擦伤、划伤深度 | 不大于氧化膜厚度 | 不大于氧化膜厚度 2 倍 | 不大于氧化膜厚度 3 倍 |
| 擦伤面积/mm² | ≤500 | ≤1000 | ≤1500 |
| 划伤总长/mm | ≤100 | ≤150 | ≤200 |
| 擦伤或划伤处数 | ≤2 | ≤4 | ≤6 |

表 4-7　　　　　　　　　　　铝合金门、窗框尺寸允许偏差

| 项 目 | 门框尺寸 | 产品等级 | | |
|---|---|---|---|---|
| | | 优等品 | 一级品 | 合格品 |
| 门框槽口高度、宽度允许偏差/mm | ≤2000 | ±1.0 | ±1.5 | ±2.0 |
| | >2000 | ±1.3 | ±2.0 | ±2.5 |
| 门框槽口对边尺寸之差/mm | ≤2000 | ≤1.5 | ≤2.0 | ≤2.5 |
| | >2000 | ≤2.5 | ≤3.0 | ≤3.5 |
| 门框槽口对角线允许偏差/mm | ≤3000 | ≤1.5 | ≤2.0 | ≤2.5 |
| | >3000 | ≤2.5 | ≤3.0 | ≤3.0 |
| 窗框槽口高度、宽度允许偏差/mm | ≤2000 | ±1.0 | ±1.5 | ±2.0 |
| | >2000 | ±1.5 | ±2.0 | ±2.5 |
| 窗框槽口对边尺寸之差/mm | ≤2000 | ≤1.5 | ≤2.0 | ≤2.5 |
| | >2000 | ≤2.5 | ≤3.0 | ≤3.5 |
| 窗框槽口对角线允许偏差/mm | ≤2000 | ≤1.5 | ≤2.0 | ≤2.5 |
| | >2000 | ≤2.5 | ≤3.0 | ≤3.0 |

(2)安装时要画线定位,按照图样要求尺寸弹好门窗中线和室内的 50 水平线,外窗安装前沿建筑物全高弹好窗口边线。

(3)检查门窗洞口的尺寸,门窗洞口尺寸的允许偏差应符合表 4-8 的规定。

表 4-8　　　　　　　　　门窗洞口尺寸允许偏差　　　　　　　　　　　　mm

| 项 目 | 允许偏差 |
|---|---|
| 洞口高度、宽度 | ±5 |
| 洞口对角线长度差 | ≤5 |
| 洞口侧边垂直度 | 1.5/1000 且不大于 2 |
| 洞口中心线与基准线偏差 | ≤5 |
| 洞口下平面标高 | ±5 |

(4)防腐处理。

1)门窗框四周外表面的防腐处理设计有要求时,按设计要求处理。如果设计没有要求,可涂刷防腐涂料或粘贴塑料薄膜进行保护,以免水泥砂浆直接与铝合金门窗表面接触,产生电化学反应,腐蚀铝合金门窗。

2)安装铝合金门窗时,如果采用连接铁件固定,则连接铁件、固定件等安装用金属零件最好用不锈钢件。否则必须进行防腐处理,以免产生电化学反应,腐蚀铝合金门窗。

(5)检查门窗框上的排水孔的设置,排水孔应通畅,位置和数量应符合设计要求。

(6)铝合金门窗框与墙体洞口的连接要牢固、可靠,固定的间距应不大于500mm,距离框角的距离应不大于180mm。

(7)门窗框安装固定后应进行隐蔽验收,合格后处理门窗框与墙体之间的缝隙。处理时应按设计要求,未作要求的,可采用发泡塑料胶填塞,亦可采用弹性保温材料分层填塞,外表面应留出6mm左右深的凹口,用以嵌填密封胶或嵌缝膏。

(8)铝合金门窗上的橡胶密封条或毛毡条应安装完好,不得有脱槽现象产生。安装密封条时应留有伸缩余量,一般比门窗的装配边长20~30mm,在转角处应斜面断开,并用粘结胶粘贴牢固,以免产生收缩。

(9)铝合金门窗推拉门窗扇开关力不大于100N。

(10)铝合金门窗安装的留缝限值、允许偏差和检验方法见表4-9。

**表 4-9    铝合金门窗安装允许偏差和检验方法**

| 项次 | 项目 | | 允许偏差/mm | 检验方法 |
|---|---|---|---|---|
| 1 | 门窗槽口宽度、高度 | ≤1500mm | 1.5 | 用钢尺检查 |
| | | >1500mm | 2 | |
| 2 | 门窗槽口对角线长度差 | ≤2000mm | 3 | |
| | | >2000mm | 4 | |
| 3 | 门窗框的正、侧面垂直度 | | 2.5 | 用垂直检测尺检查 |
| 4 | 门窗横框的水平度 | | 2 | 用1m水平尺和塞尺检查 |
| 5 | 门窗横框标高 | | 5 | 用钢尺检查 |
| 6 | 门窗竖向偏离中心 | | 5 | |
| 7 | 双层门窗内外框间距 | | 4 | |
| 8 | 推拉门窗扇与框搭接量 | | 1.5 | |

### (三)涂色镀锌钢板门窗安装质量检验标准

(1)涂色镀锌钢板门窗的品种、型号应符合设计要求。产品进入施工现场时,生产厂家应出具出厂合格证书,并且每樘门窗应有"合格"标记。

(2)对门窗洞口应进行垂线定位和拉窗底标高线,并应对门窗洞口处预埋件的位置和数量进行检查。

(3)安装带副框的门窗时,应用M5×12规格的自攻螺钉将连接件固定在副框上,然后将副框装入洞口并使其横平竖直,连接件与预埋件应焊接牢固。

洞口与副框、副框与门窗拼接处的缝隙应用密封膏密封严密。副框的顶面两侧应贴密封条。

安装不带副框的门窗时,门窗与洞口宜用膨胀螺栓连接,然后用密封膏密封门窗与洞口间的缝隙。

(4)涂色镀锌钢板门窗安装的允许偏差和检验方法见表4-10。

表4-10　　　　　涂色镀锌钢板门窗安装允许偏差和检验方法

| 项次 | 项目 | | 允许偏差/mm | 检验方法 |
| --- | --- | --- | --- | --- |
| 1 | 门窗槽口宽度、高度 | ≤1500mm | 2 | 用钢尺检查 |
| | | >1500mm | 3 | |
| 2 | 门窗槽口对角线长度差 | ≤2000mm | 4 | |
| | | >2000mm | 5 | |
| 3 | 门窗框的正、侧面垂直度 | | 3 | 用垂直检测尺检查 |
| 4 | 门窗横框的水平度 | | 3 | 用1m水平尺和塞尺检查 |
| 5 | 门窗横框标高 | | 5 | 用钢尺检查 |
| 6 | 门窗竖向偏离中心 | | 5 | |
| 7 | 双层门窗内外框间距 | | 4 | |
| 8 | 推拉门窗扇与框搭接量 | | 2 | |

**关键细节6　金属门窗安装质量控制要点**

(1)金属门窗安装应采用预留洞口的方法施工,不得采用边安装边砌口或先安装后砌口的方法施工。

(2)金属门窗安装前要求墙体预留门洞尺寸检查符合设计要求,铁脚洞孔或预埋铁件的位置正确并已清扫干净。

(3)钢门窗安装前应在离地、楼面500mm高的墙面上弹一条水平控制线,再按门窗的安装标高、尺寸和开启方向在墙体预留洞口四周弹出门窗落位线。

(4)门窗安装就位后应暂时用木楔固定,木楔固定钢门窗的位置应设置于门窗四角和框梃端部,否则易变形。

(5)门窗附件安装,必须待墙面、顶棚等抹灰完成后,并在安装玻璃之前进行,且应检查门窗扇质量,对附件安装有影响的应先校正,然后再安装。

(6)同一品种、类型和规格的金属门窗及门窗玻璃每100樘应划分为一个检验批,不足100樘也应划分为一个检验批。

## 三、塑料门窗的安装

### (一)塑料门窗的质量要求

**1. 门窗质量**

塑料门窗的品种、类型、规格、尺寸、开启方向、安装位置、连接方式及填嵌密封处理应符合设计要求,内衬增强型钢的壁厚及设置应符合国家现行产品标准的质量要求。

### 2. 框、扇安装

塑料门窗框、副框和扇的安装必须牢固。固定片或膨胀螺栓的数量与位置应正确,连接方式应符合设计要求。固定点应距窗角、中横框、中竖框150～200mm,固定点间距应不大于600mm。

### 3. 拼樘料与框连接

塑料门窗拼樘料内衬增强型钢的规格、壁厚必须符合设计要求,型钢应与型材内腔紧密吻合,其两端必须与洞口固定牢固。窗框必须与拼樘料连接紧密,固定点间距应不大于600mm。

### 4. 门窗扇安装

塑料门窗扇应开关灵活、关闭严密,无倒翘。推拉门窗扇必须有防脱落措施。

### 5. 配件质量及安装

塑料门窗配件的型号、规格、数量应符合设计要求,安装应牢固,位置应正确,功能应满足使用要求。

### 6. 框与墙体缝隙填嵌

塑料门窗框与墙体间缝隙应采用闭孔弹性材料填嵌饱满,表面应采用密封胶密封。密封胶应粘结牢固,表面应光滑、顺直、无裂纹。

### 7. 表面质量

塑料门窗表面应洁净、平整、光滑,大面应无划痕、碰伤。

### 8. 密封条及旋转门窗间隙

塑料门窗扇的密封条不得脱槽。旋转窗间隙应基本均匀观察。

### 9. 门窗扇开关力的规定

塑料门窗扇的开关力应符合下列规定:
(1)平开门窗扇平铰链的开关力应不大于80N;滑撑铰链的开关力应不大于80N,并不小于30N;
(2)推拉门窗扇的开关力应不大于100N。

### 10. 玻璃密封条、玻璃槽口的接缝

玻璃密封条与玻璃及玻璃槽口的接缝应平整,不得卷边、脱槽。

### 11. 排水孔设置

排水孔应畅通,位置和数量应符合设计要求。

## (二)塑料门窗安装要点

### 1. 门窗洞口质量检查

门窗洞口质量检查,即按设计要求检查门窗洞口的尺寸。若无设计要求,一般应满足下列规定:门洞口宽度加50mm;门洞口高度为门框高加20mm;窗洞口宽度为窗框宽加40mm;窗洞口高度为窗框高加40mm。门窗洞口尺寸的允许偏差值为:洞口表面平整度允许偏差3mm;洞口正、侧面垂直度允许偏差3mm;洞口对角线长度允许偏差3mm。

检查洞口的位置、标高与设计要求是否相符。

检查洞口内预埋木砖的位置、数量是否准确。
按设计要求弹好门窗安装位置线。

**2. 固定片安装**

在门窗的上框及边框上安装固定片,其安装应符合下列要求。

(1)检查门窗框上下边的位置及其内外朝向,确认无误后再安固定片。安装时应先采用直径为 $\phi 3.2$ 的钻头钻孔,然后将十字槽盘端头自攻 M4×20 拧入,严禁直接锤击钉入。

(2)固定片的位置应距门窗角、中竖框、中横框 150~200mm,固定片之间的间距应不大于 600mm。不得将固定片直接装在中横框、中竖框的挡头上。

**3. 安装位置确定**

根据设计图纸及门窗扇的开启方向确定门窗框的安装位置,并把门窗框装入洞口,使其上下框中线与洞口中线对齐。安装时应采取防止门窗变形的措施。无下框平开门应使两边框的下脚低于地面标高线 30mm。带下框的平开门或推拉门应使下框低于地面标高线 10mm。然后将上框的一个固定片固定在墙体上,并应调整门框的水平度、垂直度和直角度,用木楔临时固定。当下框长度大于 0.9m 时,其中间也用木楔塞紧。然后调整垂直度、水平度及直角度。

**4. 门窗框与墙体的连接**

塑料门窗框与墙体的固定方法常见的有连接件法、直接固定法和假框法三种。

(1)连接件法:这是用一种专门制作的铁件将门窗框与墙体相连接,是我国目前运用较多的一种方法。其优点是比较经济,且基本上可以保证门窗的稳定性。连接件法是先将塑料门窗放入窗洞口内,找平对中后用木模临时固定。然后,将固定在门窗框异型材靠墙一面的锚固铁件用螺钉或膨胀螺丝固定在墙上。

(2)直接固定法:在砌筑墙体时先将木砖预埋入门窗洞口内,当塑料门窗安入洞口并定位后,用木螺钉直接穿过门窗框与预埋木砖连接,从而将门窗框直接固定于墙体上。

(3)假框法:先在门窗洞口内安装一个与塑料门窗框相配套的镀锌铁皮金属框,或者当木门窗换成塑料门窗时,将原来的木门窗框保留,待抹灰装饰完成后,再将塑料门窗框直接固定在上述框材上,最后再用盖口条对接缝及边缘部分进行装饰。

**5. 框与墙间缝隙处理**

由于塑料的膨胀系数较大,要求塑料门窗框与墙体间应留出一定宽度的缝隙,以适应塑料伸缩变形的安全余量。框与墙间的缝隙宽度可根据总跨度、膨胀系数、年最大温差计算出最大膨胀量,再乘以要求的安全系数求出,一般取 10~20mm。

门窗框与门窗洞口之间缝隙的处理方法如下:

(1)普通单玻璃窗、门:洞口内外侧与门窗框之间用水泥砂浆或麻刀白灰浆填实抹平;靠近铰链一侧,灰浆压住门窗框的厚度以不影响扇的开启为限,待水泥砂浆或麻刀灰浆硬化后,外侧用嵌缝膏进行密封处理。

(2)保温、隔声门窗:洞口内侧与门窗框之间用水泥砂浆或麻刀白灰浆填实抹平;当外侧抹灰时,应用片材将抹灰层与门窗框临时隔开,其厚度为 5mm,抹灰层应超出门窗框,其厚度以不影响扇的开启为限。待外抹灰层硬化后撤去片材,将嵌缝膏挤入抹灰层与门窗框缝隙内。

不论采用何种填缝方法,均要求做到以下两点:

(1)嵌填封缝材料应能承受墙体与框间的相对运动而保持密封性能。

(2)嵌填封缝材料应不对塑料门窗有腐蚀、软化作用,沥青类材料可能使塑料软化,故不宜使用。嵌填密封完成后就可以进行墙面抹灰。工程有要求时,最后还需加装塑料盖口条。

**6. 玻璃安装**

(1)玻璃不得与玻璃槽直接接触,应在玻璃四边垫上不同厚度的玻璃垫块。边框上的垫块应用聚氯乙烯胶加以固定。

(2)将玻璃装进框扇内,然后用玻璃压条将其固定。

(3)安装双层玻璃时,玻璃夹层四周应嵌入隔条,中隔条应保证密封、不变形、不脱落;玻璃槽及玻璃内表面应干燥、清洁。

(4)镀膜玻璃应装在玻璃的最外层;单面镀膜层应朝向室内。

**(三)塑料门窗安装质量检验标准**

(1)塑料门窗安装应采用预留洞口的方法施工,不得采用边安装边砌口或先安装后砌口的方法施工。

(2)储存塑料门窗的环境温度应小于50℃,与热源的距离应不小于1m。门窗在安装现场放置的时间应不超过两个月。

(3)同一品种、类型和规格的塑料门窗及门窗玻璃每100樘应划分为一个检验批,不足100樘也应划分为一个检验批。

(4)塑料门窗安装的允许偏差和检验方法见表4-11。

表4-11　　　　　　　塑料门窗安装允许偏差和检验方法

| 项次 | 项　目 | | 允许偏差/mm | 检验方法 |
| --- | --- | --- | --- | --- |
| 1 | 门窗槽口宽度、高度 | ≤1500mm | 2 | 用钢尺检查 |
|  |  | >1500mm | 3 |  |
| 2 | 门窗槽口对角线长度差 | ≤2000mm | 3 |  |
|  |  | >2000mm | 5 |  |
| 3 | 门窗框的正、侧面垂直度 |  | 3 | 用1m垂直检测尺检查 |
| 4 | 门窗横框的水平度 |  | 3 | 用1m水平尺和塞尺检查 |
| 5 | 门窗横框标高 |  | 5 | 用钢尺检查 |
| 6 | 门窗竖向偏离中心 |  | 5 |  |
| 7 | 双层门窗内外框间距 |  | 4 |  |
| 8 | 同樘平开门窗相邻扇高度差 |  | 2 |  |
| 9 | 平开门窗铰链部位配合间隙 |  | +2;−1 | 用塞尺检查 |
| 10 | 推拉门窗扇与框搭接量 |  | +1.5;−2.5 | 用钢直尺检查 |
| 11 | 推拉门窗扇与竖框平行度 |  | 2 | 用1m水平尺和塞尺检查 |

注:本表摘自《建筑装饰装修工程质量验收规范》(GB 50210—2001)。

## 关键细节7　塑料门窗安装质量控制要点

(1) 塑料门窗在安装前应先装五金配件及固定件。安装螺钉时，不能直接锤击拧入，应先钻孔后再用自攻螺钉拧入。钻孔用的钻头直径应比螺钉直径小 0.5～1mm。安装五金配件时，必须加衬增强金属板，其厚度约 3mm。

(2) 组合窗与拼樘料应卡接，并用螺栓双向拧紧，其间距应不大于 600mm，并应避免框体翘曲变形。螺栓外露部位应用密封胶或其他密封材料密封。

(3) 门窗安装主要工序应按表 4-12 进行。

表 4-12　　　　　　　　　门窗安装主要工序

| 序号 | 工序名称 | 平开窗 | 推拉窗 | 组合窗 | 平开门 | 推拉门 | 连窗门 |
|---|---|---|---|---|---|---|---|
| 1 | 补贴保护膜 | + | + | + | + | + | + |
| 2 | 框上找中线 | + | + | + | + | + | + |
| 3 | 装固定片 | + | + | + | + | + | + |
| 4 | 洞口找中线 | + | + | + | + | + | + |
| 5 | 卸玻璃（或门、窗扇） | + | + | + | + | + | + |
| 6 | 框进洞口 | + | + | + | + | + | + |
| 7 | 调整定位 | + | + | + | + | + | + |
| 8 | 与墙体固定 | + | + | + | + | + | + |
| 9 | 装拼樘料 | | | + | | | + |
| 10 | 装窗台板 | + | + | + | | | |
| 11 | 填充弹性材料 | + | + | + | + | + | + |
| 12 | 洞口抹灰 | + | + | + | + | + | + |
| 13 | 清理砂浆 | + | + | + | + | + | + |
| 14 | 嵌缝 | + | + | + | + | + | + |
| 15 | 装玻璃（或门、窗扇） | + | + | + | + | + | + |
| 16 | 装纱窗（门） | + | + | + | + | + | + |
| 17 | 安装五金件 | | | | + | + | + |
| 18 | 表面清理 | + | + | + | + | + | + |
| 19 | 撕下保护膜 | + | + | + | + | + | + |

门窗洞口的装饰面应不影响门窗扇的开启。

## 四、特种门的安装

### (一) 特种门的质量要求

**1. 门质量和性能**

特种门的质量和各项性能应符合设计要求，应检查生产许可证、产品合格证书和性能检测报告。

**2. 门品种规格、方向位置**

特种门的品种、类型、规格、尺寸、开启方向、安装位置及防腐处理应符合设计要求。

**3. 机械、自动或智能化装置**

带有机械装置、自动装置或智能化装置的特种门,其机械装置、自动装置或智能化装置的功能应符合设计要求和有关标准的规定。

**4. 安装及预埋件**

特种门的安装必须牢固。预埋件的数量、位置、埋设方式、与框的连接方式必须符合设计要求。

**5. 配件、安装及功能**

特种门的配件应齐全,位置应正确,安装应牢固,功能应满足使用要求和特种门的各项性能要求。

**6. 表面装饰**

特种门的表面装饰应符合设计要求。

**7. 表面质量**

特种门的表面应洁净,无划痕、碰伤。

**8. 推拉自动门**

留缝限值及允许偏差应符合要求。

**(二)全玻门的安装**

(1)全玻门安装前,应检查玻璃的产品合格证及检测报告。玻璃的面积超过 $1.2m^2$ 时应采用安全玻璃。不锈钢或其他有色金属型材的门框、限位槽及板,应符合设计要求。

(2)在玻璃门扇的上下金属横档内画线,按线固定转销的销孔板和地弹簧转动轴连接板。玻璃不得与玻璃槽直接接触,应在玻璃四边垫上不同厚度的玻璃垫块。

(3)玻璃的安装尺寸应从安装位置的底部、中部和顶部进行测量,选择最小尺寸为玻璃的裁割尺寸,裁割时,其高度、宽度的尺寸应比实测尺寸小3~5mm。裁割后,应将其四周做倒角处理,倒角宽度为2mm。

(4)活动扇的高度尺寸在裁割玻璃板时应注意包括插入上下横挡的安装部位。
一般情况下,玻璃高度应小于测量尺寸的5mm。

(5)如果饰面的底托为木底托,可用木楔加钉的方法固定于地面,然后再用万能胶将不锈钢饰面板粘卡在木方上。如果是采用铝合金方管,可用铝角将其固定在框柱上,或用木螺钉固定于地面埋入的木楔上。

(6)用玻璃吸盘将玻璃板上边插入门框中的限位槽内,然后将其下边安放于木底托上的不锈钢包面对口缝内。

(7)将玻璃装进框扇内,然后用玻璃压条将其固定,玻璃板与框柱的对接缝处应注胶密封。注胶时,由注胶的缝隙端头开始,顺缝隙均匀移动,使胶形成一条均匀的直线。

(8)先将门框横梁上的定位销的调节螺钉调出横梁平面2mm左右,将门扇下横档内的转动销连接件的孔位对准地弹簧的转动销轴并转动门扇将孔位套入转动轴上。然后把门转动90°使之与框横梁成为直角,把门扇上横档中的转动连接件的孔对准门杠横梁上的定位销,将定位销插入孔内 15mm 左右。

**(三)卷闸门的安装**

(1)安装前应检查产品的基本尺寸与门洞的尺寸是否相符,导轨、支架的数量是否正确;预埋件、支架埋件是否正确。

(2)确定安装水平线及垂直线,按设定尺寸依次安装。槽口尺寸应准确,上下应保持一致,对应的槽口应在同一平面内,然后用连接件与洞口上的预埋件焊接牢固。

(3)门体叶片插入滑道不得少于 30mm,门体宽度偏差为±3mm。

(4)安装完毕后应进行试运行,并要观察门体上下运行情况。

**(四)特种门安装质量检验标准**

(1)同一品种、类型和规格的特种门每 50 樘应划分为一个检验批,不足 50 樘也应划分为一个检验批。

(2)特种门安装除应符合设计要求和《建筑装饰装修工程质量验收规范》(GB 50210)规定外,还应符合有关专业标准和主管部门的规定。

(3)推拉自动门留缝限值及允许偏差和检验方法应符合表 4-13 的规定。

表 4-13　　　　　　推拉自动门安装的留缝限值、允许偏差和检验方法

| 项次 | 项　目 | | 留缝限值/mm | 允许偏差/mm | 检验方法 |
| --- | --- | --- | --- | --- | --- |
| 1 | 门槽口宽度、高度 | ≤1500mm | — | 1.5 | 用钢尺检查 |
| | | >1500mm | — | 2 | |
| 2 | 门槽口对角线长度差 | ≤2000mm | — | 2 | |
| | | >2000mm | — | 2.5 | |
| 3 | 门框的正、侧面垂直度 | | — | 1 | 用1m垂直检测尺检查 |
| 4 | 门构件装配间隙 | | — | 0.3 | 用塞尺检查 |
| 5 | 门梁导轨水平度 | | — | 1 | 用1m水平尺和塞尺检查 |
| 6 | 下导轨与门梁导轨平行度 | | — | 1.5 | |
| 7 | 门扇与侧框间留缝 | | 1.2~1.8 | — | 用塞尺检查 |
| 8 | 门扇对口缝 | | 1.2~1.8 | — | |

(4)推拉自动门的感应时间限值和检验方法见表 4-14。

表 4-14　　　　　推拉自动门的感应时间限值和检验方法

| 项次 | 项　目 | 感应时间限值/s | 检验方法 |
| --- | --- | --- | --- |
| 1 | 开门响应时间 | ≤0.5 | 用秒表检查 |
| 2 | 堵门保护延时 | 16~20 | |
| 3 | 门扇全开启后保持时间 | 13~17 | |

(5)旋转门安装的允许偏差和检验方法见表 4-15。

表 4-15　　　　　　　旋转门安装的允许偏差和检验方法

| 项次 | 项　目 | 允许偏差/mm | | 检验方法 |
|---|---|---|---|---|
| | | 金属框架玻璃旋转门 | 木质旋转门 | |
| 1 | 门扇正、侧面垂直度 | 1.5 | 1.5 | 用1m垂直检测尺检查 |
| 2 | 门扇对角线长度差 | 1.5 | 1.5 | 用钢尺检查 |
| 3 | 相邻扇高度差 | 1 | 1 | |
| 4 | 扇与圆弧边留缝 | 1.5 | 2 | 用塞尺检查 |
| 5 | 扇与上顶间留缝 | 2 | 2.5 | |
| 6 | 扇与地面间留缝 | 2 | 2.5 | |

### 关键细节 8　特种门安装施工质量控制要点

(1) 特种门因其功能各不相同,在施工过程中应该严格遵守相应的专业标准。

(2) 为了满足防火门的功能要求,需要在防火门上安装报警器,在防火门上不宜安装门锁,以免紧急状态下无法开启。

(3) 自动推拉门上下两滑槽轨道必须平行并控制在同一平面内。

(4) 无框门必须采用厚度在 10mm 以上的钢化玻璃,门夹和玻璃之间应加垫一层半软质垫片,用螺钉将门夹固定在玻璃上或用强力粘结剂将门夹铜条粘结在门夹安装部位的玻璃两侧,要求达到粘结剂的养护要求后再予吊装在轨道的滑轮上。

(5) 地弹簧安装时,轴孔中心线必须在同一铅垂线上,并与门扇底地面垂直。

(6) 要确保旋转门轴与上下轴孔中心线必须在同一铅垂线上。应先安装好圆弧门套后,再等角度安装旋转门,装上封闭条带(刷),然后进行调试。

(7) 卷帘门轴两端必须在同一水平线上,卷帘门轴与两侧轨道应在同一平面内。

### 五、门窗玻璃的安装

#### (一)门窗玻璃安装质量要求

**1. 玻璃质量**

玻璃的品种、规格、尺寸、色彩、图案和涂膜朝向应符合设计要求。单块玻璃大于 $1.5m^2$ 时应使用安全玻璃

**2. 玻璃裁割与安装质量**

门窗玻璃裁割尺寸应正确。安装后的玻璃应牢固,不得有裂纹、损伤和松动。

**3. 安装方法、钉子或钢丝卡**

玻璃的安装方法应符合设计要求。固定玻璃的钉子或钢丝卡的数量、规格应保证玻璃安装牢固。

**4. 木压条**

镶钉木压条接触玻璃处应与裁口边缘平齐。木压条应互相紧密连接,并与裁口边缘紧贴,割角应整齐。

## 5. 密封条

密封条与玻璃、玻璃槽口的接触应紧密、平整。密封胶与玻璃、玻璃槽口的边缘应粘结牢固、接缝平齐。

## 6. 带密封条的玻璃压条

带密封条的玻璃压条,其密封条必须与玻璃全部贴紧,压条与型材之间应无明显缝隙,压条接缝应不大于 0.5mm。

### (二)门窗玻璃安装质量检验标准

(1)木门窗和钢门窗玻璃安装前,必须清除玻璃槽内木屑、灰渣、胶渍与尘土等,以使油灰与槽口粘结牢固。

(2)铝合金和塑料门窗玻璃安装前必须清除玻璃槽内灰浆、异物等,畅通排水孔。

(3)油灰应具有塑性,嵌抹时不断裂,不出麻面,油灰在常温下应在 20d 内硬化。用于钢门窗玻璃的油灰应具有防锈性。

(4)镶嵌用的镶嵌条,定位垫块和隔片、填色材料,密封胶等的品种、规格、断面尺寸、颜色、物理及化学性质应符合设计要求。

**关键细节 9　门窗玻璃安装尺寸要求**

门窗玻璃安装时,其尺寸应符合表 4-16、表 4-17 的相关规定。

表 4-16　　　　　单片玻璃、夹层玻璃的最小安装尺寸　　　　　mm

| 玻璃公称厚度 | 前部余隙或后部余隙 | | | 嵌入深度 | 边缘余隙 |
|---|---|---|---|---|---|
| | ① | ② | ③ | | |
| 3 | 2.0 | 2.5 | 2.5 | 8 | 3 |
| 4 | 2.0 | 2.5 | 2.5 | 8 | 3 |
| 5 | 2.0 | 2.5 | 2.5 | 8 | 4 |
| 6 | 2.0 | 2.5 | 2.5 | 8 | 4 |
| 8 | — | 3.0 | 3.0 | 10 | 5 |
| 10 | — | 3.0 | 3.0 | 10 | 5 |
| 12 | — | 3.0 | 3.0 | 12 | 5 |
| 15 | — | 5.0 | 4.0 | 12 | 8 |
| 19 | — | 5.0 | 4.0 | 15 | 10 |
| 25 | — | 5.0 | 4.0 | 18 | 10 |

表 4-17　　　　　　　中空玻璃的最小安装尺寸　　　　　　　mm

| 中空玻璃 | 固定部分 | | | | | 可动部分 | | | | |
|---|---|---|---|---|---|---|---|---|---|---|
| | 前部余隙或后部余隙 | 嵌入深度 | 边缘余隙 | | | 前部余隙或后部余隙 | 嵌入深度 | 嵌入余隙 | | |
| | | | 下边 | 上边 | 两侧 | | | 下边 | 上边 | 两侧 |
| 3+A+3 | | 12 | | | | | 12 | | | |
| 4+A+4 | 5 | 13 | 7 | 5 | 5 | 5 | 13 | 7 | 3 | 3 |
| 5+A+5 | | 14 | | | | | 14 | | | |
| 6+A+6 | | 15 | | | | | 15 | | | |

## 第三节 吊顶工程

### 一、暗龙骨吊顶

#### (一)施工程序

**1. 弹线**

用水准仪在房间内每个墙(柱)角上抄出水平点(若墙体较长,中间也应适当抄几个点),弹出水准线(水准线距地面一般为500mm),从水准线量至吊顶设计高度加上12mm(一层石膏板的厚度),用粉线沿墙(柱)弹出水准线,即为吊顶次龙骨的下皮线。同时,按吊顶平面图,在混凝土顶板弹出主龙骨的位置。主龙骨应从吊顶中心向两边分,最大间距为1000mm,并标出吊杆的固定点,吊杆的固定点间距900~1000mm,如遇到梁和管道固定点大于设计和规程要求,应增加吊杆的固定点。

**2. 吊杆安装**

吊杆是连接龙骨与楼板(或屋面板)的承重结构,它的形式与选用和楼板的形式、龙骨的形式及材料有关,也与吊顶质量有关。常见的有:在预制板缝中安装吊杆、在现浇板上安放吊杆,在已硬化的楼板上安装吊杆、在梁上设吊杆。

**3. 边龙骨安装**

边龙骨的安装应按设计要求弹线,沿墙(柱)上的水平龙骨线把L形镀锌轻钢条用自攻螺丝固定在预埋木砖上,如为混凝土墙(柱)可用射钉固定,射钉间距应不大于吊顶次龙骨的间距。

**4. 主龙骨安装**

(1)主龙骨的吊点间距应按设计要求,中间部分应鼓起,金属龙骨起拱高度应不小于房间跨度的1/2000。主龙骨的悬臂段应不大于300mm,否则应增加吊杆。主龙骨的接长应对接,相邻龙骨的对接接头要相互错开。主龙骨挂好后应基本调平。

(2)跨度大于15m以上的吊顶,应在主龙骨上每隔15m加一道大龙骨,并垂直主龙骨焊接牢固。

(3)如有大的造型顶棚,造型部分应用角钢或扁钢焊接成框架,并应与楼板连接牢固。

(4)吊顶如设检修走道,应另设附加吊挂系统,用10mm的吊杆与长度为1200mm的15×5角钢横担用螺栓连接,横担间距为1800~2000mm,在横担上铺设走道,可以用6号槽钢两根间距600mm,之间用10mm的钢筋焊接,钢筋的间距为100mm,将槽钢与横担角钢焊接牢固,在走道的一侧设有栏杆,高度为900mm,可以用50×4的角钢做立柱,焊接在走道槽钢上,之间用30×4的扁钢连接。

**5. 次龙骨安装**

次龙骨应紧贴主龙骨安装,当用自攻螺钉安装板材时,板材的接缝处必须安装在宽度不小于40mm的次龙骨上。

**6. 罩面板安装**

(1)石膏板类罩面板安装。石膏板安装时,应从吊顶顶棚的一边角开始,逐块排列推进。纸面石膏板的纸包边长应沿着次龙骨平行铺设。为了使顶棚受力均匀,在同一条次龙骨上的拼缝不能贯通,即铺设板时应错缝。其主要原因是板拼缝处受力面断开。如果拼缝贯通,则在此龙骨处形成一条线荷载,易造成质量通病,即开裂或一板一棱的现象。

石膏板采用钉固法安装时,螺钉与板边距离应不小于15mm,螺钉间距以150~170mm为宜,钉头潜入石膏板深度以0.5~1mm为宜,并应做防锈处理。

采用粘固法时,可采用胶粘剂将石膏板直接粘在龙骨上,胶粘剂应涂刷均匀,粘贴牢固。

当采用双面石膏板时,应注意其长短边与第一层石膏板的长短边均应错开一个龙骨间距以上,且第二层板也应如第一层一样错缝铺钉,应采用3.5mm×35mm自攻螺钉固定在龙骨上,螺钉位适当错位。

吊顶石膏板铺设完成后应进行嵌缝处理。嵌缝的填充材料有老粉(双飞粉)、石膏、水泥及配套专用嵌缝腻子。常见的材料一般配以水、胶,几种材料也可根据设计的要求配合在一起加上水与胶水搅拌匀之后使用。专用嵌缝腻子不用加胶水,只要根据说明加适量的水搅拌匀之后即可使用。

(2)纤维水泥加压板安装。龙骨间距、螺钉与板边的距离,及螺钉间距等应满足设计要求和有关产品的要求。纤维水泥加压板与龙骨固定时,所用手电钻钻头的直径应比选用螺钉直径小0.5~1.0mm;固定后,钉帽应做防锈处理,并用油性腻子嵌平。用密封膏、石膏腻子或掺界面剂胶的水泥砂浆嵌涂板缝并刮平,硬化后用砂纸磨光,板缝宽度应小于50mm。板材的开孔和切割应按产品的有关要求进行。

(3)胶合板、纤维板、钙塑板安装。胶合板应光面向外,相邻板色彩与木纹要协调,胶合板可用钉子固定,钉距为80~150mm,钉长为25~35mm,钉帽应打扁,并进入板面0.5~1.0mm,钉眼用油性腻子抹平。胶合板面如涂刷清漆相邻板面的木纹和颜色应近似。纤维板可用钉子固定,钉距为80~120mm,钉长为20~30mm,钉帽进入板面0.5mm,钉眼用油性腻子抹平。硬质纤维板应用水浸透,自然阴干后安装。胶合板、纤维板用木条固定时,钉距应不大于200mm,钉帽应打扁,并进入木压条0.5~1.0mm,钉眼用油性腻子抹平。钙塑装饰板用胶粘剂粘贴时,涂胶应均匀,粘贴后,应采取临时固定措施并及时擦去挤出的胶液。用钉固定时,钉距不宜大于150mm,钉帽应与板面起平,排列整齐,并用与板面颜色相同的涂料涂饰。

(4)金属板安装。金属铝板的安装应从边上开始,有搭口缝的铝板应顺搭口缝方向逐块进行,铝板应用力插入齿口内,使其啮合。金属条板式吊顶龙骨一般可直接吊挂,也可增加主龙骨,主龙骨间距不大于1.2m,条板式吊顶龙骨形式应与条板配套;方板吊顶次龙骨分明装T形和暗装卡口两种,根据金属方板式样选定次龙骨,次龙骨与主龙骨间用固定件连接;金属格栅的龙骨可明装也可暗装,龙骨间距由格栅做法确定。金属板吊顶与四周墙面所留空隙用金属压缝条镶嵌或补边吊顶找齐,金属压条材质应与金属面板相同。

**(二)质量检验标准**

(1)标高、尺寸、起拱、造型。吊顶标高、尺寸、起拱和造型应符合设计要求。

(2)饰面材料。饰面材料的材质、品种、规格、图案和颜色应符合设计要求。

(3)吊杆、龙骨、饰面材料安装。暗龙骨吊顶工程的吊杆、龙骨和饰面材料的安装必须牢固。

(4)吊杆、龙骨材质。吊杆、龙骨的材质、规格、安装间距及连接方式应符合设计要求。金属吊杆、龙骨应经过表面防腐处理;木吊杆、龙骨应进行防腐、防火处理。

(5)石膏板接缝。石膏板的接缝应按其施工工艺标准进行板缝防裂处理。安装双层石膏板时,面层板与基层板的接缝应错开,并不得在同一根龙骨上接缝。

(6)材料表面质量。饰面材料表面应洁净、色泽一致,不得有翘曲、裂缝及缺损。压条应平直、宽窄一致。

(7)灯具等设备。饰面板上的灯具、烟感器、喷淋头、风口箅子等设备的位置应合理、美观,与饰面板的交接应吻合、严密。

(8)龙骨、吊杆接缝。金属吊杆、龙骨的接缝应均匀一致,角缝应吻合,表面应平整,无翘曲、锤印。木质吊杆、龙骨应顺直,无劈裂、变形。

(9)填充材料。吊顶内填充吸声材料的品种和铺设厚度应符合设计要求,并应有防散落措施。

(10)允许偏差。暗龙骨吊顶工程安装的允许偏差和检验方法应符合表 4-18 的规定。

表 4-18　　　　　暗龙骨吊顶工程安装的允许偏差和检验方法

| 项次 | 项目 | 允许偏差/mm | | | | 检验方法 |
|---|---|---|---|---|---|---|
| | | 纸面石膏板 | 金属板 | 矿棉板 | 木板、塑料板、格栅 | |
| 1 | 表面平整度 | 3 | 2 | 2 | 2 | 用 2m 靠尺和塞尺检查 |
| 2 | 接缝直线度 | 3 | 1.5 | 3 | 3 | 拉 5m 线,不足 5m 拉通线,用钢直尺检查 |
| 3 | 接缝高低差 | 1 | 1 | 1.5 | 1 | 用钢直尺和塞尺检查 |

注:本表摘自《建筑装饰装修工程质量验收规范》(GB 50210—2001)。

### 关键细节 10　暗龙骨吊顶施工前的处理

龙骨安装前,应根据吊顶的设计标高在四周墙体上弹线,其水平允许偏差为±5mm。

### 关键细节 11　暗龙骨安装施工质量控制要点

(1)在混凝土基体上设置吊杆时,应用专门金属胀管或膨胀螺栓加连接件用螺帽固定,不得用木楔或电焊直接将吊杆与膨胀螺栓焊接。在预制混凝土板基体上设置吊杆时,严禁将膨胀螺栓打入多孔板中。

(2)用木吊杆时,端头应用两只钉子固定,钉子应错开排列。

(3)吊顶采用轻钢龙骨时应采用相配套的吊杆、配件。当用镀锌铁丝作轻质吊顶吊杆时,宜用 12 号以上双股并必须并股扭结吊挂。用铁丝作吊杆或吊杆长度大于 1.5m 的圆钢吊杆应加反撑,反撑与吊杆扎牢,以防吊顶上下振动。

(4)按相关要求设置好轻钢龙骨与铝合金龙骨的间距。通常,吊杆间距一般控制在

0.9～1.1m,最大不宜超过1.2m。主龙骨间距不大于1.2m。木龙骨吊杆和主龙骨间距一般控制在1m。在风口、上人孔等饰面板开孔四周,应用附加龙骨加强,以免洞口破损。

(5)对于暗架吊顶饰面板,短边板缝应错开,长边沿次龙骨方向。板与板之间的缝隙应控制在3～8mm,缝隙用油性腻子两遍嵌密实后,采取有效贴缝处理,以防裂缝。罩面板四边应用沉头自攻螺钉固定在复面龙骨上,螺钉距板边距离为10～15mm,饰面板不得悬挑。复面龙骨间距不宜大于600mm。固定饰面板四边的螺钉间距以150～170mm为宜,板中以200～300mm为宜。

## 二、明龙骨吊顶

### (一)施工程序

**1. 弹线**

采用吊线锤、水平仪或用透明塑料软管注水后进行测量等方法,根据吊顶的设计标高在四周墙(柱)面弹线,其水平允许偏差±5mm。根据吊顶标高线分别确定并弹出边龙骨及主龙骨所处部位的平面基准线,按龙骨间距尺寸弹出龙骨纵横布置的框格线,并确定吊点(有预埋件或连接件者即与之相应的悬吊点)。如果有与吊顶构造相关的特殊部位,如检修马道或吊挂设备等,应注意吊顶构造必须与其脱开距离。对于吊顶吊点的现场确定及其紧固措施,应事先经设计部门同意,必须充分考虑吊点所承受的荷载,同时针对建筑顶棚本身的强度,吊顶各部位的吊点的间距、主龙骨中距、吊点距主龙骨端部的距离(不得超过300mm)等尺寸关系,均应严格按照设计的规定,以防止主龙骨下坠及其他不安全现象的发生。

**2. 吊杆安装**

采用膨胀螺栓固定吊挂杆件。不上人的吊顶,吊杆长度小于1000mm,可以采用$\phi 6$的吊杆,如果大于1000mm,应采用$\phi 8$的吊杆,还应设置反向支承。吊杆可以采用冷拔钢筋和盘圆钢筋,但采用盘圆钢筋应用机械将其拉直。上人的吊顶,吊杆长度小于1000mm,可以采用$\phi 8$的吊杆,如果大于1000mm,应采用$\phi 10$的吊杆,还应设置反向支承。吊杆的一端同30×30×3角码焊接(角码的孔径应根据吊杆和膨胀螺栓的直径确定),另一端可以用攻丝套出大于100mm的丝杆,也可以买成品丝杆焊接。制作好的吊杆应做防锈处理,吊杆用膨胀螺栓固定在楼板上,用冲击电锤打孔,孔径应稍大于膨胀螺栓的直径。

**3. 边龙骨安装**

边龙骨的安装应按设计要求弹线,沿墙(柱)上的水平龙骨线把L形镀锌轻钢条用自攻螺丝固定在预埋木砖上;如为混凝土墙(柱),可用射钉固定,射钉间距应不大于吊顶次龙骨的间距。

**4. 主龙骨安装**

(1)主龙骨应吊挂在吊杆上。主龙骨间距900～1000mm。主龙骨分为轻钢龙骨和T形龙骨。对于轻钢龙骨系列的重型大龙骨U、C型,以及轻钢或铝合金T型龙骨吊顶中的主龙骨,其悬吊方式取决于设计。主龙骨应平行房间长向安装,同时应起拱,起拱高度为房间跨度的1/300～1/200。主龙骨的悬臂段应不大于300mm,否则应增加吊杆。主龙骨的接长应采取对接,相邻龙骨的对接接头要相互错开。主龙骨挂好后应基本调平。

(2)跨度大于15m的吊顶应在主龙骨上,每隔15m加一道大龙骨,并垂直主龙骨焊接牢固。

(3)如有大的造型顶棚,造型部分应用角钢或扁钢焊接成框架,并应与楼板连接牢固。

**5. 次龙骨安装**

对于双层构造的吊顶骨架,次龙骨紧贴承载主龙骨安装,通长布置,利用配套的挂件与主龙骨连接,在吊顶平面上与主龙骨相垂直,它可以是中龙骨,有时则根据罩面板的需要再增加小龙骨,它们都是覆面龙骨。次龙骨分为T形烤漆龙骨、T形铝合金龙骨,以及各种条形扣板厂家配带的专用龙骨。用T形镀锌铁片连接件把次龙骨固定在主龙骨上时,次龙骨的两端应搭在L形边龙骨的水平翼缘上,条形扣板有专用的阴角线做边龙骨。

**6. 罩面板安装**

(1)嵌装式装饰石膏板安装。

采用与板材相配套的带夹簧的特制金属龙骨(三角龙骨、夹嵌龙骨),可以使金属吊顶方板很方便地嵌入。金属方板的卷边向上,呈缺口式的盒子形,多数方形吊顶板在加工时其边部轧出凸起的卡口,可以较精确和稳固地嵌装于夹簧龙骨中。其吊顶骨架可不设横撑龙骨,由设计确定。此类产品各生产厂的配套材料略有不同,但其原理和安装方法大同小异。

嵌装式装饰石膏板安装宜选用企口暗缝咬接法,构造如图4-4所示。安装时应注意企口的相互咬接及图案的拼接。

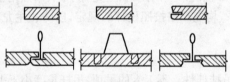

图4-4 板边处理与安装示意

龙骨调平及拼缝处应认真施工,固定石膏板时,应视吊顶高度及板厚,在板与板之间留适当间隙,拼缝缝隙用石膏腻子补平,并贴一层穿孔接缝纸。

(2)金属微穿孔吸声板安装。

1)必须认真调平调直龙骨,这是保证大面积吊顶效果的关键。

2)安装冲孔吸声板宜采用板用木螺钉或自攻螺钉固定在龙骨上,对于有些铝合金板吊顶,也可将冲孔板卡到龙骨上,具体的固定方法要视板的断面决定。

3)安装金属微穿孔板应从一个方向开始,依次安装。

4)在方板或板条安装完毕后铺放吸声材料。条板可将吸声材料放在板条内;方板可将吸声材料放在板上面。

(3)金属吊顶格栅安装。

金属格栅的悬吊安装可采用生产厂所提供的装配固定方式和材料(如有的备有十字连接件等),也可选用上述各种金属龙骨材料进行安装,由设计时根据需要确定。

**(二)明龙骨吊顶安装质量检验标准**

(1)吊顶标高、尺寸、起拱和造型应符合设计要求。

(2)饰面材料的材质、品种、规格、图案和颜色应符合设计要求。当饰面材料为玻璃板时,应使用安全玻璃或采取可靠的安全措施。

(3)吊杆、龙骨安装必须正确。吊杆应平直,连接、焊接必须牢固。金属件不锈蚀并经过防锈处理。木构件不腐朽、不劈裂、不变形并经防腐、防火处理。吊杆及其连接点应有足够的承载能力。

(4)饰面材料表面应洁净、色泽一致,不得有翘曲、裂缝及缺损。饰面板与明龙骨的搭接应平整、吻合,压条应平直、宽窄一致。

(5)饰面板上的灯具、烟感器、喷淋头、风口篦子等设备的位置应合理、美观,与饰面板的交接应吻合、严密。

(6)金属龙骨的接缝应平整、吻合、颜色一致,不得有划伤、擦伤等表面缺陷。木质龙骨应平整、顺直,无劈裂。

(7)吊顶内填充吸声材料的品种和铺设厚度应符合设计要求,并应有防散落措施。

(8)明龙骨吊顶工程安装的允许偏差和检验方法应符合表 4-19 的规定。

表 4-19　　　　　明龙骨吊顶工程安装的允许偏差和检验方法

| 项次 | 项目 | 允许偏差/mm | | | | 检验方法 |
| --- | --- | --- | --- | --- | --- | --- |
| | | 石膏板 | 金属板 | 矿棉板 | 塑料板、玻璃板 | |
| 1 | 表面平整度 | 3 | 2 | 3 | 2 | 用 2m 靠尺和塞尺检查 |
| 2 | 接缝直线度 | 3 | 2 | 3 | 3 | 拉 5m 线,不足 5m 拉通线,用钢直尺检查 |
| 3 | 接缝高低差 | 1 | 1 | 2 | 1 | 用钢直尺和塞尺检查 |

注:本表摘自《建筑装饰装修工程质量验收规范》(GB 50210—2001)。

### 关键细节 12　明龙骨吊顶施工前的处理

为确保吊顶平整,在吊顶前应根据设计标高,在四周墙上标出平顶高度和中间起拱高度。

### 关键细节 13　明龙骨吊顶安装施工质量控制要点

(1)在混凝土基体上设置吊杆时,应用专门金属胀管或膨胀螺栓加连接件用螺帽固定,不得用木楔或电焊直接将吊杆与膨胀螺栓焊接。在预制混凝土板基体上设置吊杆时,严禁将膨胀螺栓打入多孔板中。不得用铁丝作上人吊顶吊杆。吊杆焊接时,双面焊接长度不小于吊杆直径的 5 倍。

(2)用木吊杆时,端头应用两只钉子固定,钉子应错开,钉子到吊杆端头距离不小于钉子直径的 15 倍,木吊杆不得有劈裂现象。

(3)吊顶采用轻钢龙骨时,应采用相配套的吊杆、配件。当用镀锌铁丝作轻质吊顶吊杆时,明龙骨轻质吊顶可用 16 号以上双股且必须并股扭结吊挂。

(4)当用非钢化玻璃作吊顶饰面材料时,应有防玻璃破碎坠落的可靠措施。采用贴膜方法不能有效防止玻璃破碎坠落。

## 第四节  隔墙工程

### 一、骨架隔墙施工

#### (一)木龙骨安装

**1. 弹线打孔**

(1)在需要固定木隔断墙的地面和建筑墙面弹出隔断墙的宽度线和中心线。同时,画出固定点的位置,通常按 300~400mm 的间距在地面和墙面用 $\phi 7.8$ 或 $\phi 10.8$ 的钻头在中心线上打孔,孔深 45mm 左右,向孔内放入 M6 或 M8 的膨胀螺栓。注意打孔的位置应与骨架竖向木方错开位。

(2)如果用木楔铁钉固定,就需打出 $\phi 20$ 左右的孔,孔深 50mm 左右,再向孔内打入木楔。

**2. 安装木龙骨**

安装木龙骨的方式有多种,但在室内装饰工程中,通常遵循不破坏原建筑结构的原则开展龙骨固定工作。

#### (二)轻钢隔断龙骨安装

**1. 弹线**

在基体上弹出水平线和竖向垂直线,以控制隔断龙骨安装的位置、龙骨的平直度和固定点。

**2. 安装隔断龙骨**

(1)沿弹线位置固定沿顶和沿地龙骨,各自交接后的龙骨应保持平直。固定点间距应不大于 1000mm,龙骨的端部必须固定牢固。边框龙骨与基体之间应按设计要求安装密封条。

(2)当选用支承卡系列龙骨时,应先将支承卡安装在竖向龙骨的开口上,卡距为 400~600mm,距龙骨两端的为 20~25mm。

(3)选用通贯系列龙骨时,高度低于 3m 的隔墙安装一道;3~5m 时安装两道;5m 以上时安装三道。

(4)门窗或特殊节点处应使用附加龙骨,加强其安装应符合设计要求。

(5)隔断的下端如用木踢脚板覆盖,隔断的罩面板下端应离地面 20~30mm;如用大理石、水磨石踢脚时,罩面板下端应与踢脚板上口齐平,接缝要严密。

#### (三)墙面板安装

**1. 纸面石膏板安装**

(1)在石膏板安装前应对预埋隔断中的管道和有关附墙设备采取局部加强措施。

(2)石膏板宜竖向铺设,长边接缝宜落在竖龙骨上,但隔断为防火墙时,石膏板应竖向铺设,当为曲面墙时,石膏板宜横向铺设。

(3)用自攻螺钉固定石膏板,中间钉距应不大于300mm,沿石膏板周边螺钉间距应不大于200mm,螺钉与板边缘的距离应为10~16mm。

(4)安装石膏板时,应从板的中间向板的四边固定。钉头略埋入板内,以不损坏纸面为度。钉眼应用石膏腻子抹平。

(5)石膏板宜使用整板。如需接时应靠紧,但不得强压就位。

(6)石膏板的接缝应按设计要求进行板缝的防裂处理,隔墙端部的石膏板与周围墙或柱应留有3mm的槽口。施工时先在槽口处加注嵌缝膏,然后铺板,挤压嵌缝膏使其和邻近表层紧紧接触。

(7)石膏板隔墙以丁字或十字型相接时,阴角处应用腻子嵌满,贴上接缝带。阳角处应做护角。

**2. 胶合板和纤维板安装**

(1)浸水:硬质纤维板施工前应用水浸透,自然阴干后安装。这是由于硬质纤维板有湿胀、干缩的性质,放入水中浸泡24h后可伸胀0.5%左右;如果事先没有浸泡,安装后吸收空气中的水分会膨胀,但因四周已有钉子固定无法伸胀而造成起鼓、翘曲等问题。

(2)基层处理:安装胶合板的基体表面用油毡、油纸防潮时,应铺设平整,搭接严密,不得有皱折、裂缝和透孔等。

(3)固定:胶合板如用钉子固定,钉距为80~150mm,钉帽打扁并进入板面0.5~1mm,钉眼用油性腻子抹平;纤维板如用钉子固定,钉距为80~120mm,钉长为20~30mm,钉帽宜进入板面0.5mm。钉眼用油性腻子抹平。胶合板、纤维板用木压条固定时,钉距应不大于200mm,钉帽应打扁并进入木压条0.5~1mm,钉眼用油性腻子抹平。墙面用胶合板、纤维板装饰,在阳角处宜做护角。

**3. 塑料板罩面安装**

塑料板罩面安装方法一般有粘结和钉接两种。

(1)粘结:聚氯乙烯塑料装饰板用胶粘剂粘结。

1)胶粘剂:聚氯乙烯胶粘剂(601胶)或聚酯酸乙烯胶。

2)操作方法:用刮板或毛刷同时在墙面和塑料板背面涂刷,不得有漏刷。涂胶后见胶液流动性显著消失,用手接触胶层感到黏性较大时,即可粘结。粘结后应采用临时固定措施,同时将挤压在板缝中多余的胶液刮除,将板面擦净。

(2)钉接:安装塑料贴面板复合板应预先钻孔,再用木螺丝加垫圈紧固,也可用金属压条固定。木螺丝的钉距一般为400~500mm,排列应整齐一致。加金属压条时,应拉横竖通线并拉直,同时应先用钉子将塑料贴面复合板临时固定,然后加盖金属压条,用垫圈找平固定。需要隔声、保温、防火的应根据设计要求在龙骨一侧安装好塑料贴面复合板,进行隔声、保温、防火等材料的填充;一般采用玻璃丝棉或30~100mm岩棉板进行隔声、防火处理;采用50~100mm苯板进行保温处理。做完以上处理后再封闭另一侧的罩面板。

**4. 铝合金装饰条板安装**

用铝合金条板装饰墙面时,可用螺钉直接固定在结构层上,也可用锚固件悬挂或嵌卡的方法将板固定在轻钢龙骨上,或将板固定在墙筋上。

## (四)骨架隔墙质量检验标准

(1)骨架隔墙所用龙骨、配件、墙面板、填充材料及嵌缝材料的品种、规格、性能和木材的含水率应符合设计要求。有隔声、隔热、阻燃、防潮等特殊要求的工程,材料应有相应性能等级的检测报告。

(2)骨架隔墙工程边框龙骨必须与基体结构连接牢固,并应平整、垂直、位置正确(用手扳检查、尺量)。

(3)骨架隔墙中龙骨间距和构造连接方法应符合设计要求。骨架内设备管线的安装、门窗洞口等部位加强龙骨应安装牢固、位置正确,填充材料的设置应符合设计要求。

(4)木龙骨及木墙面板的防火和防腐处理必须符合设计要求。

(5)骨架隔墙的墙面板应安装牢固,无脱层、翘曲、折裂及缺损。

(6)墙面板所用接缝材料的接缝方法应符合设计要求。

(7)骨架隔墙表面应平整光滑、色泽一致、洁净、无裂缝,接缝应均匀、顺直观察;手摸检查。

(8)骨架隔墙上的孔洞、槽、盒应位置正确、套割吻合、边缘整齐。

(9)骨架隔墙内的填充材料应干燥,填充应密实、均匀、无下坠。

(10)骨架隔墙安装的允许偏差和检验方法应符合表 4-20 的规定。

表 4-20　　　　骨架隔墙安装允许偏差和检验方法

| 项次 | 项目 | 允许偏差/mm | | 检验方法 |
|---|---|---|---|---|
| | | 纸面石膏板 | 人造木板、水泥纤维板 | |
| 1 | 立面垂直度 | 3 | 4 | 用 2m 垂直检测尺检查 |
| 2 | 表面平整度 | 3 | 3 | 用 2m 靠尺和塞尺检查 |
| 3 | 阴阳角方正 | 3 | 3 | 用直角检测尺检查 |
| 4 | 接缝直线度 | — | 3 | 拉 5m 线,不足 5m 拉通线,用钢直尺检查 |
| 5 | 压条直线度 | — | 3 | |
| 6 | 接缝高低差 | 1 | 1 | 用钢直尺和塞尺检查 |

注:本表摘自《建筑装饰装修工程质量验收规范》(GB 50210—2001)。

### 关键细节 14　骨架隔墙施工质量控制要点

(1)根据设计要求,在地面放出隔墙位置线、门窗洞口边框线、顶龙骨的位置边线。

(2)做地枕基座时,应将地面凿毛,清扫并洒水湿润后做现浇混凝土基墙。厚度一般为 100mm。为了方便沿地龙骨固定,可预先埋入防腐木砖,木砖间距按设计要求,一般间距为 600mm。

(3)安装顶龙骨和地龙骨时,按已放好的隔墙位置线,用射钉固定于主体结构上,射钉间距不得大于 600mm。

(4)安装竖向龙骨时,按照分档位置安装竖向龙骨。竖向龙骨上下两端插入沿顶龙骨及沿地龙骨,调整垂直及定位准确后用抽芯铆钉固定;靠墙柱边龙骨用射钉或木螺丝与墙、柱固定,钉距为 1000mm。

(5)安装罩面板时应一侧一侧地安,安装面板前应对龙骨的安装质量进行验收。安装罩面板时,应从门口处开始。板边钉距应不大于200mm,板中间距不大于300mm,螺钉距板边的距离不得小于10mm,也不得大于16mm。安装另一侧罩面板时,其接缝应与先安装侧的板缝相错开。

(6)安装于墙体内的电盒、电箱、管路等设备应进行隐蔽工程的检查验收。

(7)填充于骨架隔墙内的填充料应干燥,填充应密实、均匀、无下坠。

(8)板面接缝不论采用哪种方法均应达到平整光滑、色泽一致、洁净、无裂缝。

### 关键细节 15 隔墙施工应注意的问题

(1)隔墙施工前应根据设计图在地面上放出隔墙位置线、门窗洞口边框线,并放好顶龙骨位置线,隔墙门洞两侧应用通天加强立筋加强门洞,用木立筋加强时,在上面需用人字撑加固。用轻钢龙骨、铝合金龙骨时,上下端的沿边龙骨的固定点间距一般不大于600mm,木龙骨固定点间距不大于1m;靠墙、柱的竖向龙骨固定点的间距不大于900mm。竖向龙骨应安装垂直。选用支承卡系列龙骨时,卡距为400~600mm。选用贯通系列龙骨时,低于3m高度的应安装横向一道窜龙骨,3~5m高度应安装二道,5m以上应安装三道,以增强隔墙的整体刚度。

(2)在潮湿的地面进行分割时,需要在隔墙底部砌砖墙或采取其他防潮、防渗措施,其高度为踢脚板设计高度,这样能够防止罩面板受潮损坏。隔墙的下端用木踢脚板覆盖时,罩面板应离地面20~30mm,用饰面板(砖)作踢脚板时,罩面板下端应与踢脚板上口齐平,接缝应严密。罩面板横向接缝处如不在沿顶、沿地龙骨上时,应加横撑龙骨固定板缝。罩面板铺设前应对隔墙中的管道、管线设备检查测试,符合要求后方可进行。对隔墙中设置的电气箱、盒等装置时,应对其周围缝隙进行密封处理。

(3)饰面板应竖向铺设,龙骨两侧及一侧内外两层罩面板应错缝排列,接缝不得在同一根龙骨上。门洞两侧的上部罩面板不得内外通缝,应错缝安装,以免在该部位因振动产生裂缝。

(4)若饰面板采用暗缝处理,需要在相连两板间留下一定的缝隙,一般为3~8mm。

(5)饰面板四边用自攻螺钉固定时,离板边缘距离不得小于15mm。固定饰面板的螺钉、钉子沿周边间距应不大于200mm,胶合板、纤维板间距80~120mm,中间间距应不大于300mm,钉帽应埋入板内1mm,经防锈处理后用腻子批平。

## 二、板材隔墙施工

### (一)板材隔墙质量要求

(1)隔墙板材的品种、规格、性能、颜色应符合设计要求。有隔声、隔热、阻燃、防潮等特殊要求的工程,板材应有相应性能等级的检测报告。

(2)安装隔墙板材所需预埋件、连接件的位置、数量及连接方法应符合设计要求。

(3)隔墙板材必须安装牢固。现制钢丝网水泥隔墙与周边墙体的连接方法应符合设计要求,并应连接牢固。

(4)隔墙板材所用接缝材料的品种及接缝方法应符合设计要求。

(5)隔墙板材安装应垂直、平整、位置正确,板材应设有裂缝或缺损。

(6)板材隔墙表面应平整光滑、色泽一致、洁净,接缝应均匀、顺直。

(7)隔墙上的孔洞、槽、盒应位置正确、套割方正、边缘整齐。

### (二)板材隔墙质量检验标准

(1)墙位放线应清晰,位置应准确。隔墙上下基层应平整、牢固。

(2)板材隔墙安装拼接应符合设计和产品构造要求。

(3)安装板材隔墙所用的金属件应进行防腐处理。

(4)板材隔墙拼接用的芯材应符合防火要求。

(5)在板材隔墙上开槽、打孔应用云石机切割或电钻钻孔,不得直接剔凿和用力敲击。

(6)板材隔墙安装的允许偏差和检验方法见表4-21。

表4-21　　　　　板材隔墙安装的允许偏差和检验方法

| 项次 | 项目 | 允许偏差/mm | | | | 检验方法 |
| --- | --- | --- | --- | --- | --- | --- |
| | | 复合轻质墙板 | | 石膏空心板 | 钢丝网水泥板 | |
| | | 金属夹芯板 | 其他复合板 | | | |
| 1 | 立面垂直度 | 2 | 3 | 3 | 3 | 用2m垂直检测尺检查 |
| 2 | 表面平整度 | 2 | 3 | 3 | 3 | 用2m靠尺和塞尺检查 |
| 3 | 阴阳角方正 | 3 | 3 | 3 | 4 | 用直角检测尺检查 |
| 4 | 接缝高低差 | 1 | 2 | 2 | 3 | 用钢直尺和塞尺检查 |

注:本表摘自《建筑装饰装修工程质量验收规范》(GB 50210—2001)。

#### 关键细节16　板材隔墙施工质量控制要点

(1)隔墙施工前应按设计图纸标出墙体、门窗洞口位置和有关管线位置,在门洞两侧应采取加强措施,以增加隔墙刚度。

(2)在卫生间、浴室等地面潮湿部位的隔墙底部应筑高度不小于踢脚线高度的墙,或采取其他防潮、防渗措施。

(3)隔墙中设置的管道应避免水平设置。

### 三、玻璃隔墙施工

#### (一)玻璃隔墙的作业条件

(1)主体结构已经验收合格;安装用基准线和基准点已经测试完毕。

(2)预埋件、连接件或镶嵌玻璃的金属口已经完成并符合要求。

(3)施工时的温度不低于5℃。

#### (二)玻璃隔墙的质量要求

(1)玻璃隔墙工程所用材料的品种、规格、性能、图案和颜色应符合设计要求。玻璃板隔墙应使用安全玻璃。

(2)玻璃砖隔墙的砌筑或玻璃板隔墙的安装方法应符合设计要求。

(3)玻璃砖隔墙砌筑中埋设的拉结筋必须与基体结构连接牢固,位置正确。

(4)玻璃板隔墙的安装必须牢固。玻璃板隔墙胶垫的安装应正确。

(5)玻璃隔墙表面应色泽一致、平整洁净、清晰美观。

(6)玻璃隔墙接缝应横平竖直。

### 关键细节 17　玻璃隔墙施工质量控制要点

(1)墙位放线清晰,位置应准确。隔墙基层应平整、牢固。对有框玻璃墙应标出竖框间隔位置和固定点位置。无框玻璃墙应核对已预先埋入的铁件的位置和画出膨胀螺栓的位置。

(2)用铝合金框时,玻璃镶嵌后应用橡胶带固定玻璃。安装时,先按隔墙位置线在墙面、地面上设置膨胀螺栓,同时在竖向、横向型材的相应位置固定铁角件,然后将框架固定在墙上或地上。

(3)对于较大面积的玻璃隔墙采用吊挂式安装时,应先做出吊挂玻璃的支承架,并安装好吊挂玻璃的夹具及上框。如果设计无具体要求时夹具距玻璃边的距离应为玻璃宽度的1/4,其上框位置为吊顶标高。

(4)当边框安装合格后,清理槽口并垫好防震橡胶垫块。然后将玻璃安装于上下框的槽口内。再接着安装中间部位的玻璃。两块玻璃之间接缝应留出2~3mm缝隙。如果是采用吊挂式安装,应用吊挂玻璃的夹具逐块将玻璃夹牢。对于有框玻璃隔墙,用压条或槽口条在玻璃两侧位置夹住玻璃,并用自攻螺钉固定在框架上。

(5)玻璃安装后应随时清理玻璃面,特别是冰雪片彩色玻璃。玻璃安装就位并对垂直度、平整度校正合格后,同时用聚苯乙烯泡沫嵌条嵌入槽口内,使玻璃与金属槽结合紧密,然后打硅酮结构胶。注胶时应从缝隙的一端开始,顺缝隙匀速移动。

### 关键细节 18　空心玻璃砖隔墙施工控制要点

(1)固定金属型材框用的镀锌钢膨胀螺栓直径不得小于8mm,间距不得大于500mm。用于80mm厚的空心玻璃砖的金属型材框,最小截面应为90mm×50mm×3.0mm;用于100mm厚的空心玻璃砖的金属型材框,最小截面应为108mm×50mm×3.0mm。

(2)空心玻璃砖的砌筑砂浆等级应为M5,一般宜使用白色硅酸盐水泥与粒径小于3mm的砂拌制。

(3)室内空心玻璃砖隔墙的高度和长度均超过1.5m时,应在垂直方向上每二层空心玻璃砖水平布2根$\phi6$(或$\phi8$)的钢筋(当只有隔墙的高度超过1.5m时放一根钢筋),在水平方向上每3个缝至少垂直布一根钢筋(错缝砌筑时除外),钢筋每端伸入金属型材框的尺寸不得小于35mm。最上层的空心玻璃砖应深入顶部的金属型材框中,深入尺寸不得小于10mm且不得大于25mm。

(4)空心玻璃砖之间的接缝不得小于10mm,且不得大于30mm。

(5)空心玻璃砖与金属型材框两翼接触的部位应留有滑缝,且不得小于4mm,腹面接触的部位应留有胀缝,且不得小于10mm。滑缝和胀缝应用沥青毡和硬质泡沫塑料填充。金属型材框与建筑墙体和屋顶的结合部,以及空心玻璃砖砌体与金属型材框翼端的结合部应用弹性密封剂。

### 关键细节19　玻璃隔墙质量控制要点

(1)玻璃隔墙的固定框与接(地)面、两端墙体的固定,按设计要求先弹出隔墙位置线,固定方法与轻钢龙骨、木龙骨相同。固定框的顶框,通常在吊平顶下,而无法与楼板顶(或梁)的下面直接固定,因此顶框的固定须按设计施工详图处理。固定框与连接基体的结合部应用弹性密封材料封闭。

(2)玻璃与固定框的结合不能太紧密,玻璃放入固定框时,应设置橡胶支承垫块和定位块,支承块的长度不得小于50mm,宽度应等于玻璃厚度加上前部余隙和后部余隙,厚度应等于边缘余隙。定位块的长度应不小于25mm,宽度、厚度与支承块相同。支承垫块与定位块的安装位置应距固定框槽角1/4边的位置处。

(3)固定压条通常用自攻螺钉固定,在压条与玻璃间(即前部余隙和后部余隙)注入密封胶或嵌密封条。如果压条为金属槽条,且为了表面美观不得直接用自攻螺钉固定时,可先将木压条用自攻螺钉固定,然后用万能胶将金属槽条卡在木压条外,以达到装饰目的。

(4)安装好的玻璃应平整、牢固,不得有松动现象;密封条与玻璃、玻璃槽口的接触应紧密、平整,并不得露在玻璃槽口外面。

(5)用橡胶垫镶嵌的玻璃,橡胶垫应与裁口、玻璃及压条紧贴,并不得露在压条外面;密封胶与玻璃、玻璃槽口的边缘应粘结牢固,接缝齐平。

(6)玻璃隔断安装完毕后应在玻璃单侧或双侧设置护栏或摆放花盆等装饰物,或在玻璃表面,距地面1500~1700mm处设置醒目彩条或文字标志,以避免人体直接冲击玻璃。

## 第五节　饰面板工程

### 一、饰面板的安装

#### (一)饰面板的安装方法

饰面板安装方法主要有干作业法、湿作业法两种。干作业法又称干挂法。湿作业法又分粘贴作业法和灌浆作业法两种。粘贴作业法适用于小规格饰面板(边长200~400mm,厚度8~20mm)和粘贴高度在1m左右的墙裙、踢脚等场合,其施工方法与粘贴面砖的方法基本相同。

湿作业法(灌浆作业法)是先在基体上设置预埋件,用以固定钢筋网或水平钢筋,用铜丝(或不锈钢连接器)将饰面板与水平钢筋连接牢,然后分层灌筑水泥砂浆的施工方法。湿作业法的主要特点是:饰面与基体间的连接为刚性连接。

#### (二)饰面板的质量要求

(1)饰面板的品种、规格、颜色和性能应符合设计要求,木龙骨、木饰面板和塑料饰面板的燃烧性能等级应符合设计要求。

(2)饰面板孔、槽的数量、位置、尺寸应符合设计要求。

(3)饰面板安装工程的预埋件(或后置埋件)、连接件的数量、规格、位置、连接方法和防腐处理必须符合设计要求。后置埋件的现场拉拔强度必须符合设计要求。饰面板安装必须牢固。

（4）饰面板应表面平整洁净、边缘整齐，尺寸正确，色泽一致，不得有阴伤和缺楞掉角等缺陷，金属装饰面表面应平整、光滑、色泽一致，边角整齐，无裂缝、皱褶和划痕。

（5）饰面板嵌缝应密实、平直，宽度和深度应符合设计要求，嵌填材料色泽应一致。

（6）采用湿作业法施工的饰面板工程，石材应进行防碱背涂处理。饰面板与基体之间的灌筑材料应饱满、密实。

（7）饰面板上的孔洞应套割吻合，边缘应整齐。

### (三) 饰面板的安装要求

**1. 安装顺序**

按大样图的部位或编号安装石材，采用墙面石材压地面的做法。如果地面材料尚未施工，左后一排石材先不安装，从第二排石材开始施工。施工时，用木垫块垫起。待地面石材施工完毕后再进行最下一层石材施工；如果地面材料已施工，则按第一皮板材的下口线及弹在地坪上的就位线将第一块板材就位。施工完毕后，在地面石材与墙面石材接缝处打胶一道。

墙面每皮先安装两端头板材，然后在两端头板材上口拉通线找平找直，从一端向另一端安装。柱面一般从正面开始，按顺时针方向进行安装。

**2. 安装板材**

板材就位后将上口外仰，右手伸入板材背面，把下口铜丝绑扎在横筋上，竖起板材，将上口铜丝与第二道横筋绑牢，塞入木楔固定，然后用托线板找平调直，调整后楔紧铜丝。每一皮板材安装完毕，必须用托线板垂直平整，用水平尺找上口平直，用直尺找阴阳角方正。板缝一般为干接，当上口不平时，应在下口垫塞竹片，使每皮板材上口保持平直，板材安装检查后，调制熟石膏成糨糊状，粘贴在上下皮接缝处，使其硬化后成整体，经检查无变化方可进行灌浆。较大的板材以及门窗旋脸饰面板另加支承临时固定。隔天再安装第二排。

**3. 钻孔剔槽、倒角**

板材安装前，用电钻对板材钻孔，第一皮板材上下两面钻孔，第二皮及以上板只在上面钻孔。旋脸板材应三面钻孔，一般每面钻两个孔，孔位距板宽两端的1/4处，孔径5mm，深度12mm，孔位中心距背面8mm为宜。每块石材与钢筋网拉结点不得少于4个。然后在孔洞的后面剔一道槽，其宽度、深度可稍大于绑扎面板的铜丝的直径。

根据孔位深度，在板背面相应位置钻垂直孔，使板侧面与背面孔洞相连通，然后用金刚錾在板材上轻轻剔5mm槽，与空洞成象鼻眼，以备埋铜丝之用，如果板材尺寸较大，可以增加空洞眼。把16号铜丝剪成200mm长，一端从背面穿入孔内，顺卧槽弯曲与铜丝自身扎牢，铜丝要求不突出上下表面。

**4. 灌浆**

用1∶2.5的水泥砂浆灌浆，每次灌注高度150～200mm，并不超过板高的1/3，灌浆砂浆的稠度应控制在100～150mm，不可太稠。灌浆时应徐徐灌入缝内，不得碰动饰面板，然后用铁棒轻轻捣鼓，橡皮锤轻击板面，第二次灌浆要等第一皮灌浆初凝，经检验无松动、变形后进行,每皮板材最后一次灌浆要比板材上口低 50～100mm,作为与上皮板材的结合层。如发生板材移位,应拆除重新安装。

**5. 擦缝**

石材安装完毕,用水泥后调制与板材颜色相同的嵌缝材料,对石材缝隙进行擦缝处理。缝隙应嵌密实、均匀、色泽一致。

**(四)饰面板安装质量检验标准**

(1)饰面板采用湿法作业施工时,其高度应不大于 24m,抗震设防烈度不大于 7 度。

(2)当采用干挂法施工时,其高度大于 24m 时,应对连接件、饰面板进行计算,在确保安全的情况下采用,但其高度应不超过 100m。

(3)饰面板安装前应按作业流水编号,使尺寸、颜色一致。

(4)饰面板采用湿作业法施工时,其锚固件、连接件应为不锈钢或热镀锌件,当连接件采用金属丝时,不可用镀锌铁丝做连接件,以免腐蚀断脱。

(5)若采用湿作业法施工,胶粘剂凝固前,饰面板不得受外力影响,以免影响饰面板的连接和表面平整。

(6)采用干挂作业法施工时,连接件应采用不锈钢或铝金挂件,其厚度应不小于 4mm。

(7)金属饰面板不得用砂浆粘贴。当墙体为纸面石膏时,应按设计要求进行防水处理。

(8)饰面板用抽芯铝铆钉时,中间必须垫橡胶垫圈,铆钉间距控制在 100～150mm 为宜。

(9)金属饰面板安装应顺主导风向搭接,严禁采用逆向搭接,搭接尺寸按设计要求,不得有透缝现象。

(10)在对金属饰面板内填塞保温材料时,应填塞饱满,不留空隙。

(11)饰面砖安装的允许偏差和检验方法见表 4-22。

表 4-22　　　饰面板安装的允许偏差和检验方法

| 项次 | 项目 | 允许偏差/mm ||||||| 检验方法 |
| | | 石材 ||| 瓷板 | 木材 | 塑料 | 金属 | |
| | | 光面 | 剁斧石 | 蘑菇石 | | | | | |
| 1 | 立面垂直度 | 2 | 3 | 3 | 2 | 1.5 | 2 | 2 | 用 2m 垂直检测尺检查 |
| 2 | 表面平整度 | 2 | 3 | — | 1.5 | 1 | 3 | 3 | 用 2m 靠尺和塞尺检查 |
| 3 | 阴阳角方正 | 2 | 4 | 4 | 2 | 1.5 | 3 | 3 | 用直角检测尺检查 |
| 4 | 接缝直线度 | 2 | 4 | 4 | 2 | 1 | 1 | 1 | 拉 5m 线,不足 5m 拉通线,用钢直尺检查 |
| 5 | 墙裙、勒脚上口直线度 | 2 | 3 | 3 | 2 | 2 | 2 | 2 | |
| 6 | 接缝高低差 | 0.5 | 3 | — | 0.5 | 0.5 | 1 | 1 | 用钢直尺和塞尺检查 |
| 7 | 接缝宽度 | 1 | 2 | 2 | 1 | 1 | 1 | 1 | 用钢直尺检查 |

注:本表摘自《建筑装饰装修工程质量验收规范》(GB 50210—2001)。

### 关键细节20  石材面板安装质量控制要点

(1)饰面板安装前应按厂牌、品种、规格和颜色进行分类选配,并将其侧面和背面清扫干净,修边打眼,每块板的上、下边打眼数量不得少于2个,并用防锈金属丝穿入孔内,以作系固之用。

(2)饰面板安装时接缝宽度可垫木楔调整,并确保外表面平整、垂直及板的上沿平顺。

(3)灌筑砂浆时,应先在竖缝内塞15~20mm深的麻丝或泡沫塑料条以防漏浆,并将饰面板背面和基体表面润湿。砂浆灌筑应分层进行,每层灌筑高度为150~200mm,且不得大于板高的1/3,插捣密实。施工缝位置应留在饰面板水平接缝以下50~100mm处。待砂浆硬化后,将填缝材料清除。

(4)室内安装天然石光面和镜面的饰面板,接缝应干接,接缝处宜用与饰面板相同颜色的水泥浆填抹;室外安装天然石光面和镜面饰面板,接缝可干接或用水泥细砂浆勾缝,干接缝应用与饰面板相同颜色水泥浆填平。安装天然石粗磨面、麻面、条纹面、天然面饰面板的接缝和勾缝应用水泥砂浆。

(5)安装人造石饰面板,接缝宜用与饰面板相同颜色的水泥浆或水泥砂浆抹匀严实。

(6)饰面板完工后,表面应清洗干净。光面和镜面饰面板经清洗晾干后方可打蜡擦亮。

(7)石材饰面板的接缝宽度应符合表4-23的规定。

表4-23　　　　　　石材饰面板的接缝宽度

| 项次 | 名　　称 | | 接缝宽度/mm |
| --- | --- | --- | --- |
| 1 | 天然石 | 光面、镜面 | 1 |
| 2 | | 粗磨面、麻面、条纹面 | 5 |
| 3 | | 天然面 | 10 |
| 4 | 人造石 | 水磨石 | 2 |
| 5 | | 水刷石 | 10 |
| 6 | | 大理石、花岗石 | 1 |

### 关键细节21  金属饰面板安装质量控制要点

(1)金属饰面板安装,当设计无要求时,宜采用抽芯铝铆钉,中间必须垫橡胶垫圈。抽芯铝铆钉间距以控制在100~150mm为宜。

(2)板材安装时严禁对接,搭接长度应符合设计要求,不得有透缝现象。

(3)阴阳角宜采用预制角装饰板安装,角板与大面搭接方向应与主导风向一致,严禁逆向安装。

## 二、饰面砖的粘贴

### (一)材料质量要求

(1)面砖。面砖的表面应光洁、方正、平整、质地坚固,其品种、规格、尺寸、色泽、图案应均匀一致,必须符合设计规定,不得有缺棱、掉角、暗痕和裂纹等缺陷。其性能指标均应符合现行国家标准的规定,釉面砖的吸水率不得大于10%。

(2)水泥。32.5或42.5级矿渣硅酸盐水泥或普通硅酸盐水泥。应有出厂证明或复验合格单,若出厂日期超过三个月而且水泥已结有小块的不得使用;白水泥应为32.5级以上,并符合设计和规范质量标准的要求。

(3)砂子。中砂,粒径为0.35~0.5mm,黄色河砂,含泥量不大于3%,颗粒坚硬、干净,无有机杂质,用前过筛,其他应符合规范的质量标准。

(4)石灰膏。用块状生石灰淋制,必须用孔径3mm×3mm的筛网过滤,并储存在沉淀池中。熟化时间:常温下不少于15d;用于罩面灰,不少于30d。石灰膏内不得有未熟化的颗粒和其他物质。

**(二)饰面砖粘贴施工**

**1. 技术准备**

在面砖粘贴前,应根据所粘贴的基层材料做出样板,确定饰面砖的排列方式,缝宽和缝深、基层处理方法,确定找平层、结合层、粘结层的施工配合比。当基层为加气混凝土时,可酌情选用下述两种方法中的一种。

(1)用水湿润加气混凝土表面,修补缺棱掉角处。修补前,先刷一道聚合物水泥浆,然后用1:3:9=水泥:白灰膏:砂子混合砂浆分层补平,隔天刷聚合物水泥浆并抹1:1:6混合砂浆打底,木抹子搓平,隔天养护。

(2)用水润湿加气混凝土表面,在缺棱掉角处刷聚合物水泥浆一道,用1:3:9混合砂浆分层补平,待干燥后,钉金属网一层并绷紧。在金属网上分层抹1:1:6混合砂浆打底(最好采取机械喷射工艺),砂浆与金属网应结合牢固,最后用木抹子轻轻搓平,隔天浇水养护。

**2. 吊垂直、冲筋**

在建筑物的大脚、门窗口边等处用经纬仪测垂直线找直,并将其作为竖向控制线,把楼层水平线引入到外墙作为横向控制线,根据面砖的规格尺寸分层设点、做灰饼。灰饼间距在1.5m为宜。阳角处要双面排直。每层打底时,应以此灰饼作为基准点进行冲筋,使其底层灰做到横平竖直。同时要注意找好突出檐口、腰线、窗台、雨篷等饰面的流水坡度和滴水线(槽)。

**3. 抹底层砂浆**

先刷一道掺水重10%的界面剂胶水泥素浆,打底应分层分遍进行抹底层砂浆(常温时采用配合比为1:3水泥砂浆),第一遍厚度宜为5mm,抹后用木抹子搓平、扫毛,待第一遍六至七成干时即可抹第二遍,厚度为8~12mm,用木杠刮平、木抹子搓毛,终凝后洒水养护。砂浆总厚不得超过20mm,否则应做加强处理。

**4. 预排**

(1)饰面砖镶贴前应进行预排,预排时要注意同一墙面的横竖排列均不得有一行以上的非整砖。非整砖行应排在最不醒目的部位或阴角处,方法是用接缝宽度调整砖行。室内镶贴釉面砖如设计无具体规定时,接缝宽度可在 1～1.5mm 之间调整。

(2)在管线、灯具、卫生设备支承等部位应用整砖套割吻合,不得用非整砖拼凑镶贴,以保证饰面的美观。对于外墙面砖则要根据设计图纸尺寸,进行排砖分格并应绘制大样图。一般要求水平缝应与石旋脸、窗台齐平,竖向要求阳角及窗口处都是整砖,分格按整块分均,并根据已确定的缝子大小做分格条和画出皮数杆。

(3)对窗心墙、墙垛等处要事先测好中心线、水平分格线和阴阳角垂直线。饰面砖的排列方法很多,有无缝镶贴、划块留缝镶贴、单块留缝镶贴等。质量好的饰面砖可以适应任何排列形式;外形尺寸偏差大的饰面砖不能大面积无缝镶贴,否则不仅缝口参差不齐,而且贴到最后会难以收尾。

(4)对外形尺寸偏差大的饰面砖,可采取单块留缝镶贴,用砖缝的大小调节砖的大小,以解决尺寸不一致的问题。饰面砖外形尺寸出入不大时,可采取划块留缝镶贴,在划块留缝内可以调节尺寸。如果饰面砖的厚薄尺寸不一,可以把厚薄不一的砖分开,分别镶贴于不同的墙面,以镶贴砂浆的厚薄来调节砖的厚薄,这样就可避免因饰面砖的厚度不一致而使墙面不平。

**5. 饰面砖浸水**

将选好的饰面砖放入净水中浸泡 2h 以上,取出晾干表面水分后方可进行粘贴。

**6. 内墙面釉面砖粘贴**

(1)镶贴釉面砖宜从阳角处开始,并由下往上进行。一般用 1∶2(体积比)水泥砂浆,为了改善砂浆的和易性,便于操作,可掺入不大于水泥用量的 15% 的石灰膏,用铲刀在釉面砖背面刮满刀灰,厚度为 5～6mm,最大不超过 8mm,砂浆用量以镶贴后刚好满浆为止。

(2)贴于墙面的釉面砖应用力按压,并用铲刀木柄轻轻敲击,使釉面砖紧密贴于墙面,再用靠尺按标志块将其校正平直。镶贴完整行的釉面砖后,再用长靠尺横向校正一次。

(3)对高于标志块的,需轻轻敲击,使其平齐;若低于标志块(即亏灰),应取下釉面砖,重新抹满刀灰再镶贴,不得在砖口处塞灰,否则会出现空鼓现象。然后依次按上法往上镶贴,注意保持与相邻釉面砖的平整。如遇釉面砖的规格尺寸或几何形状不等,应在镶贴时随时调整,使缝隙宽窄一致。镶贴完毕后进行质量检查,用清水将釉面砖表面擦洗洁净,接缝处用与釉面砖相同颜色的白水泥浆擦嵌密实,并将釉面砖表面擦净。全部完工后,要根据不同的污染情况,用棉丝或用稀盐酸刷洗并及时以清水冲净。

**7. 外墙面砖粘贴**

外墙饰面砖应分段从上至下进行,每段内由下向上粘贴。镶贴时,先按水平线垫平八字尺或直靠尺,操作方法与釉面砖基本相同。铺贴的砂浆一般为 1∶2 水泥砂浆或掺入不大于水泥重量 15% 的石灰膏的水泥混合砂浆,砂浆的稠度要一致,以避免砂浆上墙后流淌。刮满刀灰厚度为 6～10mm。贴完一行后,须将每块面砖上的灰浆刮净。如上口不在同一直线上,应在面砖的下口垫小木片,尽量使上口在同一直线上。然后在上口放分格条,以控制水平缝大小与平直,又可防止面砖向下滑移,随后再进行第二皮面砖的铺贴。在完成一个层段的墙面并检查合格后,即可进行勾缝。勾缝用 1∶1 水泥砂浆或水泥浆分两次进行嵌实,第一次用一般水泥砂浆,第二次按设计要求用彩色水泥浆或普通水泥浆勾缝。勾缝可做成凹缝,深度3mm左右。面砖密缝处用与面砖相同颜色水泥擦缝。完工后应将面砖表面清洗干净,清洗工作须在勾缝材料硬化后进行。如有污染,可用浓度为10%的盐酸刷洗,再用水冲净。

**8. 陶瓷锦砖粘贴**

(1)抹好底子灰并经划毛及浇水养护后,根据节点细部详图和施工大样图,先弹出水平线和垂直线。水平线按每方陶瓷锦砖一道;垂直线亦可每方一道,亦可二三方一道。垂直线要与房屋大角以及墙垛中心线保持一致。如有分格,按施工大样图规定的留缝宽度弹出。

(2)镶贴时一般从阳角开始,整间或独立的部位一般要一次粘贴完成。室内粘贴应由下向上逐联粘贴,室外镶贴由上向下逐联镶贴。通常以二人协同操作,一人在前洒水润湿墙面,先刮一道素水泥浆,随即抹上2mm厚的水泥浆为粘结层,一人将陶瓷锦砖铺在木垫板上,纸面向下,锦砖背面朝上,先用湿布把底面擦净。用水刷一遍,再刮素水泥浆,将素水泥浆刮至陶瓷锦砖的缝隙中,在砖面不要留砂浆。而后再将一张张陶瓷锦砖沿尺粘贴在墙上。

(3)将陶瓷锦砖贴于墙面后,一手将硬木拍板放在已贴好的砖面上,一手用小木锤敲击木拍板,把所有的陶瓷锦砖满敲一遍,使其平整。然后将陶瓷锦砖的护面纸用软刷子刷水润湿,待护面纸吸水泡开即开始揭纸。

(4)用软毛刷刷水润湿锦砖护面纸,待护面纸吸水饱和后即开始揭纸。揭纸用两手拿着两个纸角,尽量与墙面平行向下揭去。然后检查砖的缝隙是否均匀、平直。否则要用拨缝刀将错缝的砖块拨正调直。

粘贴完成48h后,用抹子将素水泥浆抹在已粘贴好的锦砖表面,抹平嵌实,稍待收水后用棉纱将砖表面擦净,次日喷水养护。

(5)待粘结水泥浆凝固后,用素水泥浆找补擦缝。方法是先用橡皮刮板将水泥浆在陶瓷锦砖表面刮一遍,嵌实缝隙,接着加些干水泥,进一步找补擦缝,全面清理擦干净后,次日喷水养护。擦缝所用水泥如为浅色陶瓷锦砖应使用白色水泥。

**(三)饰面砖粘贴施工质量检验标准**

(1)室外墙面粘贴的饰面砖高度不宜大于100m,抗震烈度不大于8度。

(2)施工前需要对饰面砖的外形尺寸、平整度、色泽进行全面的检查,确保其符合要求。

(3)外墙饰面砖粘贴前和施工过程中均应在相同基层上做样板件,并对样板件的饰面砖粘贴强度进行检测,其检测方法和结果判定应符合《建筑工程饰面砖粘贴强度检验标准》(JGJ 110)的规定。

(4)饰面砖镶贴前应充分浸水,待表面晾干再进行镶贴,以免干砖吸收砂浆中的水分或湿砖表面的水膜造成空鼓和粘贴不牢。

(5)饰面砖镶贴前必须找准标高,确定水平位置和垂直竖向标志挂线镶贴,使饰面砖表面平整,接缝平直、均匀一致,在同一平面上不宜二排(行)非整砖排列。

(6)镶贴釉面砖和外墙面砖应自下而上进行,镶贴锦砖(马赛克)应自上而下进行。

(7)镶贴面砖如遇突出的管线、灯具、卫生设备和洞口时,应用整砖套割,不得用非整砖拼凑镶贴。

(8)室内饰面砖的接缝宜用与饰面砖同色的水泥浆或石膏灰嵌缝密实(潮湿房间不得用石膏灰嵌缝),室外饰面砖应用水泥浆或水泥砂浆嵌(勾)缝,嵌缝后应及时将饰面砖表面擦拭干净,以免污染面砖。

(9)饰面砖粘贴的允许偏差和检验方法见表4-24。

表 4-24　　　　　　饰面砖粘贴的允许偏差和检验方法

| 项次 | 项目 | 允许偏差/mm | | 检验方法 |
|---|---|---|---|---|
| | | 外墙面砖 | 内墙面砖 | |
| 1 | 立面垂直度 | 3 | 2 | 用2m垂直检测尺检查 |
| 2 | 表面平整度 | 4 | 3 | 用2m靠尺和塞尺检查 |
| 3 | 阴阳角方正 | 3 | 3 | 用直角检测尺检查 |
| 4 | 接缝直线度 | 3 | 2 | 拉5m线,不足5m拉通线,用钢直尺检查 |
| 5 | 接缝高低差 | 1 | 0.5 | 用钢直尺和塞尺检查 |
| 6 | 接缝宽度 | 1 | 1 | 用钢直尺检查 |

注:本表摘自《建筑装饰装修工程质量验收规范》(GB 50210—2001)。

### 关键细节22　饰面砖粘贴质量控制要点

(1)饰面砖粘贴应预排,使接缝顺直、均匀。同一墙面上的横竖排列,不得有一项以上的非整砖。非整砖应排在次要部位或阴角处。

(2)基层表面如有管线、灯具、卫生设备等突出物,周围的砖应用整砖套割吻合,不得用非整砖拼凑镶贴。

(3)粘贴饰面砖横竖须按弹线标志进行。表面应平整,不显接槎,接缝平直、宽度一致。

(4)饰面砖的品种、规格、图案、颜色和性能应符合设计要求。进场后应派人进行挑选并分类堆放备用。饰面砖应在清水中浸泡2h以上,晾干后方可使用。

(5)饰面砖粘贴宜采用1:2(体积比)水泥砂浆或在水泥砂浆中掺入≤15%的石灰膏或纸筋灰,以改善砂浆的和易性。亦可用聚合物水泥砂浆粘贴,粘结层可减薄到2~3mm,108胶的掺入量以水泥用量的3%为宜。

### 关键细节23　饰面砖粘贴应注意的问题

(1)饰面砖的品种、规格、图案、颜色和性能应符合设计要求。

(2)饰面砖粘贴工程的找平、防水、粘结和勾缝材料及施工方法应符合设计要求及国家现行产品标准和工程技术标准的规定。

(3)饰面砖粘贴必须牢固。

(4)满黏法施工的饰面砖工程应无空鼓、裂缝。

(5)饰面砖表面应平整、洁净、色泽一致,无裂痕和缺损。

(6)阴阳角处搭接方式、非整砖使用部位应符合设计要求。

(7)墙面突出物周围的饰面砖应整砖套割吻合,边缘应整齐。墙裙、贴脸突出墙面的厚度应一致。

(8)饰面砖接缝应平直、光滑,填嵌应连续、密实;宽度和深度应符合设计要求。

(9)有排水要求的部位应做滴水线(槽)。滴水线(槽)应顺直,流水坡向应正确,坡度应符合设计要求。

## 第六节 幕墙工程

### 一、玻璃幕墙工程

(1)玻璃幕墙工程所使用的各种材料、构件和组件的质量,应符合设计要求及国家现行产品标准和工程技术规范的规定。

(2)玻璃幕墙的造型和立面分格应符合设计要求。

(3)玻璃幕墙使用的玻璃应符合下列规定:

1)幕墙应使用安全玻璃,玻璃的品种、规格、颜色、光学性能及安装方向应符合设计要求。

2)幕墙玻璃的厚度应不小于6.0mm。全玻幕墙肋玻璃的厚度应不小于12mm。

3)幕墙的中空玻璃应采用双道密封。明框幕墙的中空玻璃应采用聚硫密封胶及丁基密封胶;隐框和半隐框幕墙的中空玻璃应采用硅酮结构密封胶及丁基密封胶;镀膜面应在中空玻璃的第2或第3面上。

4)幕墙的夹层玻璃应采用聚乙烯醇缩丁醛(PVB)胶片干法加工合成的夹层玻璃。点支承玻璃幕墙夹层玻璃的夹层胶片(PVB)厚度应不小于0.76mm。

5)钢化玻璃表面不得有损伤;8.0mm以下的钢化玻璃应进行引爆处理。

6)所有幕墙玻璃均应进行边缘处理。

(4)玻璃幕墙与主体结构连接的各种预埋件、连接件、紧固件必须安装牢固,其数量、规格、位置、连接方法和防腐处理应符合设计要求。

(5)各种连接件、紧固件的螺栓应有防松动措施;焊接连接应符合设计要求和焊接规范的规定。

(6)隐框或半隐框玻璃幕墙,每块玻璃下端应设置两个铝合金或不锈钢托条,其长度应不小于100mm,厚度应不小于2mm,托条外端应低于玻璃外表面2mm。

(7)明框玻璃幕墙的玻璃安装应符合下列规定:

1)玻璃槽口与玻璃的配合尺寸应符合设计要求和技术标准的规定。

2)玻璃与构件不得直接接触,玻璃四周与构件凹槽底部应保持一定的空隙,每块玻璃下部应至少放置两块宽度与槽口宽度相同、长度不小于100mm的弹性定位垫块;玻璃两边嵌入量及空隙应符合设计要求。

3)玻璃四周橡胶条的材质、型号应符合设计要求,镶嵌应平整,橡胶条长度应比边框内槽长1.5%~2.0%,橡胶条在转角处应斜面断开,并应用粘结剂粘结牢固后嵌入槽内。

(8)高度超过 4m 的全玻幕墙应吊挂在主体结构上,吊夹具应符合设计要求,玻璃与玻璃、玻璃与玻璃肋之间的缝隙应采用硅酮结构密封胶填嵌严密。

(9)点支承玻璃幕墙应采用带万向头的活动不锈钢爪,其钢爪间的中心距离应大于 250mm。

(10)玻璃幕墙四周、玻璃幕墙内表面与主体结构之间的连接节点、各种变形缝、墙角的连接节点应符合设计要求和技术标准的规定。

(11)玻璃幕墙应无渗漏(在易渗漏部位进行淋水检查)。

(12)玻璃幕墙结构胶和密封胶的打注应饱满、密实、连续、均匀、无气泡,宽度和厚度应符合设计要求和技术标准的规定。

(13)玻璃幕墙开启窗的配件应齐全,安装应牢固,安装位置和开启方向、角度应正确;开启应灵活,关闭应严密。

(14)玻璃幕墙的防雷装置必须与主体结构的防雷装置可靠连接。

(15)玻璃幕墙表面应平整、洁净;整幅玻璃的色泽应均匀一致;不得有污染和镀膜损坏。

(16)每平方米玻璃的表面质量要求和检验方法应符合表 4-25 的规定。

表 4-25　　　　每平方米玻璃的表面质量要求和检验方法

| 项次 | 项目 | 质量要求 | 检验方法 |
| --- | --- | --- | --- |
| 1 | 明显划伤和长度>100mm 的轻微划伤 | 不允许 | 观察 |
| 2 | 长度≤100mm 的轻微划伤 | ≤8 条 | 用钢尺检查 |
| 3 | 擦伤总面积 | ≤500mm$^2$ | 用钢尺检查 |

注:本表摘自《建筑装饰装修工程质量验收规范》(GB 50210—2001)。

(17)一个分格铝合金型材的表面质量要求和检验方法应符合表 4-26 的规定。

表 4-26　　　　一个分格铝合金型材的表面质量要求和检验方法

| 项次 | 项目 | 质量要求 | 检验方法 |
| --- | --- | --- | --- |
| 1 | 明显划伤和长度>100mm 的轻微划伤 | 不允许 | 观察 |
| 2 | 长度≤100mm 的轻微划伤 | ≤2 条 | 用钢尺检查 |
| 3 | 擦伤总面积 | ≤500mm$^2$ | |

注:本表摘自《建筑装饰装修工程质量验收规范》(GB 50210—2001)。

(18)明框玻璃幕墙的外露框或压条应横平竖直,颜色、规格应符合设计要求,压条安装应牢固。单元玻璃幕墙的单元拼缝或隐框玻璃幕墙的分格玻璃拼缝应横平竖直、均匀一致。

(19)玻璃幕墙的密封胶缝应横平竖直、深浅一致、宽窄均匀、光滑顺直。

(20)防火、保温材料填充应饱满、均匀,表面应密实、平整。

(21)玻璃幕墙隐蔽节点的遮封装修应牢固、整齐、美观。

(22)明框玻璃幕墙安装的允许偏差和检验方法应符合表 4-27 的规定。

表 4-27　　　　　　明框玻璃幕墙安装的允许偏差和检验方法

| 项次 | 项目 | | 允许偏差/mm | 检验方法 |
|---|---|---|---|---|
| 1 | 幕墙垂直度 | 幕墙高度≤30m | 10 | 用经纬仪检查 |
| | | 30m＜幕墙高度≤60m | 15 | |
| | | 60m＜幕墙高度≤90m | 20 | |
| | | 幕墙高度＞90m | 25 | |
| 2 | 幕墙水平度 | 幕墙幅宽≤35m | 5 | 用水平仪检查 |
| | | 幕墙幅宽＞35m | 7 | |
| 3 | 构件直线度 | | 2 | 用 2m 靠尺和塞尺检查 |
| 4 | 构件水平度 | 构件长度≤2m | 2 | 用水平仪检查 |
| | | 构件长度＞2m | 3 | |
| 5 | 相邻构件错位 | | 1 | 用钢直尺检查 |
| 6 | 分格框对角线长度差 | 对角线长度≤2m | 3 | 用钢尺检查 |
| | | 对角线长度＞2m | 4 | |

注：本表摘自《建筑装饰装修工程质量验收规范》(GB 50210—2001)。

(23)隐框、半隐框玻璃幕墙安装的允许偏差和检验方法应符合表 4-28 的规定。

表 4-28　　　　　隐框、半隐框玻璃幕墙安装的允许偏差和检验方法

| 项次 | 项目 | | 允许偏差/mm | 检验方法 |
|---|---|---|---|---|
| 1 | 幕墙垂直度 | 幕墙高度≤30m | 10 | 用经纬仪检查 |
| | | 30m＜幕墙高度≤60m | 15 | |
| | | 60m＜幕墙高度≤90m | 20 | |
| | | 幕墙高度＞90m | 25 | |
| 2 | 幕墙水平度 | 层高≤3m | 3 | 用水平仪检查 |
| | | 层高＞3m | 5 | |
| 3 | 幕墙表面平整度 | | 2 | 用 2m 靠尺和塞尺检查 |
| 4 | 板材立面垂直度 | | 2 | 用垂直检测尺检查 |
| 5 | 板材上沿水平度 | | 2 | 用 1m 水平尺和钢直尺检查 |
| 6 | 相邻板材板角错位 | | 1 | 用钢直尺检查 |
| 7 | 阳角方正 | | 2 | 用直角检测尺检查 |
| 8 | 接缝直线度 | | 3 | 拉 5m 线，不足 5m 拉通线，用钢直尺检查 |
| 9 | 接缝高低差 | | 1 | 用钢直尺和塞尺检查 |
| 10 | 接缝宽度 | | 1 | 用钢直尺检查 |

注：本表摘自《建筑装饰装修工程质量验收规范》(GB 50210—2001)。

## 关键细节24　玻璃幕墙设计质量控制要点

幕墙设计要方便各方面人员的识读,因此图纸应该完整、详尽,表达方式应规范化。现在玻璃幕墙工程多由施工企业自行设计,大都存在着设计图纸极不规范,普遍存在设计图纸深度不够、设计图纸不全的现象:无施工图说明和施工要求,缺少节点大样图,缺少预埋件锚固节点计算,幕墙龙骨框架在竖向荷载、水平荷载作用下的应力变形等计算;避雷、防火、防排水措施不当,没有通过设计确定幕墙自身避雷接地系统的设置分布、引出线的材料和截面尺寸与主体结构防雷系统可靠连接,并在设计图、大样图上标注清楚,而直接利用幕墙与主体结构连接作避雷接地的连接体;设计图中没有标出预埋件位置,忽视三维调节处理。另外,有些工程的玻璃幕墙设计滞后于主体工程进度,结构上未设预埋件,使玻璃幕墙与主体结构的连接措施不当,影响可靠的连接。还有些工程楼面外缘没有实体窗下墙,没按要求设置防撞栏杆,所有这些都给玻璃幕墙留下了不同程度的质量和安全隐患。

## 关键细节25　玻璃幕墙材料质量控制要点

幕墙用型材应符合现行国家标准《铝合金建筑型材》中规定的高精级要求,阳极氧化膜厚度应不低于相关规定,结构件型材壁厚不小于3mm。结构胶要有很好的抗拉强度、剥离强度、撕裂强度和弹性模量,它同时也起到避震的作用。五金件应符合设计要求,不得使用易生锈的不锈钢材料,电焊时应对不锈钢采取遮挡措施,防止电焊火花溅到不锈钢上引起生锈;严格按规范要求采用防火等级为A或B1的材料,当材料的防火等级不明确时,应取样进行测试。结构硅酮密封胶和耐候硅酮密封胶必须符合相关的产品质量要求,并保证同一批次结构胶质量的稳定性。

## 关键细节26　玻璃幕墙施工质量控制要点

玻璃幕墙施工质量控制主要在于两个方面:一是预埋连接件的制作安装;二是构件制作及安装施工。具体可以从如下几个方面进行控制:

(1)玻璃幕墙与主体结构连接的各种预埋件、连接件、紧固件必须安装牢固,其数量、规格、位置、连接方法和防腐处理应符合设计要求。

(2)幕墙连接件应有三维调节余量,可调节范围各为40mm,并有防松脱措施,受力的铆钉和螺栓每处不得少于2个。

(3)构件式幕墙立柱应采用大套管连接形式,立柱连接芯管伸入立柱每端不小于立柱空腔高度的2倍,立柱与芯管应为可动配合,上下柱间隙宽度不宜小于10mm,并应用密封胶密封。

(4)立柱与横梁两端连接应加设弹性橡胶垫片且应用密封胶充填严密。

(5)玻璃与构件不得直接接触,玻璃四周与构件凹槽底应保持一定空隙,每块玻璃下部应设不少于2块弹性定位垫块,垫块的宽度与槽口宽度应相同,每块长度应不小于100mm。玻璃两边嵌入量与空隙应符合设计要求。

(6)玻璃四周胶条的材质、型号应符合设计要求,镶嵌应平整,橡胶条长度应比框内槽长。橡胶条在转角处斜面断开,并应用胶粘剂粘结牢固后嵌入槽内。

(7)隐框、半隐框幕墙禁止现场打注结构胶。

(8)结构胶、密封胶打注时应均匀、平整顺直,粘结严密牢固,无气泡,密封胶不得三面粘结。结构胶粘结厚度和宽度根据设计计算确定,同时,结构胶粘结厚度应不小于6mm,且应不大于12mm,粘结宽度不得小于7mm;密封胶施工厚度应大于3.5mm,宽度应不小于施工厚度的2倍。

(9)全玻幕墙玻璃与玻璃、玻璃与玻璃肋之间的缝隙应采用结构硅酮密封胶嵌填严密,硅酮密封胶在缝内应两面粘结,不得三面粘结,以免受拉时被撕裂。硅酮密封胶的连接宽度应按设计规定,但不得小于7mm,厚度应不小于6mm,且应不大于12mm。

## 二、金属幕墙工程

(1)金属幕墙工程所使用的各种材料和配件应符合设计要求及国家现行产品标准和工程技术规范的规定。

(2)金属幕墙的造型和立面分格应符合设计要求。

(3)金属面板的品种、规格、颜色、光泽及安装方向应符合设计要求。

(4)金属幕墙主体结构上的预埋件、后置埋件的数量、位置及后置埋件的拉拔力必须符合设计要求。

(5)金属幕墙的金属框架立柱与主体结构预埋件的连接、立柱与横梁的连接、金属面板的安装必须符合设计要求,安装必须牢固。

(6)金属幕墙的防火、保温、防潮材料的设置应符合设计要求,并应密实、均匀、厚度一致。

(7)金属框架及连接件的防腐处理应符合设计要求。

(8)金属幕墙的防雷装置必须与主体结构的防雷装置可靠连接。

(9)各种变形缝、墙角的连接节点应符合设计要求和技术标准的规定。

(10)金属幕墙的板缝注胶应饱满、密实、连续、均匀、无气泡,宽度和厚度应符合设计要求和技术标准的规定。

(11)在易渗漏部位进行淋水检查。

(12)金属板表面应平整、洁净、色泽一致。

(13)金属幕墙的压条应平直、洁净、接口严密、安装牢固。

(14)金属幕墙的密封胶缝应横平竖直、深浅一致、宽窄均匀、光滑顺直。

(15)金属幕墙上的滴水线、流水坡向应正确、顺直。

(16)每平方米金属板的表面质量和检验方法应符合表4-29的规定。

表4-29　　　　　　每平方米金属板的表面质量和检验方法

| 项次 | 项　目 | 质量要求 | 检验方法 |
| --- | --- | --- | --- |
| 1 | 明显划伤和长度>100mm的轻微划伤 | 不允许 | 观察 |
| 2 | 长度≤100mm的轻微划伤 | ≤8条 | 用钢尺检查 |
| 3 | 擦伤总面积 | ≤500mm$^2$ | |

注:本表摘自《建筑装饰装修工程质量验收规范》(GB 50210—2001)。

(17)金属幕墙安装的允许偏差和检验方法应符合表 4-30 的规定。

表 4-30　　　　　金属幕墙安装的允许偏差和检验方法

| 项次 | 项目 | | 允许偏差/mm | 检验方法 |
|---|---|---|---|---|
| 1 | 幕墙垂直度 | 幕墙高度≤30m | 10 | 用经纬仪检查 |
|   |   | 30m<幕墙高度≤60m | 15 |   |
|   |   | 60m<幕墙高度≤90m | 20 |   |
|   |   | 幕墙高度>90m | 25 |   |
| 2 | 幕墙水平度 | 层高≤3m | 3 | 用水平仪检查 |
|   |   | 层高>3m | 5 |   |
| 3 | 幕墙表面平整度 | | 2 | 用2m靠尺和塞尺检查 |
| 4 | 板材立面垂直度 | | 3 | 用垂直检测尺检查 |
| 5 | 板材上沿水平度 | | 2 | 用1m水平尺和钢直尺检查 |
| 6 | 相邻板材板角错位 | | 1 | 用钢直尺检查 |
| 7 | 阳角方正 | | 2 | 用直角检测尺检查 |
| 8 | 接缝直线度 | | 3 | 拉5m线,不足5m拉通线,用钢直尺检查 |
| 9 | 接缝高低差 | | 1 | 用钢直尺和塞尺检查 |
| 10 | 接缝宽度 | | 1 | 用钢直尺检查 |

注:本表摘自《建筑装饰装修工程质量验收规范》(GB 50210—2001)。

### 关键细节 27　金属幕墙质量控制要点

(1)安装金属幕墙应在主体工程验收后进行。

(2)构件安装前应检查制造合格证,不合格的构件不得安装。

(3)金属幕墙与主体结构连接的预埋件,应在主体结构施工时按设计要求埋设。预埋件应牢固,位置准确,预埋件的位置误差应按设计要求进行复查。当设计无明确要求时,预埋件的标高偏差应不大于10mm,预埋位置差应不大于20mm。后置埋件的拉拔力必须符合设计要求。

(4)安装施工测量应与主体结构的测量配合,其误差应及时调整。

(5)金属幕墙立柱的安装应符合下列规定:

1)立柱安装标高偏差应不大于3mm,轴线前后偏差应不大于2mm,左右偏差应不大于3mm。

2)相邻两根立柱安装标高偏差应不大于3mm,同层立柱的最大标高偏差应不大于5mm,相邻两根立柱的距离偏差应不大于2mm。

(6)金属幕墙横梁的安装应符合下列规定:

1)应将横梁两端的连接件及垫片安装在立柱的预定位置,并应安装牢固,其接缝应严密。

2)相邻两根横梁的水平标高偏差应不大于1mm。同层标高偏差:当一幅幕墙宽度小于或等于35m时,应不大于5mm;当一幅幕墙宽度大于35m时,应不大于7mm。

(7)金属板安装应符合下列规定:
1)应对横竖连接件进行检查、测量、调整。
2)金属板、石板安装时,左右、上下的偏差应不大于1.5mm。
3)金属板、石板空缝安装时,必须有防水措施并应有符合设计要求的排水出口。
4)填充硅酮耐候密封胶时,金属板、石板缝的宽度、厚度应根据硅酮耐候密封胶的技术参数经计算后确定。

(8)幕墙钢构件施焊后,其表面应采取有效防腐措施。
(9)幕墙安装过程中宜进行接缝部位的雨水渗漏检验。
(10)对幕墙的构件、面板等应采取保护措施,不得发生变形、变色、污染等现象。黏附物应清除,清洁剂不得产生腐蚀和污染。

### 关键细节28 金属幕墙施工应注意的问题

(1)为最大限度减少横梁与立柱连接的抗平面位移的能力,金属幕墙横梁与立柱应采用机械连接。

(2)金属幕墙板应在车间内制作,不得在现场加工,并应注意以下事项:
1)单层金属板折弯加工时,折弯外圆弧半径应不小于板厚的1.5倍,板的加强肋和板的周边肋应采用铆接、螺栓连接、焊接或胶结及机械结合的方式固定,四角部位应做密封处理,并使结构刚性好,固定牢固、不变形、不变色。
2)复合铝板、蜂窝板边折弯时,应切割内层板和中间芯料,在外层板内侧保留0.3mm厚的芯料,并不得划伤外层金属板的内表面,角弯成圆弧状。在打孔、切口和四角部位应用中性耐候硅酮密封胶密封。
3)复合铝板在加工过程中严禁与水接触。

(3)金属幕墙安装施工同样可以参考玻璃幕墙施工中的相关注意事项。

## 三、石材幕墙工程

(1)石材幕墙工程所用材料的品种、规格、性能和等级应符合设计要求及国家现行产品标准和工程技术规范的规定。石材的弯曲强度应不小于8.0MPa;吸水率应小于0.8%。石材幕墙的铝合金挂件厚度应不小于4.0mm,不锈钢挂件厚度应不小于3.0mm。

(2)石材幕墙的造型、立面分格、颜色、光泽、花纹和图案应符合设计要求。

(3)石材孔、槽的数量、深度、位置、尺寸应符合设计要求。

(4)石材幕墙主体结构上的预埋件和后置埋件的位置、数量及后置埋件的拉拔力必须符合设计要求。

(5)石材幕墙的金属框架立柱与主体结构预埋件的连接、立柱与横梁的连接、连接件与金属框架的连接、连接件与石材面板的连接必须符合设计要求,安装必须牢固。

(6)金属框架和连接件的防腐处理应符合设计要求。

(7)防腐装置、石材幕墙的防雷装置必须与主体结构防雷装置可靠连接。

(8)石材幕墙的防火、保温、防潮材料的设置应符合设计要求,填充应密实、均匀、厚度一致。

(9)各种结构变形缝、墙角的连接节点应符合设计要求和技术标准的规定。

(10)石材表面和板缝的处理应符合设计要求。

(11)石材幕墙的板缝注胶应饱满、密实、连续、均匀、无气泡,板缝宽度和厚度应符合设计要求和技术标准的规定。

(12)防水、石材幕墙应无渗漏(在易渗漏部位进行淋水检查)。

(13)石材幕墙表面应平整、洁净,无污染、缺损和裂痕。颜色和花纹应协调一致,无明显色差,无明显修痕。

(14)石材幕墙的压条应平直、洁净、接口严密、安装牢固。

(15)石材接缝应横平竖直、宽窄均匀;阴阳角石板压向应正确,板边合缝应顺直;凸凹线出墙厚度应一致,上下口应平直;石材面板上洞口、槽边应套割吻合,边缘应整齐。

(16)石材幕墙的密封胶缝应横平竖直、深浅一致、宽窄均匀、光滑顺直。

(17)石材幕墙上的滴水线、流水坡向应正确、顺直。

(18)每平方米石材的表面质量要求和检验方法应符合表 4-31 的规定。

表 4-31　　　　　每平方米石材的表面质量和检验方法

| 项次 | 项　目 | 质量要求 | 检验方法 |
| --- | --- | --- | --- |
| 1 | 裂痕、明显划伤和长度>100mm 的轻微划伤 | 不允许 | 观察 |
| 2 | 长度≤100mm 的轻微划伤 | ≤8 条 | 用钢尺检查 |
| 3 | 擦伤总面积 | ≤500mm² | |

注:本表摘自《建筑装饰装修工程质量验收规范》(GB 50210—2001)。

(19)石材幕墙安装的允许偏差和检验方法应符合表 4-32 的规定。

表 4-32　　　　　石材幕墙安装的允许偏差和检验方法

| 项次 | 项　目 | | 允许偏差/mm | | 检验方法 |
| --- | --- | --- | --- | --- | --- |
| | | | 光面 | 麻面 | |
| 1 | 幕墙垂直度 | 幕墙高度≤30m | 10 | | 用经纬仪检查 |
| | | 30m<幕墙高度≤60m | 15 | | |
| | | 60m<幕墙高度≤90m | 20 | | |
| | | 幕墙高度>90m | 25 | | |
| 2 | 幕墙水平度 | | 3 | | 用水平仪检查 |
| 3 | 板材立面垂直度 | | 3 | | 用水平仪检查 |
| 4 | 板材上沿水平度 | | 2 | | 用 1m 水平尺和钢直尺检查 |
| 5 | 相邻板材板角错位 | | 1 | | 用钢直尺检查 |

(续)

| 项次 | 项 目 | 允许偏差/mm | | 检验方法 |
|---|---|---|---|---|
| | | 光面 | 麻面 | |
| 6 | 幕墙表面平整度 | 2 | 3 | 用垂直检测尺检查 |
| 7 | 阳角方正 | 2 | 4 | 用直角检测尺检查 |
| 8 | 接缝直线度 | 3 | 4 | 拉5m线,不足5m拉通线,用钢直尺检查 |
| 9 | 接缝高低差 | 1 | — | 用钢直尺和塞尺检查 |
| 10 | 接缝宽度 | 1 | 2 | 用钢直尺检查 |

注:本表摘自《建筑装饰装修工程质量验收规范》(GB 50210—2001)。

### 关键细节29 石材幕墙材料质量控制要点

这里主要讲述石材的质量控制,其他材料与玻璃幕墙、金属幕墙中所使用的材料相同。

(1)普通花岗岩建筑板材规格尺寸的允许偏差应符合表4-33的规定。

表4-33　　　　　普通花岗岩建筑板材规格尺寸的允许偏差

| 项 目 | | 亚光面和镜面板材 | | | 粗面板材 | | |
|---|---|---|---|---|---|---|---|
| | | 优等品 | 一等品 | 合格品 | 优等品 | 一等品 | 合格品 |
| 长度、宽度 | | 0~−1.0 | 0~−1.0 | 0~−1.5 | 0~−1.0 | 0~−1.0 | 0~−1.5 |
| 厚度 | ≤12 | ±0.5 | ±1.0 | +1.0~−1.5 | — | | |
| | >20 | ±1.0 | ±1.5 | ±2.0 | +1.0~−2.0 | ±2.0 | +2.0~−3.0 |

(2)普通花岗岩建筑板材正面外观质量应符合表4-34的规定。

表4-34　　　　　普通花岗岩建筑板材正面外观质量规定

| 缺陷名称 | 质量规定 | 优等品 | 一等品 | 合格品 |
|---|---|---|---|---|
| 缺棱 | 长度不超过10mm,宽度不超过1.2mm(长度小于5mm,宽度小于1.0mm不计),周边每米长缺棱个数/(个) | 不容许 | 1 | 2 |
| 缺角 | 沿板材边长,长度不超过3mm,宽度不超过3mm(面积小于2mm×2mm不计),每块板缺角个数/(个) | 不容许 | 1 | 2 |
| 裂缝 | 长度不超过两端顺延至板边总长度的1/10(长度小于20mm的不计),每块板裂纹条数/(条) | 不容许 | | |
| 色斑 | 面积不超过15mm×30mm(面积小于10×10mm不计),每块板色斑个数/(个) | 不容许 | 2 | 3 |
| 色线 | 长度不超过两端顺延至板边总长度的1/10(长度小于40mm的不计),每块板色线条数/(条) | | | |

## 关键细节 30　石材幕墙施工质量控制要点

(1)石材幕墙立柱的安装应符合下列规定：

1)立柱安装标高偏差应不大于 3mm,轴线前后偏差应不大于 2mm,左右偏差应不大于 3mm。

2)相邻两根立柱安装标高偏差应不大于 3mm,同层立柱的最大标高偏差应不大于 5mm,相邻两根立柱的距离偏差应不大于 2mm。

(2)石材幕墙横梁的安装应符合下列规定：

1)应将横梁两端的连接件及垫片安装在立柱的预定位置,并应安装牢固,其接缝应严密。

2)相邻两根横梁的水平标高偏差应不大于 1mm。同层标高偏差：当一幅幕墙宽度小于或等于 35m 时,应不大于 5mm；当一幅幕墙宽度大于 35mm 时,应不大于 7mm。

(3)石板的安装应符合下列规定：

1)应对横竖连接件进行检查、测量、调整。

2)石板安装时,左右、上下的偏差不大于 1.5mm。

3)石板空缝安装时,必须有防水措施,并应有符合设计要求的排水出口。

4)填充硅酮耐候密封胶时,石板缝的宽度、厚度应根据硅酮耐候密封胶的技术参数,经计算后确定。

## 关键细节 31　石材幕墙施工应注意的问题

(1)石材幕墙的高度应不超过 100m,其抗震设防烈度应在不大于 8 度的地域范围内。

(2)石材幕墙横梁与立柱的连接应采用机械连接,不得采用电焊连接,以免减弱其抗平面位移的能力。

(3)石材幕墙的挂架应按规定要求选用,不得随意加工。采用不锈钢挂件时应符合天然花岗石饰面板及其不锈钢配件规定的要求。

(4)石材安装时应避免上下石板的力的传递。挂件或钢销不得触及孔槽底和壁,防止石材破损。

(5)为防止石材的污染,石材幕墙施工中所用的结构胶、密封胶应采用无低分子含量、低分子含量少的石材专用胶。

(6)当石材幕墙采用内排水构造时,构造内部应有有效的防水、排水措施。

# 第七节　涂饰工程

## 一、水性涂料涂饰

### (一)聚乙烯醇水玻璃内墙涂料施工

(1)涂料施工温度最好在 10℃ 以上,由于涂料易沉淀分层,使用时必须将沉淀在桶底的填料用棒充分搅拌均匀后再涂刷,否则会使桶内上面料稀薄,包料上浮,遮盖力差,下面料稠厚,填料沉淀,色淡易起粉。

(2)涂料的黏度随温度变化而变化,天冷黏度增加。在冬期施工时若发现涂料有凝冻现象,可适当进行水溶加温到凝冻完全消失后再进行施工。若涂料确因蒸发后变稠,施工时不易涂刷,这时切勿单一加水,可采用胶结料(乙烯-醋酸乙烯共聚乳液)与温水(1∶1)调匀后,适量加入涂料内以改善其可涂性,并做小块试验,检验其粘结力、遮盖力和结膜强度。

(3)施工用的涂料,其色彩应完全一致,施工时应认真检查,发现涂料颜色有深浅时应分别堆放。如果使用两种不同颜色的剩余涂料时,需充分搅拌均匀后,在同一房间内进行涂刷。

(4)气温高,涂料黏度小,容易涂刷,可用排笔;气温低,涂料黏度大,不易涂刷,用料要增加,宜用漆刷;也可第一遍用漆刷,第二遍用排笔,使涂层厚薄均匀,色泽一致。操作时用的盛料桶宜用木制或塑料制品,盛料前和用完后连同漆刷、排笔用清水洗干净,妥善存放。漆刷、排笔亦可浸水存放,切忌接触油剂类材料,以免涂料涂刷时油缩、结膜后出现水渍纹,涂料结膜后,不能用湿布重揩。

### (二)多彩花纹内墙涂料施工

(1)由于基层材质、龄期、碱性、干燥程度不同,应预先在局部墙面上进行试喷,以确定基层与涂料的相容情况,并同时确定合适的涂布量。多彩涂料在使用前要充分摇动容器,使其充分混合均匀,然后打开容器,用木棍充分搅拌。注意不可使用电动搅拌枪,以免破坏多彩颗粒。温度较低时,可在搅拌情况下用温水加热涂料容器外部。但任何情况下都不可用水或有机溶剂稀释多彩涂料。

(2)喷涂时,喷嘴应始终保持与装饰表面垂直(尤其在阴角处),距离为0.3~0.5m(根据装修面大小调整),喷嘴压力为0.2~0.3MPa,喷枪呈Z字形向前推进,横纵交叉进行,如图4-5所示。喷枪移动要平稳,涂布量要一致,不得时停时移,跳跃前进,以免发生堆料、流挂或漏喷现象。

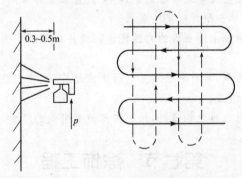

图4-5 多彩涂料喷涂方法

为提高喷涂效率和质量,喷涂顺序应为:墙面部位→柱面部位→顶面部位→门窗部位。该顺序应灵活掌握,以不增加重复遮挡和不影响已完成的饰面为准。飞溅到其他部位上的涂料应用棉纱随时清理。

(3)喷涂完成后,应用清水将料罐洗净,然后灌上清水喷水,直到喷出的完全是清水为止。用水冲洗不掉的涂料可用棉纱蘸丙酮清洗。现场遮挡物可在喷涂完成后立即清除,注意不要破坏未干的涂层。遮挡物与装饰面连为一体时,要注意扯离方向,已趋于干燥的漆膜应用小刀在遮挡物与装饰面之间划开,以免将装饰面破坏。

### (三)104 外墙饰面涂料施工

(1)涂料在施工过程中不能随意掺水或随意掺加颜料,也不宜在夜间灯光下施工。掺水后,涂层手感掉粉;掺颜料或在夜间施工,会使涂层色泽不均匀。

(2)在施工过程中要尽量避免涂料污染门窗等不需涂装的部位。

(3)要防止有水分从涂层的背面渗透过来,如遇女儿墙、卫生间、盥洗室等,应在室内墙根处做防水封闭层。否则外墙正面的涂层容易起粉、发花、鼓泡或被污染,严重影响装饰效果。

(4)施工所用的一切机具、用具等必须事先洗净,不得将灰尘、油垢等杂质带入涂料中。施工完毕或间断时,机具、用具应及时洗净,以备用。

(5)一个工程所需要的涂料,应选同一批号的产品,尽可能一次备足,以免由于涂料批号不同,颜色和稠度不一致而影响装饰效果。

(6)涂料在使用前要充分搅拌,使用过程中仍需不断搅拌,以防涂料厚薄不均、填料结块或色泽不一致。

(7)涂料不能冒雨进行施工,预计有雨时应停止施工。风力4级以上时不能进行喷涂施工。

**关键细节32 水性涂料质量控制要点**

(1)水性涂料涂刷工程所用涂料的品种、型号和性能应符合设计要求。

(2)民用建筑工程室内用水性涂料,应测定总挥发性有机化合物(TVOC)和游离甲醛的含量,其限量应符合表4-35的规定。

表4-35　室内用水性涂料中总挥发性有机化合物(TVOC)和游离甲醛限量

| 测定项目 | 限量/(g/L) | 测定项目 | 限量/(g/kg) |
| --- | --- | --- | --- |
| TVOC | ≤200 | 游离甲醛 | ≤0.1 |

(3)民用建筑工程室内用水性胶粘剂,应测定其总挥发性有机化合物(TVOC)和游离甲醛的含量,其限量应符合表4-36的规定。

表4-36　室内用水性胶粘剂中总挥发性有机化合物(TVOC)和游离甲醛限量

| 测定项目 | 限量/(g/L) | 测定项目 | 限量/(g/kg) |
| --- | --- | --- | --- |
| TVOC | ≤50 | 游离甲醛 | ≤1 |

(4)室外带颜色的涂料,应采用耐碱和耐光的颜料。

**关键细节33 水性涂料涂饰施工质量控制要点**

(1)水性涂料涂饰工程应当在抹灰工程、地面工程、木装修工程、水暖电气安装工程等全部完成后,在清洁干净的环境下施工。

(2)水性涂料涂饰工程的施工环境温度应为5～35℃。冬期施工,室内涂饰应在采暖条件下进行,保持均衡室温,防止浆膜受冻。

(3)水性涂料涂饰工程施工前,应根据设计要求做样板间,经有关部门同意认可后,才准大面积施工。

(4)基层表面必须干净、平整。表面麻面等缺陷应用腻子填平并用砂纸磨平磨光。

(5)涂饰工程的基层处理应符合下列要求:

1)新建筑物的混凝土或抹灰基层在涂饰涂料前应涂刷抗碱封闭底漆。

2)旧墙面在涂饰涂料前应清除疏松的旧装修层并涂刷界面剂。

3)涂刷乳液型涂料时,含水率不得大于10%。木材基层的含水率不得大于12%。

4)基层腻子应平整、坚实、牢固、无粉化、起皮和裂缝;内墙腻子的粘结强度应符合《建筑室内用腻子》(JG/T 298)的规定。

5)厨房、卫生间墙面必须使用耐水腻子。

(6)现场配制的涂饰涂料应经试验确定,必须保证浆膜不脱落、不掉粉。

(7)涂刷要做到颜色均匀、分色整齐、不漏刷、不透底,每个房间要先刷顶棚、后由上而下一次做完。浆膜干燥前应防止尘土沾污,完成后的产品,应加以保护,不得损坏。

(8)湿度较大的房间刷浆应采用具有防潮性能的腻子和涂料。

(9)机械喷浆可不受喷涂遍数的限制,以达到质量要求为准。门窗、玻璃等不刷浆的部位应遮盖,以防沾污。

(10)室内涂饰,一面墙每遍必须一次完成,涂饰上部时,溅到下部的浆点,要用铲刀及时铲除掉,以免妨碍平整美观。

(11)顶棚与墙面分色处,应弹浅色分色线。用排笔刷浆时要笔路长短齐,均匀一致,干后不许有明显接头痕迹。

(12)涂层与其他装修材料和设备衔接处应吻合,界面应清晰。

(13)室外涂饰,同一墙面应用相同的材料和配合比。涂料在施工时应经常搅拌,每遍涂层应不过厚,应涂刷均匀。若分段施工,其施工缝应留在分格缝、墙的阴阳角处或水落管后。

(14)涂饰工程应在涂层养护期满后进行质量验收。

### 关键细节34 水性涂料涂饰施工应注意的问题

(1)水性涂料的施工环境温度应为5~35℃。

(2)为避免色差,对外墙涂料,在同一墙面应用同一批号的涂料,对于室内墙面,同一房间应用同一批号的涂料。每遍涂料不宜施涂过厚,涂层应均匀一致。

(3)在室外施涂时,施涂表面应避免烈日直接照射或大风天、雾天和雨天施工。

(4)木材是易燃建筑材料,根据防火规范要求进行防火处理。木材表面的裂缝、毛刺、钉眼等在清除后用腻子批嵌密实、磨光,节疤处应点漆片2或3遍,以防树脂渗出。在涂饰前对木材表面应先施涂封闭剂,以免涂料变色。

## 二、溶剂型涂料涂饰

### (一)溶剂型涂料施工要点

**1. 丙烯酸酯类建筑涂料施工要点**

(1)基层封闭乳液刷两遍。第一遍刷完待稍干燥后再刷第二遍,不能漏刷。

(2)基层封闭乳液干燥后即可喷粘结涂料。胶厚度在1.5mm左右,要喷匀,过薄则干得快,影响粘结力,遮盖能力低;过厚会造成流坠。接槎处的涂料要厚薄一致,否则也会使颜色不均匀。

(3)喷粘结涂料和喷石粒工序需要两人配合进行,一人在前喷胶,一人在后喷石,不能间断操作,否则会起膜,影响黏石效果和产生明显的接槎。

(4)喷石后5～10min用胶辊滚压两遍。滚压的过程中要确保涂料不外溢。第二遍滚压与第一遍滚压间隔时间为2～3min。滚压时用力要均匀,不能漏压。第二遍滚压可比第一遍用力稍大。滚压的作用主要是使饰面密实平整,观感好,并把悬浮的石粒压入涂料中。

(5)需要符合要求的材料喷罩面胶。喷完石粒后隔2h左右再喷罩面胶两遍。上午喷石下午喷罩面胶,当天喷完石粒,当天要罩面。喷涂要均匀,不得漏喷。罩面胶喷完后形成一定厚度的隔膜,把石渣覆盖住,用手摸感觉光滑不扎手,不掉石粒。

**2. 丙烯酸有光凹凸乳胶漆施工要点**

(1)喷枪口径采用6～8mm,喷涂压力0.4～0.8MPa。调整好黏度和压力后由一人手持喷枪与饰面成90°角进行喷涂。其行走路线可根据施工需要上下或左右进行。花纹与斑点的大小以及涂层厚薄,可调节压力和喷枪口径大小进行调整。一般底漆用量为0.8～1.0kg/m²。喷涂后,一般在$(25\pm1)$℃,相对湿度$(65\pm5)\%$的条件下停5min后,再由一人用蘸水的铁抹子轻轻抹、轧涂层表面,始终按上下方向操作,使涂层呈现立体感图案,且花纹均匀一致,不得有空鼓、起皮、漏喷、脱落、裂缝及流坠现象。

(2)喷底漆后,相隔8h[$(25\pm1)$℃,相对湿度$(65\pm5)\%$],用1号喷枪喷涂丙烯酸有光乳胶漆。喷涂压力控制在0.3～0.5MPa之间,喷枪与饰面成90°角,与饰面距离40～50cm为宜。喷出的涂料要呈浓雾状,涂层要均匀,不宜过厚,不得漏喷。一般可喷涂两道,一般面漆用量为0.3kg/m²。

(3)喷涂时,要注意做好保护措施,对门窗等易被污染的部位进行遮挡。

(4)施工前要将涂料进行搅匀。

(5)双色型的凹凸复层涂料施工,其一般做法为第一道封底涂料,第二道带彩色的面涂料,第三道喷涂厚涂料,第四道为罩光涂料。具体操作时,应依照各厂家的产品说明进行。在一般情况下,丙烯酸凹凸乳胶漆厚涂料作喷涂后数分钟,可采用专用塑料辊蘸煤油滚压,注意掌握压力的均匀,以保持涂层厚度一致。

**3. 聚氨酯仿瓷涂料施工要点**

(1)对于底涂的要求,各厂产品不一。有的不要求底涂,并可直接作为丙烯酸树脂、环氧树脂及聚合物水泥等中间层的罩面装饰层;有的产品则包括底涂料。

(2)若施工过程中出现间断,需要进行中途施工,这时应选用喷涂的方法。

(3)面涂施工,一般可用喷涂、滚涂和刷涂任意选择,施涂的间隔时间视涂料品种而定,一般为2～4h。不论采用何种品牌的仿瓷涂料,其涂装施工时的环境温度均不得低于5℃,环境的相对湿度不得大于85%。根据产品说明,面层涂装一道或二道后,应注意成品保护,通常要求保养3～5d。

### (二)溶剂型涂料涂饰质量检验标准

(1)溶剂型涂料涂饰工程所选用涂料的品种、型号和性能应符合设计要求。

(2)溶剂型涂料涂饰工程的颜色、光泽、图案应符合设计要求。

(3)溶剂型涂料涂饰工程应涂饰均匀、粘结牢固,不得漏涂、透底、起皮和反锈。

(4)溶剂型涂料涂饰工程的基层处理应符合以下要求:

1)新建筑物的混凝土或抹灰基层在涂饰涂料前应涂刷抗碱封闭底漆。

2)旧墙面在涂饰涂料前应清除疏松的旧装修层,并涂刷界面剂。

3)混凝土或抹灰基层涂刷溶剂型涂料时,含水率不得大于8%;涂刷乳液型涂料时,含水率不得大于10%。木材基层的含水率不得大于12%。

4)基层腻子应平整、坚实、牢固,无粉化、起皮和裂缝;内墙腻子的粘结强度应符合《建筑室内用腻子》(JG/T 298)的规定。

5)厨房、卫生间墙面必须使用耐水腻子。

(5)涂层与其他装修材料和设备衔接处应吻合,界面应清晰。

(6)色漆的涂饰质量和检验方法应符合表4-37的规定。

表 4-37　　　　　　　色漆的涂饰质量和检验方法

| 项次 | 项目 | 普通涂饰 | 高级涂饰 | 检验方法 |
|---|---|---|---|---|
| 1 | 颜色 | 均匀一致 | 均匀一致 | 观察 |
| 2 | 光泽、光滑 | 光泽基本均匀、光滑无挡手感 | 光泽均匀一致、光滑 | 观察、手摸检查 |
| 3 | 刷纹 | 刷纹通顺 | 无刷纹 | 观察 |
| 4 | 裹棱、流坠、皱皮 | 明显处不允许 | 不允许 | |
| 5 | 装饰线、分色线直线度允许偏差/mm | 2 | 1 | 拉5m线,不足5m拉通线,用钢直尺检查 |

注:1. 无光色漆不检查光泽。
　　2. 本表摘自《建筑装饰装修工程质量验收规范》(GB 50210—2001)。

(7)清漆的涂饰质量和检验方法应符合表4-38的规定。

表 4-38　　　　　　　清漆的涂饰质量和检验方法

| 项次 | 项目 | 普通涂饰 | 高级涂饰 | 检验方法 |
|---|---|---|---|---|
| 1 | 颜色 | 基本一致 | 均匀一致 | 观察 |
| 2 | 木纹 | 棕眼刮平、木纹清楚 | 棕眼刮平、木纹清楚 | |
| 3 | 光泽、光滑 | 光泽基本均匀、光滑无挡手感 | 光泽均匀一致、光滑 | 观察、手摸检查 |
| 4 | 刷纹 | 无刷纹 | 无刷纹 | 观察 |
| 5 | 裹棱、流坠、皱皮 | 明显处不允许 | 不允许 | |

注:本表摘自《建筑装饰装修工程质量验收规范》(GB 50210—2001)。

## 关键细节35　溶剂型涂料质量控制要点

(1)溶剂型涂料涂饰工程所选涂料的品种、型号和性能应符合设计要求。

(2)溶剂型混色涂料质量与技术要求见表4-39。

表4-39　　　　　　　　　溶剂型混色涂料质量及技术要求

| 项　　目 | | 限量值 | | | |
|---|---|---|---|---|---|
| | | 聚氨酯类涂料 | | 硝基类涂料 | 醇酯类涂料 | 腻子 |
| | | 面漆 | 底漆 | | | |
| 挥发性有机化合物(VOC)含量/(g/L) ≤ | | 光泽(60°)≥80,580<br>光泽(60°)<80,670 | 670 | 720 | 500 | 550 |
| 苯含量(%) ≤ | | 0.3 | | | | |
| 甲苯、二甲苯、乙苯含量总和(%) ≤ | | 30 | | 30 | 5 | 30 |
| 游离二异氰酸酯(TDI、HDI)含量总和(%) ≤ | | 0.4 | | — | — | 0.4<br>(限聚氨酯类腻子) |
| 甲醇含量(%) ≤ | | — | | 0.3 | — | 0.3<br>(限硝基类腻子) |
| 卤代烃含量(%) ≤ | | 0.1 | | | | |
| 可溶性重金属含量(限色漆、腻子和醇酸清漆)/(mg/kg) ≤ | 铅 Pb | 90 | | | | |
| | 镉 Cd | 75 | | | | |
| | 铬 Cr | 60 | | | | |
| | 汞 Hg | 60 | | | | |

(3)民用建筑工程室内用溶剂型胶粘剂,应测定其总挥发性有机化合物(TVOC)和苯的含量,其限量应符合表4-40的规定。

表4-40　　　室内用溶剂型胶粘剂中总挥发性有机化合物(TVOC)和苯限量

| 测定项目 | 限量/(g/L) | 测定项目 | 限量/(g/kg) |
|---|---|---|---|
| TVOC | ≤750 | 苯 | ≤5 |

## 关键细节36　木材表面涂饰溶剂型混合涂料应符合的要求

(1)刷底涂料时,木料表面、橱柜、门窗等玻璃口四周必须涂刷到位,不可遗漏。涂施作业环境应保持清洁、通风良好。

(2)木料表面的缝隙、毛刺、戗茬和脂囊修整后,应用腻子多次填补并用砂纸磨光。较大的脂囊应用木纹相同的材料用胶镶嵌。

(3)出现疤痕处需要用石膏腻子抹平。

(4)打磨砂纸要光滑,不能磨穿油底,不可磨损棱角。

(5)橱柜、门窗扇的上冒头顶面和下冒头底面不得漏刷涂料。
(6)严格按照涂刷顺序进行操作,一般为先上后下,先内后外,先浅色后深色。
(7)每遍涂料应涂刷均匀,各层必须结合牢固。每遍涂料施工时,应待前一遍涂料干燥后进行。

### 关键细节37 金属表面涂饰溶剂型涂料应符合的要求

(1)涂饰前,需要对金属表面进行清洁。
(2)防锈涂料不得遗漏且涂刷要均匀。在镀锌表面涂饰时,应选用C53-33锌黄醇酸防锈涂料,其面漆宜用C04-45灰醇酸磁涂料。
(3)防锈涂料和第一遍银粉涂料,应在设备、管道安装就位前涂刷,最后一遍银粉涂料应在刷浆工程完工后涂刷。
(4)薄钢板屋面、檐沟、水落管、泛水等涂刷涂料时,可不刮腻子,但涂刷防锈涂料应不少于两遍。
(5)金属构件和半成品安装前应检查防锈有无损坏,损坏处应补刷。
(6)薄钢板制作的屋脊、檐沟和天沟等咬口处应用防锈油腻子填抹密实。
(7)金属表面除锈后,应在8h内(湿度大时为4h内)尽快刷底涂料,待底充分干燥后再涂刷后层涂料,其间隔时间视具体条件而定,一般应不少于48h。第一和第二度防锈涂料涂刷间隔时间应不超过7d。当第二度防锈干后,应尽快涂刷第一度涂料。
(8)高级涂料做磨退时,应用醇酸磁涂刷并根据涂膜厚度增加1或2遍涂料和磨退、打砂蜡、打油蜡、擦亮的工作。
(9)金属构件在组装前应先涂刷一遍底子油(干性油、防锈涂料),安装后再涂刷涂料。

## 三、美术涂料工程

(1)美术涂饰所用材料的品种、型号和性能应符合设计要求。
(2)美术涂饰工程应涂饰均匀、粘结牢固,不得漏涂、透底、起皮、掉粉和反锈。
(3)对照美术涂饰的套色、花纹和图案的设计,涂饰套色、花纹及图案一定要符合设计要求。划分色线和方格线时,必须待图案完成后进行,并应保证横平竖直,接口吻合。
(4)美术涂饰表面应洁净,不得有任何流坠的质量缺陷。涂施鸡皮皱面层时应在涂料中按重量比掺入20%~30%的大白粉,并用松节油稀释。涂刷厚度为2mm,表面拍打起粒应均匀,大小应一致。
(5)仿花纹涂饰的饰面应具有被模仿材料的纹理。套色涂饰的图案不得产生移位,纹理和轮廓应清晰。

### 关键细节38 美术涂饰质量控制要点

(1)滚花:先在完成的涂饰表面弹垂直粉线,然后沿粉线自上而下滚涂,滚筒的轴必须垂直于粉线,不得歪斜。滚花完成后,周边应画色线或做边花、方格线。
(2)仿木纹、仿石纹:应在第一遍涂料表面上进行。待模仿纹理或油色拍丝等完成后,表面应涂刷一遍罩面清漆。
(3)鸡皮皱:在油漆中需掺入20%~30%的大白粉(重量比),用松节油进行稀释。涂刷厚度一般为 2mm，表面拍打起粒应均匀、大小一致。

(4)拉毛：在油漆中需掺入石膏粉或滑石粉，其掺量和涂刷厚度应根据波纹大小由试验确定。面层干燥后，宜用砂纸磨去毛尖。

(5)套色漏花，刻制花饰图案套漏板，宜用喷印方法进行，并按分色顺序进行喷印。前一套漏板喷印完成待涂料稍干后，进行下一套漏板的喷印。

### 关键细节 39　美术涂饰施工应注意的问题

美术涂饰应在一般油漆完成并晾干后，以面层油漆为基础进行，除了按水性涂料和溶剂型涂料施工中应注意的事项外，各种美术涂饰必须按各工艺要求操作。

## 第八节　裱糊与软包工程

### 一、裱糊工程

#### (一)裱糊工程施工程序

裱糊工程施工程序如图 4-6 所示。

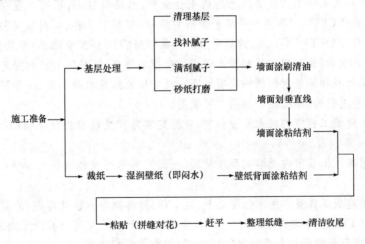

图 4-6　裱糊工程施工程序示意图

#### (二)裱糊工程质量检验标准

(1)美术涂饰所用材料的品种、型号和性能应符合设计要求。
(2)美术涂饰工程应涂饰均匀、粘结牢固，不得漏涂、透底、起皮、掉粉和反锈。
(3)美术涂饰的套色、花纹和图案应符合设计要求。
(4)美术涂饰表面应洁净，不得有流坠现象。
(5)仿花纹涂饰的饰面应具有被模仿材料的纹理。
(6)套色涂饰的图案不得移位，纹理和轮廓应清晰。

### 关键细节40  裱糊工程基层处理质量控制要点

裱糊工程基层处理的质量要求如下:

(1)新建筑物的混凝土或抹灰基层墙面在刮腻子前应涂刷抗碱封闭底漆。

(2)旧墙面在裱糊前应清除疏松的旧装修层,并涂刷界面剂。

(3)混凝土或抹灰基层含水率不得大于8%;木材基层的含水率不得大于12%。

(4)基层腻子应平整、坚实、牢固,无粉化、起皮和裂缝;腻子的粘结强度应符合《建筑室内用腻子》(JG/T 298—2010)N型的规定。

(5)基层表面平整度、立面垂直度及阴阳角方正应达到允许偏差不大于3mm的高级抹灰的要求。

(6)基层表面颜色应一致。

(7)裱糊前应用封闭底胶涂刷基层。

### 关键细节41  裱糊工程材料质量控制要点

(1)壁纸、墙布的种类、规格、图案、颜色和燃烧性能等级必须符合设计要求及国家现行标准的有关规定。同一房间的壁纸、墙布应用同一批料,当有色差时,也应不贴在同一墙面上。

(2)民用建筑工程室内装修所采用的水性涂料、水性胶粘剂、水性处理剂必须有总挥发性有机化合物(TVOC)和游离甲醛含量检测报告;溶剂型涂料、溶剂型胶粘剂必须有总挥发性有机化合物(TVOC)、苯、游离甲苯二异氰酸酯(TDI)(聚氨酯类)含量检测报告,并应符合设计要求和《民用建筑工程室内环境污染控制规范》(GB 50325)的规定。

(3)建筑材料和装修材料的检测项目不全或对检测结果有疑问时,必须将材料送有资格的检测机构进行检验,检验合格后方可使用。

(4)民用建筑工程室内用水性胶粘剂,应测定其总挥发性有机化合物(TVOC)和游离甲醛的含量。

(5)民用建筑工程室内用溶剂型胶粘剂,应测定其总挥发性有机化合物(TVOC)和苯的含量。

(6)民用建筑工程室内用水性阻燃剂、防水剂、防腐剂等水性处理剂,应测定总挥发性有机化合物(TVOC)和游离甲醛的含量,其含量应符合相关规定。其测定方法应按《民用建筑工程室内环境污染控制规范》(GB 50325)的有关规定进行。

### 关键细节42  裱糊工程施工质量控制要点

(1)裱糊前应以1∶1的108胶水溶液等做底胶涂刷基层,以增加基层与壁纸之间的粘结力。

(2)在深暗墙面上粘贴易透底的壁纸、玻璃纤维墙布时,需加刷溶剂型浅色油漆一遍,以达到较好的质量效果。

(3)在湿度较大的房间和经常潮湿的墙体表面裱糊,应采用具有防水性能的壁纸和胶粘剂等材料。

(4)带背胶壁纸应在水中浸泡数分钟后,无需在壁纸背面和墙面上刷胶粘剂,直接粘贴,在裱糊顶棚时,应涂刷一层稀释的胶粘剂。

(5)裁纸(布)时,长度应有一定余量,剪口应考虑对花并与边线垂直,裁成后卷拢,横向存放。不足幅宽的窄幅,应贴在较暗的阴角处。窄条下料时,应考虑对缝和搭缝关系,手裁的一边只能搭接不能对缝。

(6)胶粘剂应集中调制,并通过400孔/cm² 箩子过滤,调制好的胶粘剂应当天用完。

(7)裱糊前应根据墙面情况,弹一垂直基准线,以此控制垂直度。

(8)墙面应采用整幅裱糊,并统一设置对缝,阳角处不得有接缝,阳角处接缝应搭接。

(9)无花纹的壁纸,可采用两幅间重叠2cm搭线。有花纹的壁纸,则采取两幅间壁纸花纹重叠对准,然后用钢直尺压在重叠处,用刀切断、撕去余纸、粘贴压实。

(10)对于纸胎塑料壁纸,由于会遇水膨胀,因此应进行闷水处理后粘贴。闷水处理,一般将壁纸浸泡在水中3~5min,取出抖掉表面水分,静置20min左右。对于复合纸质壁纸由于湿强度较差,裱糊前严禁闷水处理,可在壁纸背面均匀刷胶粘剂,然后面与胶面对叠放置4~8min,再上墙裱糊。纺织纤维壁纸不能在水中浸泡,应在壁纸背面用湿布擦一下粘贴。

(11)裱糊玻璃纤维墙布,应先将墙布背面清理干净。裱糊时,应在基层表面涂刷胶粘剂。

(12)裱糊后各幅拼接应横平竖直,拼接处花纹、图案应吻合,不离缝,不搭接,不显拼缝;粘贴牢固,不得有漏贴、补贴、脱层、空鼓和翘边。裱糊时,应先垂直面,后水平面;先细部,后大面;先保证垂直,后对花拼缝。垂直面先上后下,先长墙面,后短墙面。水平面时先高后低。

(13)壁纸、墙布与基层间多余胶和气泡,用刮板从上向下均匀赶出,并及时用湿毛巾擦净。较厚的壁纸须用胶滚滚压赶平。发泡壁纸和复合壁纸只可用毛巾、海绵或毛刷赶压,严禁使用刮板赶压,以免赶平花型或出现死褶。裱糊完后发现有气泡或多余胶时,可用针筒将空气或余胶抽掉,抽去空气部位,可注入胶粘剂,用干净的湿布或湿毛巾将多余的胶粘剂从针孔中挤出,擦干净,并将壁纸、墙布压平。

(14)裱糊过程中和干燥前应防止穿堂风和温度的突然变化。

(15)裱糊工程完成后,应有可靠的产品保护措施。

## 二、软包工程

(1)软包面料、内衬材料及边框的材质、颜色、图案、燃烧性能等级和木材的含水率应符合设计要求及国家现行标准的有关规定。

(2)软包工程的安装位置及构造做法应符合设计要求。

(3)软包工程的龙骨、衬板、边框应安装牢固,无翘曲,拼缝应平直。

(4)单块软包面料不应有接缝,四周应绷压严密。

(5)软包工程表面应平整、洁净,无凹凸不平及皱折;图案应清晰、无色差,整体应协调。

(6)软包边框应平整、顺直、接缝吻合。其表面涂饰质量应符合相关规定。

(7)清漆涂饰木制边框的颜色、木纹应协调一致。

(8)软包工程安装的允许偏差和检验方法应符合表4-41的规定。

表 4-41　　　　　　　软包工程安装的允许偏差和检验方法

| 项次 | 项　目 | 允许偏差/mm | 检验方法 |
|---|---|---|---|
| 1 | 垂直度 | 3 | 用1m垂直检测尺检查 |
| 2 | 边框宽度、高度 | 0；-2 | 用钢尺检查 |
| 3 | 对角线长度差 | 3 | |
| 4 | 裁口、线条接缝高低差 | 1 | 用钢直尺和塞尺检查 |

注：本表摘自《建筑装饰装修工程质量验收规范》(GB 50210—2001)。

### ◎关键细节43　软包工程质量控制要点

(1)同一房间的软包面料应一次进足同批号货,以防色差。

(2)当软包面料采用大的网格型或大花型时,使用时在其房间的对应部位应注意对格对花,确保软包装饰效果。

(3)软包应尺寸准确,单块软包面料不应有接缝、毛边,四周应绷压严密。

(4)软包在施工中应不污染,完成后应做好产品保护。

### ◎关键细节44　软包工程施工应注意的问题

(1)软包施工前,为防止潮气侵蚀,引起板面翘曲,织物霉变,应在基层做好防潮处理。

(2)软包部位的开关、插座盒内应严格控制软包填充料和织物深入,应做好隔离措施,以免引起火灾。

(3)软包施工应在所有项目都完工后进行,以免织物污染。

(4)软包表面织物施工前应稍许喷水润湿,使软包施工后表面不松弛、褶皱。

# 第五章　楼地面工程

## 第一节　基层铺设工程

### 一、基土

(1)基土严禁用淤泥、腐殖土、冻土、耕植土、膨胀土和含有有机物质大于8%的土作为填土。

(2)基土应均匀密实,压实系数应符合设计要求,设计无要求时,应不小于0.90。

(3)基土表面的允许偏差应符合以下规定:

1)表面平整度不大于15mm。

2)标高:0,-50mm。

3)坡度:不大于房间相应尺寸的2/1000,且不大于30mm。

4)厚度:在个别地方不大于设计厚度的1/10。

#### ◎关键细节1　基土施工质量控制要点

(1)对软弱土层应按设计要求进行处理。

(2)填土时应采用机械或人工方法分层压实,土块的粒径应不大于50mm。机械压实时,每层虚铺厚度不宜大于300mm,用蛙式机夯实时,应不大于250mm;人工夯实时,不宜大于200mm,每层压实后土的压实系数应符合设计要求。

(3)土方回填前应清除基底的垃圾、树根等杂物,抽除坑穴积水、淤泥,验收基底标高。如在耕植土或松土上填方,应在基底压实后再进行。

(4)对填方土料应按设计要求验收后方可填入。

(5)填方施工过程中应检查排水措施、每层填筑厚度、含水量控制、压实程度。填筑厚度及压实遍数应根据土质、压实系数及所用机具确定。如无试验依据,应符合有关规定。

(6)填土时应为最优含水量。重要工程或大面积的地面填土前,应取土样,按击实试验确定最优含水量与相应的最大干密度。

(7)表面标高应符合设计要求,用水准仪检查时,偏差应控制在0~50mm。

### 二、垫层

垫层按所用材料的不同分为:灰土垫层,砂垫层和砂石垫层,碎石垫层和碎砖垫层,三合土垫层、炉渣垫层,水泥混凝土垫层。

#### (一)灰土垫层质量检验标准

(1)灰土体积比应符合设计要求。

(2)熟化石灰颗粒粒径不得大于5mm;黏土(或粉质黏土、粉土)内不得含有有机物质,颗粒粒径不得大于15mm。

(3)灰土垫层表面的允许偏差应符合以下的规定:

1)表面平整度:10mm。
2)标高:±10mm。
3)坡度:不大于房间相应尺寸的2/1000,且不大于30mm。
4)厚度:在个别地方不大于设计厚度的1/10。

### (二)砂垫层和砂石垫层质量检验标准

(1)砂和砂石不得含有草根等有机杂质;砂应采用中砂;石子最大粒径不得大于垫层厚度的2/3。

(2)砂垫层和砂石垫层的干密度(或贯入度)应符合设计要求。

(3)表面应设有砂窝、石堆等质量缺陷。

(4)砂垫层和砂石垫层表面的允许偏差应符合以下规定:

1)表面平整度:15mm。
2)标高:±20mm。
3)坡度:不大于房间相应尺寸的2/1000且不大于30mm。
4)厚度:在个别地方不大于设计厚度的1/10。

### (三)碎石垫层和碎砖垫层质量检验标准

(1)碎石的强度应均匀,最大粒径应不大于垫层厚度的2/3;碎砖应不采用风化、酥松、夹有有机杂质的砖料,颗粒粒径应不大于60mm。

(2)碎石、碎砖垫层的密实度应符合设计要求。

(3)碎石、碎砖垫层的表面允许偏差应符合以下规定:

1)表面平整度:15mm。
2)标高:±20mm。
3)坡度:不大于房间相应尺寸的2/1000且不大于30mm。
4)厚度:在个别地方不大于设计厚度的1/10。

### (四)三合土垫层质量检验标准

(1)熟化石灰颗粒粒径不得大于5mm;砂应用中砂并不得含有草根等有机物质;碎砖应不采用风化、酥松和有机杂质的砖料,颗粒粒径应符合规定。

(2)三合土的体积比应符合设计要求。

(3)三合土垫层表面的允许偏差应符合以下规定:

1)表面平整度:10mm。
2)标高:±10mm。
3)坡度:不大于房间相应尺寸的2/1000且不大于30mm。
4)厚度:在个别地方不大于设计厚度的1/10。

### (五)炉渣垫层质量检验标准

(1)炉渣内应不含有有机杂质和未燃尽的煤块,颗粒粒径应不大于40mm,且颗粒粒径在5mm及其以下的颗粒,不得超过总体积的40%;熟化石灰颗粒粒径不得大于5mm。

(2)炉渣垫层的体积比应符合设计要求。

(3)炉渣垫层与其下一层结合牢固,不得有空鼓和松散炉渣颗粒。

(4)炉渣垫层表面的允许偏差应符合以下规定:

1)表面平整度:10mm。

2)标高:±10mm。

3)坡度:不大于房间相应尺寸的2/1000且不大于30mm。

4)厚度:在个别地方不大于设计厚度的1/10。

### (六)水泥混凝土垫层质量检验标准

(1)水泥混凝土垫层采用的粗骨料,其最大粒径应不大于垫层厚度的2/3;含泥量应不大于2%;砂为中粗砂,其含泥量应不大于3%。

(2)混凝土的强度等级应符合设计要求,且应不小于C10。

(3)水泥混凝土垫层表面的允许偏差应符合以下规定:

1)表面平整度:10mm。

2)标高:±10mm。

3)坡度:不大于房间相应尺寸的2/1000且不大于30mm。

4)厚度:在个别地方不大于设计厚度的1/10。

#### ◎关键细节2 灰土垫层质量控制要点

(1)建筑地面下的沟槽、暗管等工程完工后,经检验合格并做隐蔽记录,方可进行建筑地面工程的施工。

(2)建筑地面工程基层(各构造层)和面层的铺设,均应待其下一层检验合格后方可施工上一层。建筑地面工程各层铺设前与相关专业的分部(子分部)工程、分项工程以及设备管道安装工程之间,应进行交接检验。

(3)施工温度应不低于5℃。铺设厚度应不小于100mm。

(4)基层铺设前,其下一层表面应干净、无积水。

(5)灰土拌合料应均匀拌合,加水量宜为拌合料总重量的60%。铺灰时应分层随铺随夯,施工后应有防水浸泡的措施,不得隔日夯实和雨淋。

(6)熟化石灰可采用磨细生石灰,亦可用粉煤灰或电石渣代替。

(7)每层灰土的夯打遍数应根据设计要求的干密度在现场试验确定。

(8)灰土垫层应铺设在不受地下水浸泡的基土上。施工后应有防止水浸泡的措施。

(9)灰土垫层应分层夯实,经润湿养护、晾干后方可进行下一道工序施工。

#### ◎关键细节3 砂垫层和砂石垫层质量控制要点

(1)砂垫层和砂石垫层施工温度不低于0℃。如低于上述温度,应按冬期施工要求采取相应措施。

(2)当垫层、找平层内埋设暗管时,管道应按设计要求予以稳固。

(3)砂垫层厚度应不小于60mm;砂石垫层厚度应不小于100mm。其中石子的最大粒径不得大于垫层厚度的2/3。

(4)砂宜选用质地坚硬的中砂或中粗砂,不得含有草根等有机杂质。砂垫层铺平后,应洒水润湿,并宜采用机具振实。

(5)砂石应选用天然级配材料。铺设时应设有粗细颗粒分离现象,压(夯)至不松动为止。

(6)砂垫层施工,在现场用环刀取样,测定其干密度,砂垫层干密度以不小于该砂料在中密度状态时的干密度数值为合格。中砂在中密度状态的干密度一般为 1.55～1.60g/cm³。

#### 关键细节4 碎石垫层和碎砖垫层质量控制要点

(1)碎石垫层和碎砖垫层厚度均应不小于 100mm。

(2)碎石垫层必须摊铺均匀,表面的空隙应用粒径为 5～25mm 的细石子填补、碾压、夯实,应适当洒水,一般碾压不少于3遍,压实至石料不松动为止。

(3)用碾压机碾压时,应适当洒水使其表面保持湿润,一般碾压不少于3遍,并压到不松动为止,达到表面坚实、平整。

(4)碎石垫层中石料的最大粒径不得大于垫层厚度的 2/3。

(5)如工程量不大,亦可用人工夯实,但必须达到碾压的要求。

(6)碎砖垫层每层虚铺厚度应控制不大于 200mm,适当洒水后进行夯实,夯实均匀,表面平整密实;夯实后的厚度一般为虚铺厚度的 3/4。不得在已铺好的垫层上用锤击方法进行碎砖加工。

#### 关键细节5 三合土垫层质量控制要点

(1)三合土垫层厚度应不小于 100mm。

(2)三合土垫层采用石灰、砂(可掺入少量黏土)与碎砖的拌合料铺设,其厚度应不小于 100mm。拌合料的体积比应符合设计要求。一般采用 1∶2∶4 或 1∶3∶6(石灰∶砂∶碎料)。

(3)三合土垫层其铺设方法可采用先拌合后铺设或先铺设碎料后灌砂浆的方法,但均应铺平夯实。

(4)三合土垫层应分层夯打并密实,表面平整,在最后一遍夯打时宜浇浓石灰浆,待表面灰浆晾干后,才可进行下道工序施工。

(5)三合土垫层表面平整度的允许偏差不得大于 10mm。其标高控制在±10mm 以内。

#### 关键细节6 炉渣垫层质量控制要点

(1)炉渣垫层采用炉渣或水泥与炉渣或水泥、石灰与炉渣的拌合料铺设,其厚度应不小于 80mm。

(2)炉渣或水泥炉渣垫层的炉渣,使用前应浇水闷透;水泥石灰炉渣垫层的炉渣使用前应用石灰浆或用熟化石灰浇水拌合闷透,闷透时间均不得少于 5d。

(3)铺设前其下一层应润湿,铺设时应分层压实拍平,垫层厚度如大于 120mm,应分层铺设,每层虚铺厚度应大于 160mm,可采用振动器或滚筒、木拍等方法压实。压实后的厚度应不大于虚铺厚度的 3/4,以表面泛浆且无松散颗粒为止。

(4)炉渣垫层施工完毕后应避免受水浸湿,铺设后应养护,待其凝结后方可进入下一道工序施工。

### 关键细节7 水泥混凝土垫层质量控制要点

(1)水泥混凝土垫层铺设在基土上,当气温长期处于0℃以下,设计无要求时,垫层应设置伸缩缝。

(2)水泥混凝土垫层的厚度应不小于60mm。其强度等级应不小于C10。

(3)垫层铺设前,其下一层表面应润湿。

(4)室内地面的水泥混凝土垫层,应设置纵向缩缝和横向缩缝;纵向缩缝间距不得大于6m,横向缩缝不得大于12m。

(5)垫层的纵向缩缝应做平头缝或加肋板平头缝。当垫层厚度大于150mm时,可做企口缝。横向缩缝应做假缝。平头缝和企口缝的缝间不得放置隔离材料,浇筑时应互相紧贴。企口缝的尺寸应符合设计要求,假缝宽度为5~20mm,深度为垫层厚度的1/3,缝内填水泥砂浆。

(6)大面积灌筑宜采用分仓浇灌的方法。要根据变形缝位置,不同材料面层连接部位或设备基础位置情况进行分仓,并应与设置的纵向、横向缩缝的间距相一致。分仓距离一般为3~6m。

(7)混凝土垫层浇筑完毕后,应及时加以覆盖和浇水。浇水养护日期不少于7昼夜,待其强度达到要求后才能做面层。

(8)水泥混凝土施工质量检验应符合现行国家标准《混凝土结构工程施工质量验收规范》(GB 50204)的有关规定。

## 三、找平层

### (一)找平层施工作业条件

(1)楼地面基层施工完毕,暗敷管线、预留孔洞等已经验收合格并做好记录。

(2)垫层混凝土配合比已经确认,混凝土搅拌操作台对混凝土强度等级、配合比、搅拌制度、操作规程等进行挂牌。

(3)控制找平层标高的水平控制线已弹完。

(4)楼板孔洞已进行可靠封堵。

(5)水、电布线到位,施工机具、材料已准备好。

### (二)找平层质量控制标准

(1)找平层采用碎石或卵石的粒径应不大于其厚度的2/3,含泥量应不大于2%;砂为中粗砂,其含泥量应不大于3%。

(2)水泥砂浆体积比或水泥混凝土强度等级应符合设计要求,且水泥砂浆体积比应不小于1:3(或相应的强度等级);水泥混凝土强度等级应不小于C15。

(3)有防水要求的建筑地面工程的立管、套管、地漏处严禁渗漏,坡向应正确、无积水。

(4)找平层与其下一层结合牢固,不得有空鼓(用小锤轻击检查)。

(5)找平层表面应密实,不得有起砂、蜂窝和裂缝等缺陷。

(6) 找平层表面的允许偏差应符合 5-1 的规定。

表 5-1　　　　　　　找平层表面允许偏差和检验方法

| 项目 | 允许偏差/mm | | | 检验方法 |
|---|---|---|---|---|
| | 用沥青玛琋脂做结合层铺设拼花木板、板块面层 | 用水泥砂浆做结合层铺设板块面层 | 用胶粘剂做结合层铺设拼花木板、塑料板、强化复合地板、竹地板面层 | |
| 表面平整度 | 3 | 5 | 2 | 用 2m 靠尺和楔形塞尺检查 |
| 标高 | ±5 | ±8 | ±4 | 用水准仪检查 |
| 坡度 | 不大于房间相应尺寸的 2/1000,且不大于 30 | | | 用坡度尺检查 |
| 厚度 | 在个别地方不大于设计厚度的 1/10 | | | 用钢尺检查 |

### 关键细节 8　找平层施工质量控制要点

(1) 找平层使用的水泥宜采用硅酸盐水泥或普通硅酸盐水泥。

(2) 铺设找平层前,应将下一层表面清理干净。当找平层下有松散填充料时,应予铺平振实。

(3) 用水泥砂浆或水泥混凝土铺设找平层,其下一层为水泥混凝土垫层时,应予润湿。当表面光滑时,应划(凿)毛。铺设时先刷一遍水泥浆,其水灰比宜为 0.4～0.5,并应随刷随铺。

(4) 在预制混凝土板上铺设找平层时,必须在楼板灌缝严密,填缝采用细石混凝土,其强度等级不得小于 C20,填缝高度应低于板面 10～20mm,且振捣密实,表面应不压光,填缝后应养护。

板间锚固筋埋设牢固,板面上需预埋的电管等均应牢固做好隐蔽验收,符合要求后方可铺设找平层。预制钢筋、混凝土板相邻缝底宽应不小于 20mm。

(5) 板缝填嵌后应养护。混凝土强度等级达到 C15 时方可继续施工。

(6) 在预制钢筋混凝土楼板上铺设找平层时,其板端间应按设计要求采取防裂的构造措施。

(7) 有防水要求的楼面工程,在铺设找平层前,应对立管、套管和地漏与楼板节点之间进行密封处理。应在管的四周留出深度为 8～10mm 的沟槽,采用防水卷材或防水涂料裹住管口和地漏。

(8) 在水泥砂浆或水泥混凝土找平层上铺设防水卷材或涂布防水涂料隔离层时,找平层表面应洁净、干燥,其含水率应不大于 9%,并应涂刷基层处理剂。基层处理剂应采用与卷材性能配套的材料或采用同类涂料的底子油。铺设找平层后,涂刷基层处理剂的相隔时间以及其配合比均应通过试验确定。

(9) 找平层的表面应平整、粗糙。

### 四、隔离层

(1) 材料质量。隔离层材质必须符合设计要求和国家产品标准的规定。

(2)厕浴间和有防水要求的建筑地面必须设置防水隔离层。楼层结构必须采用现浇混凝土或整块预制混凝土板,混凝土强度等级应不小于C20;楼板四周除门洞外,应做混凝土翻边,其高度应不小于120mm。施工时结构层标高和预留孔洞位置应准确,严禁乱凿洞。

(3)水泥类防水隔离层和防水性能、强度等级必须符合设计要求。

(4)防水隔离层严禁渗漏,坡向应正确、排水通畅。

(5)隔离层厚度应符合设计要求。

(6)隔离层与其下一层粘结牢固,不得有空鼓;防水涂层应平整、均匀,无脱皮、起壳、裂缝、鼓泡等缺陷。

(7)隔离层表面的允许偏差应符合以下规定:

1)表面平整度:3mm。

2)标高:±4mm。

3)坡度:不大于房间相应尺寸的2/1000且不大于30mm。

4)厚度:在个别地方不大于设计厚度的1/10。

**关键细节9 隔离层施工质量控制要点**

(1)隔离层的材料应符合设计要求,防油渗隔离层的材料应符合施工规范的规定,材料进入现场后按规定取样复试。

(2)在水泥类找平层上铺设沥青类防水卷材、防水涂料或以水泥类材料作为防水隔离层时,其表面应坚固、洁净、干燥。铺设前应涂刷基层处理剂。基层处理剂应采用与卷材性能配套的材料或采用同类涂料的底子油。

(3)厕所间和有防水要求的隔离地面必须设置防水隔离层,楼层结构必须采用现浇混凝土或整块预制混凝土板,混凝土强度等级不能小于C20,楼板四周除门洞外,应做混凝土翻边,其高度应不小于120mm,施工时结构层标高和预留孔洞位置应准确,严禁乱凿洞。

(4)铺设防水隔离层时,在管道穿过楼板面四周,防水材料应向上涂抹,并超过套管的上口;在靠近墙面处应高出面层200~300mm或按设计要求的高度铺涂。阴阳角和管道穿过楼板面的根部应增加铺涂附加防水隔离层。

(5)防水材料铺设后必须蓄水检验。蓄水深度应为20~30mm,24h内无渗漏为合格,并做记录。

(6)隔离层施工质量检验应符合现行国家标准《屋面工程质量验收规范》(GB 50207)的有关规定。

## 五、填充层

(1)填充层的材料质量必须符合设计要求和国家产品标准的规定。

(2)填充层的配合比必须符合设计要求。

(3)松散材料填充层铺设应密实;板块状材料填充层应压实、无翘曲。

(4)填充层表面的允许偏差应符合以下规定:

1)表面平整度:

松散材料7mm。

板、块材料 5mm。

2）标高：±4mm。

3）坡度：不大于房间相应尺寸的 2/1000 且不大于 30mm。

4）厚度：在个别地方不大于设计厚度的 1/10。

### 关键细节 10　填充层施工质量控制要点

(1) 填充层的材料密度和导热系数、强度等级或配合比均应符合设计要求。

(2) 填充层的下一层表面应平整。当为水泥类时，尚应洁净、干燥，并不得有空鼓、裂缝和起砂等缺陷。

(3) 采用松散材料铺设填充层时，应分层铺平拍实。每层虚铺厚度不宜大于 150mm，拍实后不得在保温层上行车或者堆重物。采用板、块状材料铺设填充层时，应分层错缝铺贴。

(4) 填充层施工质量检验应符合现行国家标准《屋面工程质量验收规范》(GB 50207) 的有关规定。

(5) 填充层在施工中和在防水层施工前均应采取措施加以保护，以防浸湿和损坏。

## 第二节　地面面层

### 一、混凝土面层

#### (一) 混凝土面层的构造

水泥混凝土面层常用两种做法，一种是采用细石混凝土面层，其强度等级应不小于 C20，厚度为 30～40mm；另一种是采用水泥混凝土垫层兼面层，其强度等级应不小于 C15，厚度按垫层确定，如图 5-1 所示。

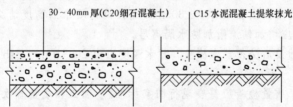

图 5-1　水泥混凝土面层

#### (二) 混凝土面层质量检验标准

(1) 水泥混凝土采用的粗骨料，其最大粒径应不大于面层厚度的 2/3，细石混凝土面层采用的石子粒径应不大于 15mm。

(2) 面层的强度等级应符合设计要求，且水泥混凝土面层强度等级应不小于 C20；水泥混凝土垫层兼面层强度等级应不小于 C15。

(3) 面层与下一层应结合牢固，无空鼓、裂纹［空鼓面积应不大于 $400cm^2$，且每自然间

(标准间)不多于2处可不计]。

(4)面层表面的坡度应符合设计要求,不得有倒泛水和积水现象。

(5)水泥砂浆踢脚线与墙面应紧密结合,高度一致,出墙厚度均匀[局部空鼓长度应不大于300mm,且每自然间(标准间)不多于2处可不计]。

(6)楼梯踏步的宽度、高度应符合设计要求。楼层梯段相邻踏步高度差应不大于10mm,每踏步两端宽度差应不大于10mm;旋转楼梯梯段的每踏步两端宽度的允许偏差为5mm。楼梯踏步的齿角应整齐,防滑条应顺直。

(7)水泥混凝土面层的允许偏差应符合以下规定:

1)表面平整度:5mm。

2)踢脚线上口平直:4mm。

3)缝格平直:3mm。

### 关键细节11　混凝土面层材料质量控制要点

(1)水泥采用普通硅酸盐水泥、矿渣硅酸盐水泥,其强度等级不得低于32.5级。

(2)砂宜采用中砂或粗砂,含泥量应不大于3%。

(3)石采用碎石或卵石,其最大粒径应不大于面层厚度的2/3;当采用细石混凝土面层时,石子粒径应不大于15mm;含泥量应不大于2%。

(4)砂、石不得含有草根等杂物;砂、石的粒径级配应通过筛分试验进行控制,含泥量应按规范严格控制。

(5)水宜采用饮用水。

(6)粗骨料的级配要适宜。粒径不大于15mm也应不大于面层厚度的2/3。含泥量不大于2%。

(7)配合比设计:混凝土强度等级不低于C15、C20,水泥用量不少于300km$^3$,坍落度为10~30mm。

### 关键细节12　水泥混凝土面层施工质量控制要点

(1)基层应修整,清扫干净后用水冲洗晾干,不得有积水现象。

(2)细石混凝土必须搅拌均匀,铺设时按标筋厚度刮平,随后用平板式振捣器振捣密实。待稍收水,即用铁抹子预压一遍,使之平整,不显露石子。或是用铁滚筒往复交叉滚压3~5遍,低凹处用混凝土填补,滚压至表面泛浆。如泛出的浆水呈细花纹状,表明已滚压密实,即可进行压光。

(3)水泥混凝土面层的强度等级不宜小于C20;水泥混凝土垫层兼面层的强度等级应不小于C15。浇筑水泥混凝土面层时,其坍落度不宜大于30mm。

(4)细石混凝土浇捣过程中应随压随抹,一般抹2或3遍,达到表面光滑、无抹痕、色泽均匀一致即可。必须是在水泥初凝前完成找平工作,水泥终凝前完成压光,以避免面层产生脱皮和裂缝等质量弊病,且保证强度。

(5)施工过程中,若施工间歇超过允许时间规定,在继续浇筑混凝土时,应对已凝结的混凝土接槎处进行处理:刷一层水泥浆,其水灰比为0.4~0.5,再浇筑混凝土并捣实压平,不显接槎。

(6)养护和成品保护:细石混凝土面层铺设后 1d 内,可用锯木屑、砂或其他材料覆盖,在常温下洒水养护。养护期不少于 7d 且禁止上人走动或进行其他作业。

(7)水泥混凝土散水、明沟应设置伸缩缝,其延米间距不得大于 10m;房屋转角处应做 45°缝。水泥混凝土散水、明沟和台阶等与建筑物连接处应设缝处理。上述缝宽度 15～20mm,缝内填嵌柔性密封材料。

## 二、水泥砂浆面层

### (一)水泥砂浆面层构造

水泥砂浆面层厚度应符合设计要求且应不小于 20mm,有单层和双层两种做法。图 5-2(a)为单层做法,为 20mm 厚度,采用 1:2 水泥砂浆铺抹而成;图 5-2(b)为双层做法,双层的下层为 12mm 厚度,采用 1:2.5 与水泥砂浆,双层的上层为 13mm 厚度,采用 1:1.5 水泥砂浆铺抹而成。

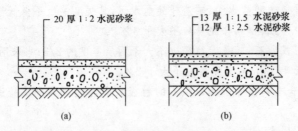

图 5-2 水泥砂浆面层
(a)单层做法;(b)双层做法

### (二)水泥砂浆质量检验标准

(1)水泥砂浆面层的体积比(强度等级)必须符合设计要求且体积比应为 1:2,强度等级应不小于 M15。

(2)面层与下一层应结合牢固,无空鼓、裂纹[空鼓面积应不大于 400cm² 且每自然间(标准间)不多于 2 处可不计(用小锤轻击)]。

(3)面层表面的坡度应符合设计要求,不得有倒泛水和积水现象。

(4)面层表面应洁净,无裂纹、脱皮、麻面、起砂等缺陷(观察检查)。

(5)踢脚线与墙面应紧密结合,高度一致,出墙厚度均匀[局部空鼓长度应不大于 300mm,且每自然间(标准间)不多于 2 处可不计]。

(6)楼梯踏步的宽度、高度应符合设计要求。楼层楼段相邻踏步高度差应不大于 10mm,每踏步两端宽度差应不大于 10mm;旋转楼梯梯段的每踏步两端宽度的允许偏差为 5mm。楼梯踏步的齿角应整齐,防滑条应顺直。水泥砂浆面层的允许偏差应符合以下规定:

1)表面平整度:4mm。
2)踢脚线上口平直:4mm。
3)缝格平直:3mm。

### 关键细节13　水泥砂浆面层材料质量控制要点

(1)水泥砂浆面层所用之水泥,宜优先采用硅酸盐水泥、普通硅酸盐水泥,且强度等级不得低于42.5级。如果采用石屑代砂,水泥强度等级不低于42.5级。上述品种水泥在常用水泥中具有早期强度高、水化热大、干缩值较小等优点。

(2)如采用矿渣硅酸盐水泥,其强度等级不低于42.5级,在施工中要严格按施工工艺操作且要加强养护,方能保证工程质量。

(3)水泥砂浆面层所用之砂应采用中砂或粗砂,也可两者混合使用,其含泥量不得大于3%。因为细砂拌制的砂浆强度要比粗、中砂拌制的砂浆强度低25%～35%,不仅其耐磨性差,而且还有干缩性大、容易产生收缩裂缝等缺点。

### 关键细节14　水泥砂浆面层施工质量控制要点

(1)地面和楼面的标高与找平、控制线应统一弹到房间的墙上,高度一般比设计地面高500mm。有地漏等带有坡度的面层,标筋坡度要满足设计要求。

(2)水泥砂浆面层的厚度应符合设计要求且应不小于20mm。

(3)基层应清理干净,表面应粗糙,润湿而不得有积水。

(4)铺设时,在基层上涂刷水灰比为0.4～0.5的水泥浆,随刷随铺水泥砂浆,随铺随拍实并控制其厚度。抹压时先用刮尺刮平,用木抹子抹平,再用铁抹压光。

(5)水泥砂浆面层的抹平工作应在初凝前完成,压光工作应在终凝前完成,养护不得少于7d;抗压强度达到5MPa后,方准上人行走;抗压强度达到设计要求后方可正常使用。

(6)当水泥砂浆面层内埋设管线等出现局部厚度减薄时,应按设计要求做防止面层开裂处理,之后方可施工。

## 三、水磨石面层

### (一)水磨石面层构造

水磨石面层是采用水泥与石粒的拌合料在15～20mm厚1:3水泥砂浆基层上铺设而成的。面层厚度除特殊要求外,宜为12～18mm,并应按选用石粒粒径确定,如图5-3所示。水磨石面层的颜色和图案应符合设计要求,面层分格不宜大于1000mm×1000mm或符合设计要求。

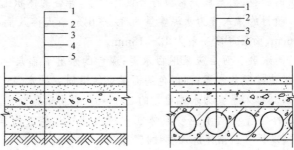

图5-3　水磨石面层构造
1—水磨石面层;2—1:3水泥砂浆基层;
3—水泥混凝土垫层;4—灰土垫层;5—基土;6—楼层结构层

## (二)水磨石面层质量检验标准

(1)水磨石面层的石粒应采用坚硬可磨白云石、大理石等岩石加工而成,石粒应洁净无杂物,其粒径除特殊要求外应为6～15mm;水泥强度等级应不小于32.5级;颜料应采用耐光、耐碱的矿物原料,不得使用酸性颜料。

(2)水磨石面层拌合料的体积比应符合设计要求且为1∶1.5～1∶2.5(水泥∶石粒)。

(3)面层与下一层结合应牢固,无空鼓、裂纹[空鼓面积应不大于400cm² 且每自然间(标准间)不多于2处可不计]。

(4)面层表面应光滑;无明显裂纹、砂眼和磨纹;石粒密实,显露均匀;颜色图案一致,不混色;分格条牢固、顺直、清晰。

(5)踢脚线与墙面应紧密结合,高度一致,出墙厚度均匀[局部空鼓长度不大于300mm且每自然间(标准间)不多于2处可不计]。

(6)楼梯踏步的宽度、高度应符合设计要求。楼层梯段相邻踏步高度差应不大于10mm,每踏步两端宽度差应不大于10mm,旋转楼梯梯段的每踏步两端宽度的允许偏差为5mm。楼梯踏步的齿角应整齐,防滑条应顺直。

(7)水磨石面层的允许偏差应符合以下规定:

1)表面平整度:

高级水磨石:2mm。

普通水磨石:3mm。

踢脚线上口平直:7mm。

2)缝格平直:

高级水磨石:2mm。

普通水磨石:3mm。

### 关键细节 15 水磨石面层施工质量控制要点

(1)基层应洁净、润湿,不得有积水,表面应粗糙,如表面光滑应凿毛。水泥砂浆找平层的抗压强度达到1.2MPa时方可弹分格线、嵌条。

(2)水磨石面层应采用水泥与石粒的拌合料铺设,面层厚度除有特殊要求外宜为12～18mm,且按石粒粒径确定,水磨石面层的颜色和图案应符合设计要求。

(3)水磨石面层的颜色、图案或分格应符合设计要求,拌合的体积比宜为1∶1.5～1∶2.5(水泥∶石粒)。颜料的掺入宜为水泥重量的3%～6%;最大掺入量不宜超过水泥重量的12%,稠度约为6cm,面层厚度一般为12～18mm。

(4)白色或浅色的水磨石面层应采用白水泥;深色的水磨石面层宜采用硅酸盐水泥、普通硅酸盐水泥或矿渣硅酸盐水泥;同颜色的面层应使用同一批水泥;同一彩色面层应使用同厂、同批的颜料,其掺入量宜为水泥重量的3%～6%或由试验确定。

(5)水磨石面层的结合层的水泥砂浆体积比宜为1∶3,相应的强度等级应不小于M10,水泥砂浆稠度(以标准圆锥体沉入度计)宜为30～35mm。

(6)水磨石面层使用磨石机分次磨光。开磨前应先试磨,表面石粒不松动方可开磨。普通水磨石面层磨光遍数应不小于三遍。

(7)在水磨石面层磨光后,涂草酸和上蜡前,其表面不得污染。

## 四、水泥钢(铁)屑面层

### (一)水泥钢(铁)屑面层施工工艺

清扫、清洗基层→扫水泥素浆→做结合层、铺水泥钢(铁)屑→震实→抹平→压光→养护。

### (二)水泥钢(铁)屑面层质量检验标准

(1)水泥强度等级应不小于32.5级;钢(铁)屑的粒径应为1～5mm;钢(铁)屑中不应有其他杂质,使用前应去油除锈,冲洗干净并干燥。

(2)面层和结合层的强度等级必须符合设计要求,且面层抗压强度应不小于40MPa。结合层体积比为1:2(相应的强度等级应不小于M15)。

(3)面层与下一层结合必须牢固,无空鼓。

(4)面层表面坡度应符合设计要求(用坡度尺检查)。

(5)面层表面应未有裂纹、脱皮、麻面等缺陷。

(6)踢脚线与墙面应结合牢固,高度一致,出墙厚度均匀。

(7)水泥钢(铁)屑面层的允许偏差应符合以下规定:

1)表面平整度:4mm。

2)踢脚线上口平直:4mm。

3)缝格平直:3mm。

### 关键细节16 水泥钢(铁)屑面层施工质量控制要点

(1)基层表面需平整、清洁、干燥,不得有起砂现象。面层和结合层的强度等级必须符合设计要求,且面层抗压强度应不小于40MPa;结合层体积比为1:2(相应的强度等级应不小于M15)。

(2)铺设水泥钢(铁)屑面层时应先在洁净的基层上刷一遍水泥泥浆。

(3)水泥钢(铁)屑面层配合比应通过试验确定。当采用振动法使水泥钢(铁)屑拌合料密实时,其密度应不小于2000kg/m³,其稠度应不大于10mm,必须拌合均匀。

(4)铺设水泥钢(铁)屑面层时,应先铺厚20mm的水泥砂浆结合层,水泥钢(铁)屑应随铺随拍实,宜用滚筒压密实,拍实和抹平工作应在结合层和面层的水泥初凝前完成;压光工作应在水泥终凝前完成,并应养护。

## 五、防油渗面层

防油渗面层是在普通混凝土中加入外加剂或防油渗剂而成。

### (一)防油渗面层施工工艺

清洗基层、晾干→刷底子油→铺贴隔离层→浇筑防油渗混凝土拌合料→振捣、抹光、压平。

### (二)防油渗面层质量检验标准

(1)防油渗混凝土所用的水泥应采用普通硅酸盐水泥,其强度等级应不小于42.5;碎石应采用花岗石或石英石,严禁使用松散多孔和吸水率大的石子,粒径为5～15mm,其最大粒径应不大于20mm,含泥量应不大于1%;砂应为中砂,洁净无杂物,其细度模数应为

2.3～2.6；掺入的外加剂和防油渗剂应符合产品质量标准。防油渗涂料应具有耐油、耐磨、耐火和粘结性能。

(2)防油渗混凝土的强度等级和抗渗性能必须符合设计要求,且强度等级应不小于C30;防油渗涂料抗拉粘结强度应不小于0.3MPa。

(3)防油渗混凝土面层与下一层应结合牢固、无空鼓。

(4)防油渗涂料面层与基层应粘结牢固,严禁有起皮、开裂、漏涂等缺陷。

(5)防油渗面层表面坡度应符合设计要求,不得有倒泛水和积水现象。

(6)防油渗混凝土面层表面应未有裂纹、脱皮、麻面和起砂现象。

(7)踢脚线与墙面应紧密结合、高度一致,出墙厚度均匀。

### 关键细节 17　防油渗面层施工质量控制要点

(1)防油渗面层应采用防油渗混凝土铺设或采用防油渗涂料涂刷。防油渗混凝土强度等级不小于C30,其厚度宜为60～70mm,防油渗涂料抗拉粘结强度应不小于0.3MPa。

(2)防油渗面层设置防油渗隔离层(包括与墙、柱连接处的构造)时应符合设计要求。

(3)防油渗混凝土面层厚度应符合设计要求,防油渗混凝土的配合比应按设计要求的强度等级和抗渗性能(通过试验确定)。

(4)防油渗混凝土面层按分区段浇筑时,面积不宜大于50m²。分区段缝的宽度为20mm并上下贯通；缝内必须浇筑防油渗胶泥材料,亦可用弹性多功能聚氨酯类涂抹材料嵌缝。同时应在缝的上部保留20～25mm的深度,然后用膨胀砂浆水泥进行密封。

(5)防油渗混凝土面层内不得敷设管线。凡露出面层的电线管、接线盒、预埋套管和地脚螺栓等的处理,以及与墙、柱、变形缝、孔洞等连接处泛水均应符合设计要求。

(6)防油渗面层内配置铺筋时应在分区段缝处断开。

(7)防油渗混凝土面层与下一层应结合牢固、无空鼓；表面应未有裂纹、脱皮、麻面和起砂；其坡度应符合设计要求,不得有倒泛水和积水现象；踢脚线与墙面应紧密结合、高度一致,与墙厚度均匀。

### 关键细节 18　防油渗水泥砂浆的配置规定

(1)氯乙烯-偏氯乙烯混合乳液：用10%浓度的磷酸三钠水溶液中和氯乙烯-偏氯乙烯共聚乳液,使pH值为7～8,加入配合比要求的浓度为40%的OP溶液,均匀搅拌,然后加入少量消泡剂。

(2)防油渗水泥浆：将氯乙烯-偏氯乙烯混合乳液和水按1∶1配合比搅拌均匀后,边搅拌边加入水泥,按要求量加入后,充分拌合使用。

## 第三节　板块面层

### 一、砖面层

#### (一)砖面层的材料要求

(1)砖(缸砖、陶瓷锦砖、陶瓷地砖)：

1)外观质量:表面平整、边缘整齐、颜色一致、不得有裂纹等缺陷。

2)吸水率:陶瓷地砖、陶瓷锦砖不得大于4%;缸砖、红地砖不大于8%,其他颜色地砖不大于4%。

3)抗压强度:陶瓷地砖、陶瓷锦砖、缸砖不小于15MPa。

(2)砂:水泥砂浆用中(粗)砂;嵌缝用中(细)砂。

## (二)砖面层质量检验标准

(1)面层所用的板块的品种、质量必须符合设计要求。

(2)面层与下一层的结合(粘结)应牢固,无空鼓(凡单块砖边角有局部空鼓,且每自然间不超过总数的5%可不计)。

(3)砖面层的表面应洁净、图案清晰、色泽一致、接缝平整、深浅一致、周边顺直。板块无裂纹、掉角和缺棱等缺陷。

(4)面层邻接处的镶边用料及尺寸应符合设计要求,边角整齐、光滑。

(5)踢脚线表面应洁净、高度一致、结合牢固、出墙厚度一致。

(6)楼梯踏步和台阶板块的缝隙宽度应一致、齿角整齐;楼层梯段相邻踏步高度差应不大于10mm;防滑条顺直。

(7)面层表面的坡度应符合设计要求,不倒泛水、无积水;与地漏、管道结合处应严密牢固,无渗漏。

(8)砖面层的允许偏差见表5-2。

表5-2　　　　　　　　砖面层的允许偏差

| 项目 | 允许偏差/mm | | 检验方法 |
|---|---|---|---|
| 表面平整度 | 缸砖 | 4.0 | 表面平整度:用2m靠尺和楔形塞尺检查 |
| | 水泥花砖 | 3.0 | |
| | 陶瓷锦砖、陶瓷地砖 | 2.0 | |
| 缝格平直 | 3.0 | | 缝格平直:拉5m线和用钢尺检查 |
| 接缝高低差 | 陶瓷锦砖、陶瓷地砖、水泥花砖 | 0.5 | 接缝高低差:用钢尺和楔形塞尺检查 |
| | 缸砖 | 1.5 | |
| 踢脚线上口平直 | 陶瓷锦砖、陶瓷地砖、水泥花砖 | 3.0 | 踢脚线上口平直:拉5m线和用钢尺检查 |
| | 缸砖 | 4.0 | |
| 板块间隙宽度 | 2.0 | | 用钢尺检查 |

### 关键细节19　砖面层施工质量控制要点

(1)基层应清除干净,用水冲洗、晾干。

(2)铺设板块面层时,应在结合层上铺设。其水泥类基层的抗压强度不得小于1.2MPa;表面应平整、粗糙、洁净。

(3)铺砂浆前,基层应浇水润湿,刷一道水泥素浆,随刷随铺水泥:砂=1:3(体积比)的干硬性砂浆,根据标筋标高拍实刮平,其厚度控制在10~15mm。

(4)砖面层排设应符合设计要求,当设计无要求时,应避免出现砖面小于1/4边长的边角料。

(5)砂浆饱满、缝隙一致,当需要调整缝隙时,应在水泥浆结合层终凝前完成。

(6)铺贴宜整间一次完成,如果房间大一次不能铺完,可按轴线分块,须将接槎切齐,余灰清理干净。

(7)地砖铺贴完成后应在24h内进行擦缝、勾缝和压缝。缝的深度宜为砖厚的1/3。

(8)在水泥砂浆结合层上铺贴陶瓷锦砖面层时,砖底面应洁净,每联陶瓷锦砖之间、与结合层之间以及在墙角、镶边和靠墙处,应紧密贴合。在靠墙处不得采用砂浆填补。

(9)在沥青胶结料结合层上铺贴缸砖面层时,缸砖应干净,铺贴时应在摊铺热沥青胶结料上进行,并应在胶结料凝结前完成。

(10)采用胶粘剂在结合层上粘贴砖面层时,胶粘剂选用应符合现行国家标准《民用建筑工程室内环境污染控制规范》(GB 50325)的规定。

## 二、大理石面层和花岗石面层

### (一)大理石面层和花岗石面层的材料要求

(1)大理石、花岗石:天然大理石、花岗石的技术等级、光泽度、外观等质量要求,应符合国家现行标准《天然大理石建筑板材》(GB/T 19766)和《天然花岗石建筑板材》(GB/T 18601)的规定。

(2)水泥、砂同砖面层。

### (二)大理石面层和花岗石面层质量检验标准

(1)大理石、花岗石面层所用板块的品种、质量应符合设计要求。

(2)面层与下一层应结合牢固,无空鼓[凡单块板块边角有局部空鼓,且每自然间(标准间)不超过总数的5%可不计]。

(3)大理石、花岗石面层的表面应洁净、平整、无磨痕,且应图案清晰、色泽一致、接缝均匀、周边顺直、镶嵌正确、板块无裂纹、掉角、缺棱等缺陷。

(4)踢脚线表面应洁净,高度一致,结合牢固,出墙厚度一致。

(5)楼梯踏步和台阶板块的缝隙宽度应一致,齿角整齐,楼层梯段相邻踏步高度差应不大于10mm,防滑条应顺直、牢固。

(6)面层表面的坡度应符合设计要求,不倒泛水、无积水;与地漏、管道结合处应严密牢固,无渗漏。

(7)面层表面允许偏差见表5-3。

表 5-3　　大理石和花岗石面层(或碎拼大理石、碎拼花岗石)的允许偏差

| 项　　目 | 允许偏差/mm | 检验方法 |
| --- | --- | --- |
| 表面平整度 | 1.0 | 表面平整度:用2m靠尺和楔形塞尺检查 |
| 缝格平直 | 2.0 | 缝格平直:拉5m线和用钢尺检查 |
| 接缝高低差 | 0.5 | 用钢尺和楔形塞尺检查 |
| 踢脚线上口平直 | 1.0 | 拉5m线和用钢尺检查 |
| 板块间隙宽度 | 1.0 | 用钢尺检查 |

### 关键细节 20　大理石、花岗石面层施工质量控制要点

(1) 大理石、花岗石面层采用天然大理石、花岗石(或碎拼大理石、碎拼花岗石)板材在结合层上铺设。

(2) 铺设大理石面层和花岗石面层时,其水泥类基层的抗压强度标准值不得小于1.2MPa。

(3) 板块铺设前应先对色、拼花预排编号。铺贴前要清楚基层垃圾并冲洗干净。

(4) 板块的排设应符合设计要求,当设计无要求时,应避免出现板块小于1/4边长的边角料。

(5) 板块应先浸水润湿,阴干备用。铺贴时要先试铺,合适时,将板块揭起,再正式铺贴。板块试铺合格后,搬起板块,检查砂浆结合层是否平整、密实。增补砂浆,浇一层水灰比为0.5左右的素水泥浆后,再铺放原板,应四角同时落下,用小皮锤轻敲,用水平尺找平。

(6) 在已铺贴的板块上不准站人,铺贴应倒退进行。用与板块同色的水泥浆填缝,然后用软布擦干净黏在板块上的砂浆,在面层铺设后,表面应覆盖、湿润,其养护时间应不少于7d。当板块面层的水泥砂浆结合层的抗压强度达到设计要求后方可正常使用。

(7) 板块类踢脚线施工时,严禁采用石灰砂浆打底。出墙厚度应一致,当设计无规定时,出墙厚度不宜大于板厚且小于20mm。

(8) 铺贴完后,次日用素水泥浆灌缝2/3高度,再用同色水泥浆擦缝,并用干锯末覆盖保护2~3d。待结合层的水泥砂浆强度达到1.2MPa后,方可打蜡、行走。

### 三、料石面层

(1) 面层材质应符合设计要求;条石的强度等级应大于MU60,块石的强度等级应大于MU30。

(2) 面层与下一层应结合牢固、无松动。

(3) 条石面层应组砌合理,无十字缝,铺砌方向和坡度应符合设计要求;块石面层石料缝隙应相互错开,通缝不超过两块石料。

(4) 条石面层和块石面层的允许偏差应符合表5-4的规定。

表5-4　　　　条石面层和块石面层的允许偏差

| 项　目 | 允许偏差/mm | | 检验方法 |
| --- | --- | --- | --- |
| 表面平整度 | 条石、块石 | 10 | 用2m靠尺和楔形塞尺检查 |
| 缝格平直 | 条石、块石 | 8 | 5m线和用钢尺检查 |
| 接缝高低差 | 条石 | 2.0 | 用钢尺和楔形塞尺检查 |
| | 块石 | — | |
| 板块间隙宽度 | 条石、块石 | 5 | 用钢尺检查 |

### 关键细节 21　料石面层施工质量控制要点

(1) 料石面层采用天然条石和块石,应在结合层上铺设。

(2) 条石应采用Mu60强度等级的岩石制作,厚度宜为80~120mm,块石应用MU30

等级岩石制作,地面面积不小于顶面面积的60%,厚度为100~150mm。

(3)不导电的料石面层的石料应采用辉绿岩石加工制成。填缝材料亦采用辉绿岩石加工的砂嵌实。耐高温的料石面层的石料应按设计要求选用。

(4)料石面层铺设时,其水泥类基层的抗压强度标准值不得小于1.2MPa。

(5)条石面层采用水泥砂浆或沥青胶结材料做结合层时,厚度应为10~15mm;采用石油沥青胶结料铺设时结合层厚度应为2~5mm;砂结合层厚度应为15~20mm。块石面层的砂垫层厚度,在打夯实后应不小于60mm。若块面层铺在基土上时,其基土应均匀密实,填土或土层结构被挠动的基土,应予分层压(夯)实。

(6)条石应按规格尺寸分类并垂直于行走方向拉线铺砌成行,相邻石块应错缝石长度的1/3~1/2,不宜出现十字缝。铺砌的方向和坡度应正确。

(7)条石铺砌在砂结合层上时,缝隙宽度不大于5mm。石料间的缝隙采用水泥砂浆或沥青胶结料填塞时,应预先用砂填缝至高度的1/2。在水泥砂浆结合层上时,石料的缝隙应不大于5mm,缝隙采用同类砂浆填塞。

(8)在水泥砂浆结合层上铺砌条石面层时,用同类砂浆填塞石料缝隙,其缝隙宽度应不大于5mm。

(9)在石油沥青胶结料结合层上铺砌条石面层时,条石应干净干燥,铺贴时应在摊铺热沥青胶结料上进行,并应在沥青胶结料凝结前完成。填缝前,缝隙应清扫干净并使其干燥。

## 四、塑料板面层

### (一)塑料板面层材料要求

(1)半硬质和软质聚氯乙烯板质量要求应符合表5-5、表5-6的要求。

表5-5　　　　　　　　半硬质聚氯乙烯板质量要求

| 外 观 | | 尺寸允许偏差/mm | | | |
|---|---|---|---|---|---|
| 缺 陷 | 指 标 | 长 度 | 宽 度 | 厚 度 | 直角膜 |
| 制品、龟裂、分层 | 不允许有 | | | | |
| 凹凸不平、发花、光泽不均匀、色调不均匀、玷污、划伤痕、混入异物 | 在离地板砖60cm处观察不明显 | ±0.3 | ±0.3 | ±0.3 | ≤9.2 |

表5-6　　　　　　　　软质聚氯乙烯地卷材尺寸的允许偏差

| 项 目 | 技术要求 | 试验方法 |
|---|---|---|
| 尺寸稳定性 | 线度上尺寸变化不得大于0.4%,且不应有翘曲 | 将试件放在80℃的烘箱内6h后冷却至室温再测其尺寸的相对变化。半试样放在23℃±2℃的蒸馏水中72h后测其尺寸的相对变化 |
| 热老化和渗油 | 增塑剂不得有明显的渗出,外观应不有任何变化,软性保持不变 | 将试样放在70℃的烘箱内放置360h,冷却后用白色滤纸擦拭来判断有无增塑剂渗出。同时将处理过的试样在23℃时包在40mm直径的钢棒上,应不开裂和出现裂纹 |

(续)

| 项　目 | 技术要求 | 试验方法 |
|---|---|---|
| 弹性积 | 抗拉强度与延伸的乘积的平均值不小于 2.0MJ/m³ | |
| 残余凹陷 | 不大于 0.1mm | 用直径 4.5mm 的平头钢柱压实,加负荷 36.0kg10min,卸荷后恢复 1h,再测残余凹入深度 |

(2)胶粘剂超过生产期三个月时,应取样检验,合格后方可使用,超过保质期的产品和污染环境的产品不得使用。

**(二)塑料地板面层质量检验标准**

(1)面层与下一层的粘结应牢固,不翘边、不脱胶、无溢胶[卷材局部脱胶处面积应不大于 20cm²,且相隔间距不小于 50cm 可不计;凡单块板块料边角局部脱胶处且每自然间(标准间)不超过总数的 5%者可不计]。

(2)塑料板面层应表面洁净,图案清晰,色泽一致,接缝严密、美观。拼缝处的图案、花纹吻合,无胶痕;与墙边交接严密,阴阳角收边。

(3)板块的焊接,焊缝应平整、光洁,无焦化变色、斑点、焊瘤和起鳞等缺陷,其凹凸允许偏差为±0.6mm。焊缝的抗拉强度不得小于塑料板强度的 75%。

(4)镶边用料应尺寸准确、边角整齐、拼缝严密、接缝顺直。

(5)塑料板面层允许偏差见表 5-7。

表 5-7　　　　　　　塑料板面层允许偏差

| 项　目 | 允许偏差/mm | 检验方法 |
|---|---|---|
| 表面平整度 | 2 | 用 2m 靠尺和楔形塞尺检查 |
| 缝格平直 | 3 | 拉 5m 线和用钢尺检查 |
| 接缝高低差 | 0.5 | 用钢尺和楔形塞尺检查 |
| 踢脚线上口平直 | 2.0 | 拉 5m 线和用钢尺检查 |

### 关键细节 22　涂刷胶粘剂质量控制要点

塑料地板铺贴施工时,室内相对湿度应不大于 80%。应根据铺设场所部位等不同条件,正确选用胶粘剂,不同的胶粘剂应采用不同的施工方法。如采用溶剂型胶粘剂一般是在涂布后晾干至溶剂挥发到不黏手时(10~20min)再进行铺贴;采用乳液型胶粘剂时,不需晾干过程,宜将塑料地板的粘结面打毛,涂胶后即可铺贴;采用 E—44 环氧树脂胶(6101 环氧胶、HN605 胶)、405 聚氨酯胶及 202 胶等胶粘剂,多为双组分,要根据使用说明按组分配比准确计量调配并即时用完。一般乳液型胶粘剂需要双面涂胶(塑料地板及基层粘结面),溶剂型胶粘剂大多只需在基层涂刮胶液即可。基层涂胶时应超出分格线 10mm(俗称硬板出线),涂胶厚度应≤1mm。

### 关键细节 23　塑料地板铺贴施工质量控制要点

塑料地板块应根据弹线按编号在涂胶后适时地一次就位粘贴，一般是沿轴线由中央向四周展开，保持图案对称和尺寸整齐。应先将地板块的一端对齐后再铺平粘合，同时用橡胶滚筒轻力滚压使之平敷并赶出气泡。为使粘贴可靠，应再用压辊压实或用橡胶锤敲实，边角部位可采用橡胶压边滚筒滚压防止翘边。对于采用初黏力较弱的胶粘剂如聚氨酯和环氧树脂等，粘贴后应使用砂袋将塑料地板面压住，直至胶粘剂固化。

## 五、活动地板面层

### (一)活动地板面层材料要求

活动地板面层承载力应不小于7.5MPa，其系统电阻：A级板为$1.0 \times 10^5 \sim 1.0 \times 10^8 \Omega$，B级板为$1.0 \times 10^5 \sim 1.0 \times 10^{10} \Omega$。

### (二)活动地板面层施工工艺

基层清理→弹支柱(架)定位线→测水平→固定支柱(架)底座→安装桁条(搁栅)→仪器抄平、调平→铺设活动地板面板。

### (三)活动地板面层质量检验标准

(1)活动地板面层应无裂纹、掉角和缺棱等缺陷。行走无声响、无摆动。
(2)活动地板面层应排列整齐、表面洁净、色泽一致、接缝均匀、周边顺直。
(3)活动地板面层允许偏差见表5-8。

表5-8　　　　　　　　活动地板面层允许偏差

| 项　目 | 允许偏差/mm | 检验方法 |
| --- | --- | --- |
| 表面平整度 | 2.0 | 用2m靠尺和楔形塞尺检查 |
| 缝格平直 | 2.5 | 拉5m线和用钢尺检查 |
| 接缝高低差 | 0.4 | 用钢尺和楔形塞尺检查 |
| 板块间隙宽度 | 0.3 | 用钢尺检查 |

### 关键细节 24　活动地板面层铺设质量控制要点

(1)确定铺设方向。根据房间平面尺寸和设备等情况，应按活动地板模数选择板块的铺设方向。当平面尺寸符合活动地板板块模数，而室内无控制柜设备时，宜由里向外铺设；当平面尺寸不符合活动地板板块模数时，宜由外向里铺设；当室内有控制柜设备且需要预留洞口时，铺设方向和先后顺序应综合考虑选定。

(2)按设计要求，在基层上弹出支柱(架)定位方格十字线，标出地板的安装位置和高度，并标明设备预留位置。

(3)固定支架和横梁。将支柱(架)底摆平放在支座点上，核对中心线后，安装刚支柱

(架),按支柱(架)地面标高,拉纵横水平通线调整支柱(架)活动杆顶面平标高线固定。行条、横梁的安装根据其配套产品的具体类型,依说明书的有关要求进行。按相应的方法将支架和横梁等组成框架一体后,即用水平仪进行抄平。支座与基层表面之间的空隙应灌筑环氧树脂并连接牢固,也可用胀铆螺栓或射钉连接。在横梁上铺放缓冲胶条时,应采用白乳胶与横梁粘合。待铺设活动地板块时,要调整水平度保证四角接触处平整、严密,不得采用加垫的方法。

(4)铺装面板。在铺设活动地板前,需在横梁上架设缓冲条,可采用乳胶液与横梁结合。当活动地板不符合模数时,其不足部分可根据实际尺寸将面板块切割后镶补,并应配装相应的支承和横梁。被切割的板块边部须采取封口措施,可用清漆或环氧树脂胶加滑石粉按比例调成腻子封边;也可采用铝型材镶嵌。不论采用何种方法,切割后的面板块必须在封口处理后方可安装。面板与墙柱面接缝处,接缝较小者可用泡沫塑料填塞嵌封;缝隙较大者可用木条镶嵌。有的设计要求行条搁栅与四周墙或柱体内的预埋铁件固定,事先可用连接板与行条以螺栓连接或焊接。在检查活动地板面下铺设的管线和导线后,方可铺放活动地板块。

## 六、竹地板面层

### (一)竹地板面层的材料要求

竹地板面层所采用的材料,其技术等级和质量要求应符合设计要求。木格栅、毛地板和垫木等应做防腐、防蛀处理。

### (二)竹地板面层质量检验标准

(1)木格栅安装应牢固、平直。
(2)面层铺设应牢固;粘贴无空鼓。
(3)竹地板面层品种与规格应符合设计要求,板面无翘曲。
(4)面层缝隙应均匀、接头位置错开,表面洁净。
(5)踢脚线表面应光滑,接缝均匀,高度一致。
(6)实木复合地板面层允许偏差见表5-9。

表5-9　　　　　　　实木复合地板面层允许偏差

| 项　目 | 允许偏差/mm | 检验方法 |
| --- | --- | --- |
| 板面缝隙宽度 | 0.5 | 用钢尺检查 |
| 表面平整度 | 2.0 | 用2m靠尺和楔形塞尺检查 |
| 踢脚线上口平齐 | 3.0 | 拉5m通线,不足5m拉通线和用钢尺检查 |
| 板面拼缝平直 | 3.0 | |
| 相邻板材高差 | 0.5 | 用钢尺和楔形塞尺检查 |
| 踢脚线与面层接缝 | 1.0 | 用楔形塞尺检查 |

### 关键细节 25  竹地板面层施工质量控制要点

(1)竹地板面层的铺设应按实木地板的规定执行。

(2)竹子具有纤维硬、密度大、水分少、不易变形等优点。竹地板应经严格选材、硫化、防腐、防蛀处理,并采用具有商品检验合格证的产品,其技术等级及质量要求均应符合国家现行标准《竹地板》(GB/T 20240)的规定。

# 第六章 地下防水工程

## 第一节 地下防水

### 一、防水混凝土

#### (一)防水混凝土一般要求

(1)防水混凝土应通过调整配合比,掺加外加剂、掺合料配制而成,抗渗等级不得小于S6。
(2)防水混凝土的施工配合比应通过试验确定,抗渗等级应比设计要求提高0.2MPa。
(3)防水混凝土结构应符合下列规定:
1)结构厚度不小于250mm,其允许偏差为+15mm,-10mm。
2)裂缝宽度不得大于0.2mm并不得贯通。
3)迎水面钢筋保护层厚度应不小于50mm,其允许偏差为±10mm。

#### (二)防水混凝土配合比

(1)试配要求的抗渗水压值应比设计值提高0.2MPa。
(2)水泥用量不得少于$300kg/m^3$;掺有活性掺合料时,水泥用量不得少于$280kg/m^3$。
(3)砂率宜为35%~45%,灰砂比宜为1:2~1:2.5。
(4)水灰比不得大于0.55。
(5)普通防水混凝土坍落度不宜大于50mm,泵送时入泵坍落度宜为100~140mm。

#### (三)防水混凝土质量检验标准

(1)防水混凝土的原材料、配合比及坍落度必须符合设计要求。
(2)防水混凝土的抗压强度和抗渗压力必须符合设计要求。
(3)防水混凝土的变形缝、施工缝、后浇带、穿墙管道、埋设件等设置和构造,均须符合设计要求,严禁有渗漏。
(4)防水混凝土结构表面应坚实、平整,不得有露筋、蜂窝等缺陷;埋设件位置应正确。
(5)防水混凝土结构表面的裂缝宽度应不大于0.2mm并不得贯通。
(6)防水混凝土结构厚度应不小于250mm,其允许偏差为+15mm,-10mm;迎水面钢筋保护层厚度应不小于50mm,其允许偏差为±10mm。

**关键细节1 防水混凝土材料质量控制要点**

(1)水泥品种应按设计要求选用,其强度等级应不低于42.5级,不得使用过期或受潮结块水泥。
(2)碎石或卵石的粒径宜为5~40mm,含泥量不得大于1.0%,泥块含量不得大于0.5%。

(3)砂宜用中砂,含泥量不得大于3.0%,泥块含量不得大于1.0%。

(4)拌制混凝土所用的水应采用不含有害物质的洁净水。

(5)外加剂的技术性能应符合国家或行业标准一等品及以上的质量要求。

(6)当用补偿收缩混凝土时,防水混凝土中可掺入一定数量的粉煤灰、磨细矿渣粉、硅粉等掺合料。粉煤灰掺量不宜大于20%;硅粉掺量应不大于3%。

### 关键细节2  防水混凝土浇筑时施工缝的设置处理

在技术保证的前提下,混凝土应连续浇筑,不得留施工缝,当必须设施工缝时,应按以下规定:

(1)墙体水平施工缝不宜留设在剪力与弯矩最大处或底板与侧墙交接处,应留在高出底板表面不小于300mm的墙体上。拱、板墙结合的水平施工缝宜留在拱、板、墙接缝线以下150~300mm处,墙体有预留孔时,施工缝距边缘不少于300mm。

(2)垂直施工缝应避开地下水和裂隙水较多的地段。

(3)施工缝应为平缝形式,采用多道防水措施并宜与变形缝相结合。

### 关键细节3  防水混凝土抗渗试块的留置

抗渗试块的留置组数可视结构的规模和要求而定,但每单位工程不得小于两组。当按混凝土浇筑量确定试块组数时,500m³以下的,应不得少于两组;每增加250~500m³混凝土时增加两组;如使用的原材料、配合比或施工方法有变化时,均应另行留置试块。试块应在浇筑地点制作,其中一组应在标准养护池中养护,另一组应与现场相同情况下养护。

抗渗混凝土试块的抗压强度必须符合设计要求。其制作、取样、试验、混凝土强度的评定应按照相应的标准规定内容进行。

## 二、水泥砂浆防水层

水泥砂浆防水层又称刚性防水层,主要是利用砂浆层本身的憎水性和密实性来达到抗渗防水的目的。按使用材料和操作工艺的不同,又有多层抹面水泥砂浆防水层、防水砂浆防水层、膨胀水泥与无收缩水泥砂浆防水层等。它具有较高的抗渗能力,砂浆配制简单,操作检修方便,施工速度快,节省工程费用等优点。

### (一)水泥砂浆防水层构造

水泥砂浆防水层的构造如图6-1所示。

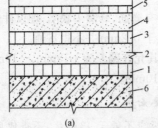 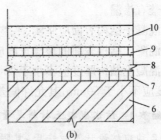

图6-1 防水层构造方法

(a)刚性多层防水层;(b)氯化铁防水砂浆防水层

1,3—素灰层;2,4—水泥砂浆层;5,7,9—基层;6—结构层;8—垫层;10—面层

## （三）水泥砂浆防水层的材料要求

（1）水泥，宜用强度等级为 32.5 级以上的普通硅酸盐水泥、膨胀水泥、无收缩水泥或矿渣硅盐水泥，如有侵蚀介质作用时，应按设计要求选用。水泥应新鲜、无结块，并有产品出厂合格证。

（2）砂，宜用中砂，不含杂质，含泥量应小于 3%，使用前过 3～5mm 孔径的筛子。

（3）外加剂，宜用减水剂、防水粉，也可采用氯化物金属盐类防水剂、金属皂类防水剂、氯化铁防水剂以及有机硅、无机铝盐防水剂等，并有产品出厂合格证。

（4）胶，含固量 10%～12%，pH 值 7～8，密度 $1.05t/m^3$。

## （四）水泥砂浆防水层质量检验标准

（1）水泥砂浆防水层的原材料及配合比必须符合设计要求。

（2）水泥砂浆防水层各层之间必须结合牢固，无空鼓现象。

（3）水泥砂浆防水层表面应密实、平整，不得有裂纹、起砂、麻面等缺陷；阴阳角处应做成圆弧形。

（4）水泥砂浆防水层施工缝留槎位置应正确，接槎应按层次顺序操作，层层搭接紧密。

（5）水泥砂浆防水层的平均厚度应符合设计要求，最小厚度不得小于设计值的 85%。

### 关键细节 4　水泥砂浆防水层施工质量控制要点

（1）施工前应将预埋件、穿墙管预留沟槽内嵌添密封材料后，再施工防水砂浆层。

（2）水泥砂浆防水层应分层铺抹或喷射，铺抹时应压实、抹平，最后一层表面应提浆压光。

（3）聚合物水泥砂浆拌合后应在 1h 内用完且施工中不得任意加水。

（4）水泥砂浆防水层各层应紧密贴合，每层宜连续施工；如必须留槎时，采用阶梯坡形槎，但离阴阳角处不得小于 200mm；搭接应依层次顺序操作，层层搭接紧密。

（5）水泥砂浆防水层不宜在雨天及 5 级以上大风中施工。冬期施工时，气温应不低于 5℃，且基层表面温度应保持 0℃ 以上。夏季施工时，应不在 35℃ 以上或烈日照射下施工。

### 关键细节 5　水泥砂浆防水层施工留槎的处理

防水层之间应结合紧密，每层应连续施工。如要留槎，应采用阶梯形槎，距离阴阳角处不小于 200mm，如图 6-2 所示。如为转角留槎，应按图 6-3 所示做法。各层抹灰不得在同一位置上留槎，底层与面层应错开 150mm 以上。当从接槎处开始施工时，需在接槎处涂刷一道水泥浆，使接头结合密实。

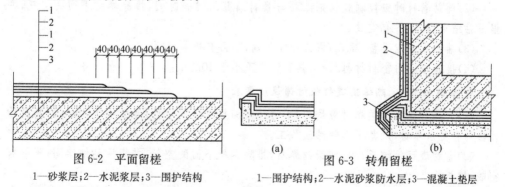

图 6-2　平面留槎
1—砂浆层；2—水泥浆层；3—围护结构

图 6-3　转角留槎
1—围护结构；2—水泥砂浆防水层；3—混凝土垫层

## 三、卷材防水层

### (一)卷材防水层一般规定

(1)卷材防水层应采用高聚物改性沥青防水卷材和合成高分子防水卷材。选用的基层处理剂、胶粘剂、密封材料等配套材料,均应与铺贴的卷材材性相容。

(2)铺贴防水卷材前,应将找平层清扫干净,在基面上涂刷基层处理剂;当基面较潮湿时应涂刷湿固化型胶粘剂或潮湿界面隔离剂。

(3)防水卷材厚度选用应符合表 6-1 的规定。

表 6-1　　　　　　　　　防水卷材厚度

| 防水等级 | 设防道数 | 合成高分子防水卷材 | 高聚物改性沥青防水卷材 |
| --- | --- | --- | --- |
| 1 级 | 三道或三道以上设防 | 单层:应不小于 1.5mm。 | 单层:应不小于 4mm。 |
| 2 级 | 二道设防 | 双层:每层应不小于 1.2mm | 双层:每层应不小于 3mm |
| 3 级 | 一道设防 | 应不小于 1.5mm | 应不小于 4mm |
| | 复合设防 | 应不小于 1.2mm | 应不小于 3mm |

(4)两幅卷材短边和长边的搭接宽度均应不小于 100mm。采用多层卷材时,上下两层和相邻两幅卷材的接缝应错开 1/3 幅宽,且两层卷材不得相互垂直铺贴。

### (二)卷材防水层质量检验标准

(1)卷材防水层所用卷材及主要配套材料必须符合设计要求。

(2)卷材防水层及其转角处、变形缝、穿墙管道等细部做法均需符合设计要求。

(3)卷材防水层的基层应牢固,基面应洁净、平整,不得有空鼓、松动、起砂和脱皮现象;基层阴阳角处应做成圆弧形。

(4)卷材防水层的搭接缝应黏(焊)结牢固,密封严密,不得有皱折、翘边和鼓泡等缺陷。

(5)侧墙卷材防水层的保护层与防水层应粘结牢固,结合紧密,厚度均匀一致。

(6)卷材搭接宽度的允许偏差为 −10mm。

#### 关键细节 6　冷黏法进行板材铺设的要求

(1)胶粘剂涂刷应均匀,不露底,不堆积。

(2)铺贴卷材时应控制胶粘剂涂刷与卷材铺贴的间隔时间,排除卷材下面的空气,并辊压粘结牢固,不得有空鼓。

(3)铺贴卷材应平整、顺直,搭接尺寸正确,不得有扭曲、皱折。

(4)接缝口应用密封材料封严,其宽度应不小于 10mm。

#### 关键细节 7　热熔法进行板材铺设的要求

(1)火焰加热器加热卷材应均匀,不得过分加热或烧穿卷材;厚度小于 3mm 的高聚物改性沥青防水卷材,严禁采用热熔法施工。

(2)卷材表面热熔后应立即滚铺卷材,排除卷材下面的空气,并辊压粘结牢固,不得有空鼓、皱折。

(3)滚铺卷材时接缝部位必须溢出沥青热熔胶,并应随即刮封接口使接缝粘结严密。
(4)铺贴后的卷材应平整、顺直,搭接尺寸正确,不得有扭曲。

### 关键细节8 外防外贴法铺贴卷材防水层的要求

(1)铺贴卷材应先铺平面,后铺立面,交接处应交叉搭接。临时性保护墙应用石灰砂浆砌筑,内表面应用石灰砂浆做找平层并刷石灰浆。如用模板代替临时性保护墙时,应在其上涂刷隔离剂。从底面折向立面的卷材与永久性保护墙的接触部位应采用空铺法施工。与临时性保护墙或围护结构模板接触的部位应临时贴附在该墙上或模板上,卷材铺好后,其顶端应临时固定。

(2)主体结构完成后,铺贴立面卷材时,应先将搭接部位的各层卷材揭开,并将其表面清理干净,如卷材有局部损伤,应及时进行修补。卷材搭接的搭接长度,高聚物改性沥青卷材为150mm,合成高分子卷材为100mm。当使用两层卷材时,卷材应错槎接缝,上层卷材应盖过下层卷材。

### 关键细节9 外防内贴法铺贴卷材防水层的要求

(1)主体结构的保护墙内表面应抹1:3水泥砂浆找平层,然后铺贴卷材,并根据卷材特性选用保护层。
(2)卷材宜先铺立面后铺平面。铺贴立面时,应先铺转角后铺大面。

## 四、涂料防水层

### (一)涂料防水层材料检验标准

(1)有机防水涂料的性能应符合表6-2的规定。

表6-2　　　　　有机防水涂料的性能

| 涂料种类 | 可操作时间/min | 潮湿基面粘结强度/MPa | 抗渗性/MPa | | | 浸水168h后拉抻强度/MPa | 浸水168h后断裂伸长率(%) | 耐水性(%) | 表干/h | 实干/h |
|---|---|---|---|---|---|---|---|---|---|---|
| | | | 涂膜/30min | 砂浆迎水面 | 砂浆背水面 | | | | | |
| 反应型 | ≥20 | ≥0.3 | ≥0.3 | ≥0.6 | ≥0.2 | ≥1.65 | ≥300 | ≥80 | ≤8 | ≤25 |
| 水乳型 | ≥50 | ≥0.2 | ≥0.3 | ≥0.6 | ≥0.2 | ≥0.5 | ≥350 | ≥80 | ≤4 | ≤12 |
| 聚合物水泥 | ≥30 | ≥0.6 | ≥0.3 | ≥0.8 | ≥0.2 | ≥1.5 | ≥80 | ≥80 | ≤4 | ≤12 |

注:1. 浸水168h后的拉伸强度和断裂延伸率是在浸水取出后只经擦干即进行试验所得的值。
　　2. 耐水性指标是指材料浸水168h后取出擦干即进行试验,其粘结强度及抗渗性的保持率。

(2)无机防水涂料的性能应符合表6-3的规定。

表6-3　　　　　无机防水涂料的性能

| 涂料种类 | 抗折强度/MPa | 粘结强度/MPa | 抗渗性/MPa | 冻融循环/次 |
|---|---|---|---|---|
| 水泥基防水涂料 | ≥4 | ≥1.0 | >0.8 | >50 |
| 水泥基渗透结晶防水涂料 | ≥3 | ≥1.0 | >0.8 | >50 |

(3)防水涂料的质量要求。
1)防水涂料应具有良好的耐水性、耐久性、耐腐蚀性及耐菌性。
2)防水涂料应无毒、难燃、低污染。
3)无机防水涂料应具有良好的湿干粘结性、耐磨性和抗刺穿性;有机防水。
涂料应具有较好的延伸性及较大的适应基层变形能力。

## (二)涂料防水层的质量要求

(1)涂料防水层及其转角处、变形缝、穿墙管道等细部做法均须符合设计要求。
(2)涂料防水层的基层应牢固,基面应洁净、平整,不得有空鼓、松动、起砂和脱皮现象;基层阴阳角处应做成圆弧形。
(3)涂料防水层应与基层粘结牢固,表面平整、涂刷均匀,不得有流淌、褶皱、鼓泡、露胎体和翘边等缺陷。
(4)涂料防水层的平均厚度应符合设计要求,最小厚度不得小于设计厚度的80%。
(5)侧墙涂料防水层的保护层与防水层粘结牢固,结合紧密,厚度均匀一致。

### ◎关键细节10 涂料防水层施工质量控制要点

涂料防水层施工质量控制要点有以下几方面:
(1)涂料防水层施工前,先将基层表面的气孔、凹凸不平、蜂窝、缝隙、起砂等修补处理,基面必须干净、无浮浆、无水珠、不渗水。
(2)涂料施工前,基层阴阳角应做成圆弧形,阴角直径宜大于50mm,阳角直径宜大于10mm。
(3)涂料施工前阴阳角、预埋件、穿墙管等部位,可用密封材料及胎体增强材料进行密封或加强。然后再大面积施涂。
(4)涂料涂刷前先在基面上涂一层与涂料相容的基层处理剂。
(5)涂膜防水涂料应涂刷在地下室结构基层面上,所形成的涂膜防水层能够适应结构变形。
(6)在施工中涂膜应多遍完成,并且涂刷下一遍时应待前两遍涂层干燥成膜后进行。
(7)涂料防水层的施工缝(甩茬)应注意保护,搭接缝宽度应大于100mm,接涂前应将其甩茬表面处理干净;
(8)涂刷时应先做转角处、穿墙管道、变形缝等部位的涂料加强层,后进行大面积涂刷;
(9)涂料防水层中铺贴的胎体增强材料,同层相邻的搭接宽度应大于100mm,上下层接缝应错开1/3幅宽。

### ◎关键细节11 有机防水涂料对保护层的处理要求

有机防水涂料施工完毕后,应及时做好保护层,保护层应符合以下要求:
(1)底板、顶板应采用20mm厚1:2.5水泥砂浆层和40~50mm厚的细石混凝土保护,顶板防水层与保护层之间宜设置隔离层。
(2)侧墙背水面应采用20mm厚1:2.5水泥砂浆层保护。
(3)侧墙迎水面宜选用软保护层或20mm厚1:2.5水泥砂浆层。

## 第二节 卷材防水屋面

### 一、卷材防水屋面一般规定

#### (一)适用范围

卷材防水屋面适用于防水等级为Ⅰ~Ⅳ级的屋面防水。

屋面结构层为装配式钢筋混凝土板时,应采用细石混凝土灌缝,其强度等级应不小于C20。灌缝的细石混凝土宜掺微膨胀剂。当屋面板板缝宽度大于40mm且上窄下宽时,板缝中应设置构造钢筋。

#### (二)找平层

找平层的排水坡度应符合设计要求。平屋面采用结构找坡应不小于3%,采用材料找坡宜为2%;天沟、檐沟纵向找坡应不小于1%,沟底水落差不得超过200mm。

基层与突出屋面结构(女儿墙、山墙、天窗壁、变形缝、烟囱等)的交接处和基层的转角处,找平层均应做成圆弧形,圆弧半径应符合表6-4的要求。内部排水的水落口周围,找平层应做成略低的凹坑。

表6-4  转角处圆弧半径

| 卷材种类 | 圆弧半径/mm |
| --- | --- |
| 沥青防水卷材 | 100~150 |
| 高聚物改性沥青防水卷材 | 50 |
| 合成高分子防水卷材 | 20 |

找平层的厚度和技术要求应符合表6-5的规定。

表6-5  找平层的厚度和技术要求

| 类别 | 基层种类 | 厚度/mm | 技术要求 |
| --- | --- | --- | --- |
| 水泥砂浆找平层 | 整体混凝土 | 15~20 | 1:2.5~1:3(水泥:砂)体积比,水泥强度等级不低于32.5级 |
| 水泥砂浆找平层 | 整体或板状材料保温层 | 20~25 | 1:2.5~1:3(水泥:砂)体积比,水泥强度等级不低于32.5级 |
| 水泥砂浆找平层 | 装配式混凝土板,松散材料保温层 | 20~30 | 1:2.5~1:3(水泥:砂)体积比,水泥强度等级不低于32.5级 |
| 细石混凝土找平层 | 松散材料保温层 | 30~35 | 混凝土强度等级不低于C20 |
| 沥青砂浆找平层 | 整体混凝土 | 15~20 | 1:8(沥青:砂)质量比 |
| 沥青砂浆找平层 | 装配式混凝土板,整体或板状材料保温层 | 20~25 | 1:8(沥青:砂)质量比 |

#### (三)基层处理

(1)铺设屋面隔设层和防水层前基层必须干净干燥。

(2)满涂冷底子油1或2道,要求薄而均匀,不得有气泡和空白。干燥层的检验方法是,将1m² 卷材平坦地铺在找平层上,静止3~4h掀开检查,找平层覆盖部位与卷材上未见水印即可铺设隔气层和防水层。

**(四)卷材铺设**

(1)卷材铺设方向应符合以下规定:
1)屋面坡度小于3%,卷材宜平行屋脊铺贴。
2)屋面坡度在3%~15%,卷材可平行或垂直屋脊铺贴。
3)坡度大于15%或屋面受震动时,沥青防水卷材应垂直屋脊铺贴;高聚物改性沥青防水卷材和合成高分子防水卷材可平行或垂直屋脊铺贴。
4)上下层卷材不得相互垂直铺贴。
(2)屋面防水层施工时应先做好节点、附加层和屋面排水比较集中的部位(屋面与水落口连接处、檐口、天沟、屋面转角处、板端缝等)的处理,然后由屋面最低标高处向上施工。铺贴天沟、檐沟卷材时,宜顺天沟、檐沟方向,减少搭接。
(3)卷材搭接的方法、宽度和要求,应根据屋面坡度、年最大频率风向和卷材的材性决定。

### 关键细节12 找平层分隔缝留设应注意的问题

(1)找平层宜设分格缝,并嵌填密封材料。分格缝应留设在板端缝处,其纵横缝的最大间距:水泥砂浆或细石混凝土找平层,不宜大于6m;沥青砂浆找平层,不宜大于4m。
(2)按照设计要求,应先在基层上弹线标出分格缝位置。若基层为预制屋面板,则分格缝应与板缝对齐。
(3)安放分格缝的木条应平直、连续,其高度与找平层厚度一致,宽度应符合设计要求,断面上宽下窄,便于取出。

### 关键细节13 基层为装配式混凝土板时的处理要点

找平层的基层采用装配式钢筋混凝土板时,应符合下列规定:
(1)板端、侧缝应用细石混凝土灌缝,其强度等级应不低于C20。
(2)板缝宽度大于40mm或上窄下宽时,板缝内应设置构造钢筋。
(3)板端缝应进行密封处理。

### 关键细节14 防水卷材搭接质量控制要点

(1)铺贴卷材应采用搭接法,上下层及相邻两幅卷材的搭接缝应错开。平行于屋脊搭接缝应顺流水方向搭接,垂直于屋脊的搭接缝顺年最大频率风向搭接。
(2)高聚物改性沥青防水卷材和合成高分子防水卷材的搭接缝宜用材性相容的密封材料封严。
(3)叠层铺没的各层卷材,在天沟与屋面的连接处应采用叉接法搭接,搭接缝应错开,接缝宜留在屋面或天沟侧面,不宜留在沟底。
(4)在铺贴卷材时,不得污染檐口的外侧和墙面。

## 二、卷材防水层

(1)卷材防水层应采用高聚物改性沥青防水卷材、合成高分子防水卷材或沥青防水卷材。所选用的基层处理剂、接缝胶粘剂、密封材料等配套材料应与铺贴的卷材材性相容。

(2)卷材厚度选用应符合表 6-6 的规定。

表 6-6　　　　　　　　　　卷材厚度选用表

| 屋面防水等级 | 设防道数 | 合成高分子防水卷材 | 高聚物改性沥青防水卷材 | 沥青防水卷材 |
| --- | --- | --- | --- | --- |
| Ⅰ级 | 三道或三道以上设防 | 应不小于 1.5mm | 应不小于 3mm | — |
| Ⅱ级 | 二道设防 | 应不小于 1.2mm | | — |
| Ⅲ级 | 一道设防 | | 应不小于 4mm | 三毡四油 |
| Ⅳ级 | 一道设防 | — | — | 二毡三油 |

(3)在坡度大于 25% 的屋面上采用卷材做防水层时,应采取固定措施,固定点应密封严密。

(4)铺设屋面隔气层和防水层前,基层必须干净、干燥。干燥程度的简易检验方法,是将 $1m^2$ 卷材平坦地干铺在找平层上,静置 3～4h 后掀开检查,找平层覆盖部位与卷材上未见水印即可铺设。

(5)冷底子油涂刷应符合下列规定:

1)冷底子油的配合成分和技术性能应符合设计规定。

2)冷底子油的干燥时间应视其用途定为:

①在水泥基层上涂刷的慢挥发性冷底子油为 12～48h。

②在水泥基层上涂刷的快挥发性冷底子油为 5～10h。

3)在熬好的沥青中加入慢挥发性溶剂时,沥青的温度不得超过 140℃,如加入快挥发性溶剂,则沥青温度应不超过 110℃。

4)涂刷冷底子油的找平层表面,要求平整、干净、干燥。如个别地方较潮湿,可用喷灯烘烤干燥。

5)涂刷冷底子油的品种应视铺贴的卷材而定,不可错用。焦油沥青低温油毡,应用焦油沥青冷底子油。

6)涂刷冷底子油要薄而匀,无漏刷、麻点、气泡。过于粗糙的找平层表面,宜先刷一遍慢挥发性冷底子油,待其初步干燥后,再刷一遍快挥发性冷底子油。涂刷时间宜在铺毡前 1～2d 进行。如采取湿铺工艺,冷底子油需在水泥砂浆找平层终凝后能上人时涂刷。

(6)冷黏法铺贴卷材应符合下列规定:

1)胶粘剂涂刷应均匀,不露底,不堆积。

2)根据胶粘剂的性能,应控制胶粘剂涂刷与卷材铺贴的间隔时间。

3)铺贴的卷材下面的空气应排尽,并辊压粘结牢固。

4)铺贴卷材应平整顺直,搭接尺寸准确,不得扭曲、皱折。

5)接缝口应用密封材料封严,宽度应不小于 10mm。

(7)热熔法铺贴卷材应符合下列规定:

1)火焰加热器加热卷材应均匀,不得过分加热或烧穿卷材;厚度小于3mm的高聚物改性沥青防水卷材严禁采用热熔法施工。

2)卷材表面热熔后应立即滚铺卷材,卷材下面的空气应排尽,并辊压粘结牢固,不得空鼓。

3)卷材接缝部位必须溢出热熔的改性沥青胶。

4)铺贴的卷材应平整顺直,搭接尺寸准确,不得扭曲、皱折。

(8)自黏法铺贴卷材应符合下列规定:

1)铺贴卷材前基层表面应均匀涂刷基层处理剂,干燥后应及时铺贴卷材。

2)铺贴卷材时,应将自黏胶底面的隔离纸全部撕净。

3)卷材下面的空气应排尽并辊压粘结牢固。

4)铺贴的卷材应平整顺直,搭接尺寸准确,不得扭曲、皱折。搭接部位宜采用热风加热,随即粘贴牢固。

5)接缝口应用密封材料封严,宽度应不小于10mm。

(9)卷材热风焊接施工应符合下列规定:

1)焊接前卷材的铺设应平整顺直,搭接尺寸准确,不得扭曲、皱折。

2)卷材的焊接面应清扫干净,无水滴、油污及附着物。

3)焊接时应先焊长边搭接缝,后焊短边搭接缝。

4)控制热风加热温度和时间,焊接处不得有漏焊、跳焊、焊焦或焊接不牢现象。

5)焊接时不得损害非焊接部位的卷材。

(10)沥青玛琋脂的配制和使用应符合下列规定:

1)沥青玛琋脂的配合比应视使用条件、坡度和当地历年极端最高气温,并根据所用的材料经试验确定;施工中应按确定的配合比严格配料,每工作班应检查软化点和柔韧性。

2)热沥青玛琋脂的加热温度应不高于240℃,使用温度应不低于190℃。

3)冷沥青玛琋脂使用时应搅匀,稠度太大时可加少量溶剂稀释搅匀。

4)沥青玛琋脂应涂刮均匀,不得过厚或堆积。粘结层厚度:热沥青玛琋脂宜为1~1.5mm,冷沥青玛琋脂宜为0.5~1mm。面层厚度:热沥青玛琋脂宜为2~3mm,冷沥青玛琋脂宜为1~1.5mm。

(11)天沟、檐沟、檐口、泛水和立面卷材收头的端部应裁齐,塞入预留凹槽内,用金属压条钉压固定,最大钉距应不大于900mm,并用密封材料嵌填封严。

(12)卷材防水层完工并经验收合格后,应做好成品保护。保护层的施工应符合下列规定:

1)绿豆砂应清洁、预热、铺撒均匀,并使其与沥青玛琋脂粘结牢固,不得残留未粘结的绿豆砂。

2)云母或蛭石保护层不得有粉料,撒铺应均匀,不得露底,多余的云母或蛭石应清除。

3)水泥砂浆保护层的表面应抹平压光,并设表面分格缝,分格面积宜为$1m^2$。

4)块体材料保护层应留设分格缝,分格面积不宜大于$100m^2$,分格缝宽度不宜小于20mm。

5)细石混凝土保护层,混凝土应密实,表面抹平压光,并留设分格缝,分格面积不大于 36m²。

6）浅色涂料保护层应与卷材粘结牢固，厚薄均匀，不得漏涂。

7）水泥砂浆、块材或细石混凝土保护层与防水层之间应设置隔离层。

8）刚性保护层与女儿墙、山墙之间应预留宽度为 30mm 的缝隙，并用密封材料嵌填严密。

#### 🎯 关键细节 15　防水卷材冷粘法铺设质量控制要点

（1）对于特殊的部位需要进行特殊的处理。待基层处理剂干燥后，应先将水落口、管根、烟囱底部等易发生渗漏的薄弱部位，在其中心 200mm 左右范围内均匀涂刷一度胶粘剂，涂刷厚度以 1mm 左右为宜，涂胶后随即粘贴一层聚酯纤维无纺布，并在无纺布上再涂刷一层厚度为 1mm 左右的胶粘剂。

（2）在卷材的防水层的铺设过程中，按卷材的配置方案在流水坡的下坡开始弹出基准线，边涂刷胶粘剂，边向前滚铺卷材，并及时用压辊用力进行压实；用毛刷涂刷时，蘸胶液要饱满，涂刷要均匀。滚压时注意不要卷入空气或异物，粘结必须牢固。

（3）卷材纵横之间的搭接宽度为 80～100mm，接缝可用胶粘剂，也可用汽油喷灯热熔作业，边融化边压实。接缝边缘趁融化卷材时，用扁铲压实封边。

#### 🎯 关键细节 16　防水卷材热熔法铺设质量控制要点

（1）基层要求和基层处理剂的使用与冷黏法施工相同时，冬季施工基层处理剂涂刷后应干燥静置 24h 以上，使溶剂充分挥发后再进行热熔作业，以保安全。

（2）在使用喷枪（灯）加热基层及卷材时，通常距卷材 300～500mm，与基层夹角 30°～45°。在幅宽内均匀加热，以卷材表面沥青熔融至黑色光亮为度，不得过分加热或烧穿卷材。

（3）热熔接缝前，先将卷材表面的隔离层融化，搭接缝热熔以溢出热熔的改性沥青为控制度，趁卷材尚未冷却时，用铁抹子或其他工具把接缝边封好，再用喷灯均匀细致密封。

#### 🎯 关键细节 17　防水卷材自粘法铺设质量控制要点

（1）铺贴卷材前，需要对基层表面进行处理。涂刷基层处理剂，干燥后应及时铺贴卷材。

（2）在卷材铺贴前，要对自粘胶表面的隔离纸进行彻底的清理。

（3）铺贴卷材时，应排除卷材下面的空气，并辊压粘结卷材。

（4）铺贴的卷材应平整顺直，搭接尺寸应准确，不得扭曲、皱褶。搭接部位宜采用热风焊枪加热，加热后随即粘贴牢固，将溢出的自粘胶刮平封口。

（5）接缝口应用密封材料封严，宽度不小于 10mm。

（6）铺贴立面卷材时，应加热后粘贴牢固。

### 三、涂膜防水层

涂膜防水层是由各类防水涂料经多次涂刷在找平层上，静止固化后形成无接缝、整体性好的多层涂膜做屋面防水层，主要适用于屋面多道防水的第一道，少量用于防水等级Ⅲ、Ⅳ级的屋面防水，这是由涂膜的强度、耐穿刺性能比卷材低决定的。

## (一)材料要求

(1)涂料防水层所用材料及配合比必须符合设计要求。

(2)涂料防水层及其转角处、变形缝、穿墙管道等细部做法均须符合设计要求。

(3)涂料防水层的基层应牢固,基面应洁净、平整,不得有空鼓、松动、起砂和脱皮现象;基层阴阳角处应做成圆弧形。

(4)涂料防水层应与基层粘结牢固,表面平整、涂刷均匀,不得有流淌、褶皱、鼓泡、露胎体和翘边等缺陷。

(5)涂料防水层的平均厚度应符合设计要求,最小厚度不得小于设计厚度的80%针测法或割取20mm×20mm实样用卡尺测量。

(6)侧墙涂料防水层的保护层与防水层粘结牢固,结合紧密,厚度均匀一致。

## (二)薄质防水涂料施工

### 1. 基层处理

基层要求平整、密实、干燥或基本干燥(根据涂料品种要求),不得有酥松、起砂、起皮、裂缝和凹凸不平等现象,如有必须经过处理,同时表面应处理干净,不得有浮灰、杂物和油污等。

### 2. 特殊部位的增强处理

在大面积涂料涂布前,先按设计要求做好特殊部位附加增强层,即在屋面细部节点(如水落管、檐沟、女儿墙根部、阴阳角、立管周围等)加铺有胎体增强材料的附加层。首先在该部位涂刷一遍涂料,随即铺贴事先裁剪好的胎体增强材料,用软刷反复干刷、贴实,干燥后再涂刷一道防水涂料。水落管口处四周与檐沟交接处应先用密封材料密封,再加铺有两层胎体增强材料的附加层,附加层涂膜伸入水落口杯的深度不少于50mm。在板端处应设置缓冲层,缓冲层用宽200~300mm的聚乙烯薄膜空铺在板缝上,然后再增铺有胎体增强材料的空铺附加层。

### 3. 大面积涂布

涂布时应先立面后平面,涂布立面应采用涂刷法,使之涂刷均匀一致。涂布平面时宜采用涂刮法,但倒料要注意控制涂料均匀倒洒,不可一处倒得过多,使涂料难以刮开,出现厚薄不均现象。涂刷遍数、间隔时间、用量必须按事先试验确定的数据进行。涂施前一遍涂料干燥后,应将涂层上的灰尘、杂质清除干净和缺陷(如气泡、露底、漏刷、翘边、皱折等)处理后再进行后一遍涂料的涂刷。涂料涂布应分条或按顺序进行,分条时每条宽度应与胎体增强材料的宽度相一致,以免操作人员踩坏刚涂好的涂层。各道涂层之间的涂刷方向应互相垂直,以提高防水层的整体性和均匀性。涂层间的接茬,在每遍涂刷时应退茬50~100mm,接茬时也应超过50~100mm,避免在接茬处发生渗漏。

### 4. 铺设胎体增强材料

在涂料第二遍涂刷时或第三遍涂刷前即可加铺胎体增强材料。胎体增强材料应尽量顺屋脊方向铺贴,以方便施工,提高劳动效率。

## (三)厚质防水涂料施工

**1. 特殊部位附加增强处理**

水落口、天沟、檐口、泛水及板端缝等特殊部位,常采用涂料增厚处理,即刮涂 2～3mm 厚的涂料,其宽度视具体情况而定,也可按"一布二涂"构造做好增强处理。

**2. 大面积涂布**

涂布时,一般先将涂料直接倒在基层上,用胶皮刮板来回刮涂,使它厚薄均匀一致,不露底,表面平整,涂层内不产生气泡。涂层厚度控制可预先在刮板上固定铁丝或木条,或在屋面板上做好标志,铁丝或木条高度与每遍涂层涂刮厚度一致。涂层总厚度 4～8mm,分 2 或 3 遍刮涂。对流平性差的涂料刮平后,待表面收水尚未结膜时,用铁抹子进行压实抹光,抹压时间应适当,过早起不到抹光作用,过晚会使涂料黏住抹子,出现月牙形抹痕。为此,可采取分条间隔的操作方法,分条宽度一般为 800～1000mm,以便抹压操作,并与胎体增强材料的宽度相一致。涂层间隔时间以涂层干燥并能上人操作为准,脚踩不黏脚、不下陷(或下陷能回弹)时即可进行上面一道涂层施工,常温下一般干燥时间不少于 12h。每层涂料刮涂前必须检查下涂层表面是否有气泡、皱折、凹坑、刮痕等弊病,如有应先修补完整,然后才能进行上涂层的施工。第二遍涂料的刮涂方向应与上一遍相互垂直。立面部位涂层应在平面涂刮前进行,并视涂料流平性能好坏而确定涂布次数,流平性好的涂料应薄而多次涂刮,否则会产生流坠现象。

**3. 铺设胎体增强材料**

当屋面坡度小于 15% 时,胎体增强材料应平行屋脊方向铺设,屋面坡度大于 15%,则应垂直屋脊方向铺设,铺设时应从低处向上操作。胎体增强材料可采用湿铺法或干铺法施工。

**4. 收头处理**

收头部位胎体增强材料应裁齐,防水层收头应压入凹槽内,并用密封材料嵌严,待墙面抹灰时用水泥砂浆压封严密。如无预留凹槽,可待涂膜固化后用压条将其固定在墙面上,用密封材料封严,再将金属或合成高分子卷材用压条钉压作盖板,盖板与立墙间用密封材料封固。

## (四)涂膜防水层冬期施工

**1. 溶剂型高聚物改性沥青防水涂料**

溶剂型高聚物改性沥青防水涂料可在最低气温 -10℃ 以内进行施工。该涂料与聚酯纤维无纺布或玻璃纤维网格布等胎体增强材料复合铺黏在屋面上,经干燥固化形成无缝整体的涂膜防水层。宜先用"两布六涂"做法:

(1)清理基层并涂刷基层处理剂。

(2)处理剂表干 4h 后,可涂刷第一遍涂料。

(3)第一遍涂料实干 24h 后,再涂刷第二遍涂料,紧接着铺贴第一层胎体增强材料。

(4)第一层胎体表干 24h 后,涂刷第三遍涂料,实干 24h 后,涂刷第四遍涂料,紧接着铺贴第二层胎体增强材料。

(5)第二层胎体表干 4h 后,涂刷第五遍涂料,实干 24h 后,涂刷第六遍涂料,涂膜总厚度应不小于3mm。

(6)保护层施工。在采用细砂、云母或蛭石等撒布料作保护层时,可在涂刷最后一遍涂料过程中边涂刷涂料边撒布已筛除粉料的撒布材料。当涂料干燥后,应将未黏牢的多余的撒布料清除干净。在采用其他保护层时,其做法与卷材防水的保护层相同。

2. 反应型聚氨酯防水涂料

(1)清扫基层。

(2)涂布基层处理剂(将聚氨酯甲料、乙料和二甲苯按1∶1.5∶2的质量比例配合)。涂布后固化干燥4h以上才能够进行下道工序施工。

(3)涂膜防水层的施工[将聚氨酯甲料、乙料和二甲苯按1∶1.5∶(0.1~0.2)配合比]平面涂布3或4遍,立面涂布4或5遍。其涂膜防水层的总厚度应不小于2mm。阴角应做胎体附加层。

(4)保护层与溶剂型高聚物改性沥青防水涂膜保护层的施工方法相同。

### 关键细节18 涂膜防水层厚度要求

沥青基防水涂膜在Ⅲ级防水屋面上单独使用时厚度应不小于8mm,在Ⅳ级防水屋面上或复合使用时厚度不宜小于4mm;高聚物改性沥青防水涂膜厚度应不小于3mm,在Ⅲ级防水屋面上复合使用时,厚度不宜小于1mm。

### 关键细节19 防水涂膜涂刷要求

防水涂膜应分层分遍涂布。待先涂的涂层干燥成膜后,方可涂布后一遍涂料。需铺设胎体增强材料,当屋面坡度小于15%时可平行屋脊铺设;当屋面坡度大于15%时应垂直屋脊铺设,并由屋面最低处向上操作。采用二层胎体增强材料时,第一层胎体增强材料应越过屋脊400mm,第二层应越过200mm,搭接缝应压平,否则容易进水。胎体增强材料长边搭接不少于50mm,短边搭接不少于70mm,搭接缝应顺流水方向或年最大频率风向(即主导风向)。采用二层胎体增强材料时,上下层不得互相垂直,且搭接缝应错开,其错开间距不少于1/3幅宽。

### 关键细节20 沥青基防水涂膜施工质量控制要点

(1)施工前要将涂料搅拌均匀。

(2)涂膜防水层完工后,注意成品保护,涂膜自然养护一般7d以上。

(3)若使用防水涂料的品种较多时,要保证材料相容。在天沟、泛水等部位使用相容的防水卷材时,卷材与涂膜的接缝应顺流水方向,搭接宽度不小于100mm。

### 关键细节21 高聚物改性沥青防水涂膜施工质量控制要点

(1)屋面基层干燥程度视所用涂料特性而定。采用溶剂型涂料时,基层应干燥。

(2)进行基层处理所用的处理剂应搅拌均匀。

(3)施工过程中对最上层涂层的涂刷应在两遍以上,其厚度应不小于1mm。

(4)高聚物改性沥青防水涂膜严禁在雨天、雪天施工;五级及以上风时也不得施工。

## 四、刚性防水屋面

刚性防水屋面实际上是刚性混凝土板块防水和柔性接缝防水材料符合的防水屋面。

这种刚性防水屋面适应结构层的变化,主要是依靠混凝土自身的密实性,或采用补偿收缩混凝土,并配合一定的结构措施来达到目的的。

刚性防水屋面主要适用于防水等级为Ⅲ级的屋面防水,也可用做Ⅰ级与Ⅱ级屋面多道防水设施中的一道防水层;不适用于设有松散材料保温层的屋面以及受较大振动或冲击的建筑物屋面。

**(一)结构层施工**

(1)现浇整体钢筋混凝土屋面基层表面平整、坚实,局部不平处用1:2.5水泥砂浆或聚合物水泥浆填平抹实。

(2)刚性防水层的排水坡度一般应为2%~3%,宜采用结构找平。如采用建筑找平,找坡材料应用水泥砂浆或轻质砂浆,以减轻屋面荷载。

(3)装配式屋面板安装就位后,先将板缝内的残渣剔除,再用高压水冲洗干净。对较宽的板缝,灌缝时宜用板条托底,如图6-4所示。灌缝材料可用细石混凝土,也可用细石混凝土与其他防水材料组成第一道防水线,不得用草纸、纸袋、木块、碎砖、垃圾等物填塞。

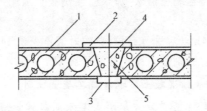

图6-4　预制板缝托底板条
1—预制板;2—木方;3—托底板条;
4—铁丝;5—灌缝混凝土

**(二)刚性防水屋面质量检验标准**

(1)细石混凝土的原材料及配合比必须符合设计要求。

(2)细石混凝土防水层不得有渗漏或积水现象(雨后或淋水、蓄水检查)。

(3)细石混凝土防水层在天沟、檐沟、檐口、水落口、泛水、变形缝和伸出屋面管道的防水构造,必须符合设计要求。

(4)细石混凝土防水层应表面平整、压实抹光,不得有裂缝、起壳、起砂等缺陷。

(5)细石混凝土防水层的厚度和钢筋位置应符合设计要求,细石混凝土分格缝的位置和间距应符合设计要求。

(6)细石混凝土防水层表面平整度的允许偏差为5mm。

**关键细节22　普通混凝土防水层施工质量控制要点**

(1)屋面的分格缝应做成上宽下窄的形状,分格缝模板安装位置要准确,并拉通线找直、固定,分格缝的深度应为防水层厚度的3/4。分格板块内的混凝土应一次整体浇灌,不留施工缝,从搅拌至浇筑完成应控制在2h内。

(2)防水层与女儿墙、山墙交接处施工时,在离墙300mm处留置分格缝,缝内应用玻璃胶或密封材料进行嵌填。

(3)钢筋网片应在分割缝处断开并应弯成90°,绑扎铁丝收口应向下弯,不得露出防水层表面。网片必须放置在细石混凝土中部偏上位置,保护层厚度应大于10mm。

(4)没有配筋的刚性防水层,应在细石混凝土内掺水泥用量3%的硅质密实剂。板块间必须设置半分格缝或全分格缝。分格缝内分别嵌入7mm厚和20mm水乳型丙烯酸建筑密封膏,下部用细砂填充。

(5)浇筑细石混凝土应防止混凝土分层离析。混凝土搅拌时间应不小于2min。用浇灌斗吊运的倾倒高度应不大于1m。分散倾倒在屋面,浇注混凝土应从高处往低处进行。铺摊混凝土时必须保护钢筋不错位。

(6)混凝土浇筑应从远至近、由高往低逐格进行,并要确保钢筋不错位,分格板块内的混凝土应一次整体浇筑,不留施工缝。

(7)振捣用平板振捣器振捣至表面泛浆为止。在分格缝处,应在两侧同时浇筑混凝土后再振,以免模板移位,浇筑中用2m靠尺检查,混凝土表面刮平、抹压。

(8)抹压混凝土时,不得在表面洒水、加水泥浆或撒干水泥,混凝土收水后应进行二次压光。

(9)混凝土浇筑12~24h以后进行养护,养护时间不少于14d。养护方法有采用淋水、覆盖砂、锯末、草帘或涂刷养护剂等。养护初期屋面不允许上人。

### 🎯 关键细节 23 补偿收缩混凝土防水层施工质量控制

补偿收缩混凝土防水层施工质量控制要点基本同普通混凝土防水层,但有以下几点区别:

(1)补偿收缩混凝土防水施工时,应采用强度等级不小于C25的混凝土,防水层厚度不得小于35mm。

(2)应严格控制混凝土中所掺膨胀剂的用量,使其自由膨胀率控制在0.05%~0.1%。

(3)膨胀剂应与水泥同时投入搅拌机中,搅拌时间不得少于3min。混凝土配合比必须计量准确,拌合均匀。

(4)每个分格板块的混凝土应一次浇筑完成,不得留施工缝。混凝土收水后应进行二次压光。

(5)补偿收缩混凝土防水层在常温下浇筑12~24h后,养护时间不得少于14d,蓄水高度应不超过100mm。

## 五、保温隔热屋面

### (一)保温屋面细部构造

(1)保温屋面在与室内空间相关联的天沟、檐沟处均应铺设保温材料;天沟、檐沟、檐口与屋面交接处,屋面保温层的铺设应延伸至墙内,其深入的长度应不小于墙厚的1/2。

(2)铺有保温层的设在屋面排气道交叉处的排气管应伸到结构上,排气管与保温层接触处的管避应打孔,孔径及分布应适当,确保排气道畅通,如图6-5和图6-6所示。

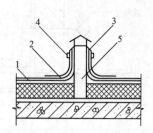 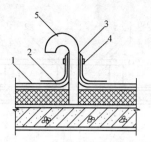

图 6-5　排气出口制造(1)　　　　　图 6-6　排气出口构造(2)
1—防水层；2—附加防水层；　　　　1—防水层；2—附加防水层；
3—密封材料；4—金属箍；5—排气管　　3—密封材料；4—金属箍；5—排气管

(3)倒置式保温屋面是将保温层设置在防水层之上的屋面，保温材料应具有憎水性，施工时先做防水层，后做保温层，保护层与保温层之间要设置隔离层，卵石保护层与保温层之间应铺设聚酯纤维无纺布或纤维纺织物进行隔离保护，如图 6-7 所示，当保温层采用块体材料时，应符合图 6-8 的做法。

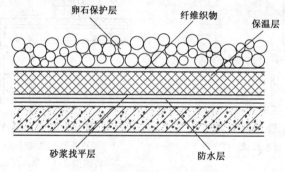

图 6-7　卵石保护层做法

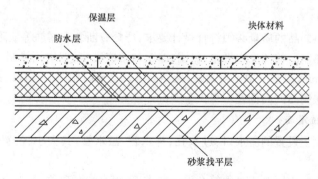

图 6-8　块体材料保护层做法

### (二)隔热屋面细部构造

(1)在屋面架设隔热层时，隔热层高度宜为 100~300mm，如图 6-9 所示；空板与女儿墙的距离不宜小于 250mm，如图 6-10 所示。

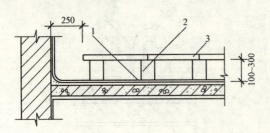

图 6-9　架空隔热屋面构造
1—防水层；2—支架；3—架空板

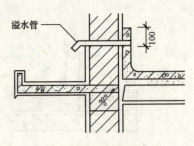

图 6-10　溢水口构造

(2)蓄水屋面的溢水口上部高度应距分仓墙顶面100mm,如图6-11所示；过水孔应设在仓墙底部,排水管应与水落连通。

(3)种植屋面上的种植介质四周应设挡墙,挡墙下部应设一泄水孔,如图6-12所示。

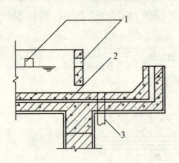

图 6-11　排水管、通水口构造
1—溢水口；2—过水孔；3—排水管

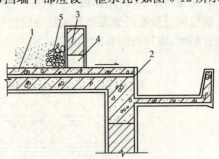

图 6-12　种植屋面构造
1—细石混凝土防水层；2—密封材料；
3—砖砌挡墙；4—泄水孔；5—种植介质

(三)保温隔热屋面质量检验标准

**1. 架空屋面**

(1)架空隔热制品的质量必须符合设计要求,严禁有断裂和露筋等缺陷。

(2)架空隔热制品的铺设应平整、稳固,缝隙勾填应密实；架空隔热制品距山墙或女儿墙不得小于250mm,架空层中不得堵塞,架空高度及变形缝做法应符合设计要求。

(3)相邻两块制品的高低差不得大于3mm。

**2. 蓄水、种植屋面**

(1)蓄水屋面上设置的溢水口、过水孔、排水管、溢水管,其大小、位置、标高的留设必须符合设计要求。

(2)蓄水屋面防水层施工必须符合设计要求,不得有渗漏现象,蓄水应至规定高。

(3)种植屋面挡墙泄水孔的留设必须符合设计要求,并不得堵塞。

(4)种植屋面防水层施工必须符合设计要求,不得有渗漏现象。

**关键细节 24　保温屋面施工质量控制要点**

(1)基层表面应平整、干燥、干净、无裂缝。

(2)施工前,应对进场保温材料进行现场复检,其质量应符合有关规定,并做好进场材料的防雨防潮工作。

(3)膨胀蛭石、膨胀珍珠岩的吸水率较大,用这类材料在高湿环境下做松散材料保温层时,基层表面宜做防潮层。

(4)对正在施工或施工完的保温层应采取保护措施,不得随意踩踏和压重物。

### 关键细节 25  架空隔热屋面施工质量控制要点

(1)架空隔热层施工前先将屋面打扫干净,根据架空板的尺寸放出制作中线。

(2)支座底部的卷材或涂膜柔性防水层承受支座的重压,易遭损坏,所以应在支座部位用附加防水层做加强处理,加强的宽度应大于支座底面边线150~200mm。支座采用强度等级为M5的水泥砂浆砌筑,支座应坐稳。

(3)铺设架空板时,应将灰浆刮平并随时扫净掉在屋面防水层上的落灰、杂物等,以保证架空隔热层气流畅通。操作时不得损伤已完工的防水层。

(4)架空屋面板的架空隔热高度应按屋面宽度或坡度大小的变化来确定。一般为100~300mm,当屋面宽度大于10m时,应设置通风屋脊。

(5)架空板与四周女儿墙之间的距离不宜小于250mm。

(6)架空隔热屋面通风道的设置,应根据当地炎热季节最大频率风向(主导风向)的走向,宜将进风口设置在正压区,出风口设置在负压区。当屋面宽度大于10m时,应设通风屋脊。

(7)严禁在恶劣的条件下进行施工。

(8)卷材、涂膜外露防水层极易损坏,施工人员应穿软底鞋在防水层上操作,施工机具和建筑材料应轻拿轻放,严禁在防水层上拖动,不得损伤已完工的防水层。

# 第七章 建筑安装工程

## 第一节 室内给排水及采暖工程

### 一、室内给水管道及配件安装

**(一)材料要求**

(1)室内给水系统管材应符合设计要求。给水管道必须采用与管材相适应的管件。

(2)生活给水系统所涉及的材料必须达到饮用水卫生标准。

(3)管材及阀门应有符合国家或部门现行标准的技术质量鉴定文件或产品合格证。

(4)对给水铸铁管的选择。工作压力为 0.45MPa 以下时应选用低压管;工作压力为 0.45~0.75MPa 时应选用普压管;工作压力为 0.75~1MPa 时应选用高压管。如果同一条管线上压力不同,应按高值压力选管。同一条管线上不宜用两种压力等级的给水铸铁管。

(5)阀门。管径 DN 小于或等于 50mm,宜采用截止阀 J11X—10(DN15~65)或 J11T—16(DN15~65);管径大于 50mm 宜采用闸阀,即内螺纹暗杆楔式闸阀 ZT15T—10 或暗杆楔式闸阀 Z45T—10(DN50~450)。

(6)管道、管件、配件和阀件在使用前应进行如下外观检查:

1)对于钢管,要求其表面无裂纹、缩孔、夹渣、折叠、重皮等缺陷,管壁不能有麻点及超过壁厚负偏差的锈蚀或凹陷。

2)铸铁管内外表面不得有裂纹、冷隔、瘪陷和错位等缺陷,且承插口部位不得有粘砂及凸起,承口根部不得有凹陷,其他部分不得有大于 2mm 厚的粘砂及大于 5mm 的凸起或凹陷。

3)铜管的纵向划痕深度不大于 0.3mm,横向的凸出高度或凹入深度不大于 0.35mm,面积不超过管子表面积的 0.5%。

4)镀锌钢管用螺纹法兰,其规格及压力等级应符合铸铁螺纹法兰标准,法兰材质为灰口铸铁,法兰表面应光滑,不得有气泡、裂纹、斑点、毛刺及其他降低法兰强度和连接可靠性的缺陷。法兰端面应垂直于螺纹中心线。

5)塑料管和复合管的管材和管件的内外壁应光滑平整,无气泡、裂口、裂纹、脱皮且色泽基本一致。

6)水表表壳铸造规矩,无砂眼、裂纹、表玻璃盖无损坏,铅封完整。

7)阀门安装前,应做强度和严密性试验。试验应以每批(同牌号、同规格、同型号)数量中抽查 10%且不少于一个。对于安装在主干管上起切断作用的闭路阀门,应逐个做强度和严密性试验。

### (二)室内给水管道安装施工

**1. 镀锌钢管螺纹加工**

(1)管螺纹加工前应检查绞板,板牙应完好,四块板牙安装顺序应正确,绞板后部的三脚卡爪中心应能汇集在一点。同时应检查管子外径及端面切口,管子外径应符合要求,端部必须圆整,切割平齐。

(2)对加工的螺纹质量应进行检查,螺纹质量应符合有关规定。螺纹加工长度应包括完整螺纹、不完整螺纹及螺尾,其长度应符合表7-1的要求。螺纹应清洁、规整,断丝或缺丝不大于螺纹全扣数的10%。

表 7-1 圆锥管螺纹的加工长度

| 公称直径/mm | 15 | 20 | 25 | 32 | 40 | 50 | 65 | 80 | 100 |
|---|---|---|---|---|---|---|---|---|---|
| 螺纹加工长度/mm | 15 | 17 | 19 | 22 | 22 | 26 | 29 | 31 | 38 |
| 螺纹牙数(个) | 8 | 9 | 8 | 9 | 9 | 11 | 12 | 23 | 16 |

**2. 镀锌钢管螺纹连接**

(1)连接前用手将管件拧上检查管螺纹松紧程度。用手拧上后,管螺纹应留有足够的装配余量可供拧紧,否则应选用合适管件或加工螺纹时调整螺纹切削量。

(2)应正确缠绕填料及上紧管件:

1)填料应顺时针方向薄而均匀地紧贴缠绕在外螺纹上,上管件时应使填料吃进螺纹间隙内,不得将填料挤出。

2)应使用合适的管子钳,使螺纹的连接紧密牢固。螺纹应一次上紧,应不倒回,拧紧后螺纹根部应有外露螺尾。一般管径50mm以下为2~3牙,管径65mm以上为4~5牙。

3)螺纹连接后应进行外观检查,清除外露油麻,对被破坏的镀锌层应进行防腐处理,可涂二度防锈漆后再涂二度银粉。

4)镀锌钢管螺纹连接时,不得使用非镀锌的管件,镀锌钢管不得采用焊接方式连接。

**3. 镀锌钢管螺纹法兰连接**

(1)安装前检查法兰规格,其应符合设计要求,同时清除内螺纹及法兰密封面上的铁锈、油污及灰尘,把密封面上的密封线剔清楚。

(2)装上的管螺纹法兰应与管子中心线保持垂直,两片法兰间应相互平行。

(3)正确地安放垫片及拧紧螺栓:

1)垫片不得采用斜垫和多层垫,垫片尺寸应与法兰密封面相同。

2)法兰连接时应采用同规格的螺栓,安装方向一致,即螺母在同一侧。拧紧螺栓时应对称均匀,松紧一致,拧紧后的螺丝露出螺母的外露长度不大于螺杆直径的1/2。

(4)法兰连接不得直接埋在地下,必须埋地时应设检查井。法兰及螺栓应涂漆防腐。

**4. 支(吊、托)架及管座安装**

(1)支架型式、尺寸、规格应符合设计要求,支架孔、眼应一律采用电钻或冲床加工,其孔径应比管卡或吊杆直径大1~2mm。管卡的尺寸与管子的配合应能达到接触紧密的要求。

(2)管道支架的设置位置应符合设计要求,支架应均匀布置,直线管道上的支架应采用拉线检查的方法使支架保持同一直线,以便使管道排列整齐,管道与支架之间紧密接触。

(3)钢管水平安装的支、吊架间距应不大于表7-2的规定。

表7-2　　　　　　　　　钢管管道支架的最大间距

| 公称直径/mm | | 15 | 20 | 25 | 32 | 40 | 50 | 70 | 80 | 100 | 125 | 150 | 200 | 250 | 300 |
|---|---|---|---|---|---|---|---|---|---|---|---|---|---|---|---|
| 支架的最大间距/m | 保温管 | 2 | 2.5 | 2.5 | 2.5 | 3 | 3 | 4 | 4 | 4.5 | 6 | 7 | 7 | 8 | 8.5 |
| | 不保温管 | 2.5 | 3 | 3.5 | 4 | 4.5 | 5 | 6 | 6 | 6.5 | 7 | 8 | 9.5 | 11 | 12 |

注:本表摘自《建筑给水排水及采暖工程施工质量验收规范》(GB 50242—2002)。

(4)采暖、给水及热水供应系统的塑料管及复合管垂直或水平安装的支架间距应符合表7-3的规定。采用金属制作的管道支架,应在管道与支架间加衬非金属垫或套管。

表7-3　　　　　　　　塑料管及复合管管道支架的最大间距

| 管径/mm | | | 12 | 14 | 16 | 18 | 20 | 25 | 32 | 40 | 50 | 63 | 75 | 90 | 110 |
|---|---|---|---|---|---|---|---|---|---|---|---|---|---|---|---|
| 最大间距/m | 立管 | | 0.5 | 0.6 | 0.7 | 0.8 | 0.9 | 1.0 | 1.1 | 1.3 | 1.6 | 1.8 | 2.0 | 2.2 | 2.4 |
| | 水平管 | 冷水管 | 0.4 | 0.4 | 0.5 | 0.5 | 0.6 | 0.7 | 0.8 | 0.9 | 1.0 | 1.1 | 1.2 | 1.35 | 1.55 |
| | | 热水管 | 0.2 | 0.2 | 0.25 | 0.3 | 0.3 | 0.35 | 0.4 | 0.5 | 0.6 | 0.7 | 0.8 | | |

注:本表摘自《建筑给水排水及采暖工程施工质量验收规范》(GB 50242—2002)。

(5)铜管垂直或水平安装的支架间距应符合表7-4的规定。

表7-4　　　　　　　　　铜管管道支架的最大间距

| 公称直径/mm | | 15 | 20 | 25 | 32 | 40 | 50 | 65 | 80 | 100 | 125 | 150 | 200 |
|---|---|---|---|---|---|---|---|---|---|---|---|---|---|
| 支架的最大间距/m | 垂直管 | 1.8 | 2.4 | 2.4 | 3.0 | 3.0 | 3.0 | 3.5 | 3.5 | 3.5 | 3.5 | 4.0 | 4.0 |
| | 水平管 | 1.2 | 1.8 | 1.8 | 2.4 | 2.4 | 2.4 | 3.0 | 3.0 | 3.0 | 3.0 | 3.5 | 3.5 |

注:本表摘自《建筑给水排水及采暖工程施工质量验收规范》(GB 50242—2002)。

(6)立管管卡安装,层高小于或等于5m,每层须安装一个;层高大于5m,每层不得少于2个。

### 5. 给水阀门安装

(1)阀门规格及安装位置应正确:

1)安装前应检查阀门的型号、规格,检查有否损坏,并清洗干净。安装时应将阀门关闭,以免杂物落入影响阀门严密性。

2)阀门安装位置应符合设计要求,进出口方向应符合介质流向。对于安装时有方向位置要求的阀门,如升降式止回阀,升降的阀瓣的轴心一定要呈垂直方向。

(2)阀门的连接应紧密,螺纹连接与法兰连接的要求与前述镀锌钢管螺纹连接及法兰连接的要求相同,但螺纹连接时,管道加工的外螺纹有效长度应与阀门上铸有的外螺纹长度相适应。一般应稍短于管件连接时的螺纹长度,以防止连接时将阀门的螺纹壳体胀裂。

(3)安装完的阀门应符合其使用功能要求。阀杆与阀芯的连接应灵活、可靠,阀门的启闭应灵活,阀杆的安装朝向应合理,要有利于操作维修,又不影响交通或其他设施的工作。

**6. 管道安装**

(1)管道安装时定位尺寸应正确。明装管道安装时,一般管外皮与抹灰面的净距离为20～30mm(承口连接以承口外皮计)。当管径小于或等于32mm时为20～25mm,大于32mm时为25～30mm。安装前应了解土建抹灰层厚度。

(2)管道敷设时,横管应根据设计要求设置坡度,一般引入管横管,应有0.002～0.005的坡度坡向泄水装置。自动喷洒及水幕消防系统的管道应有坡度,使水都能从立管上的排水阀排泄出去。其坡度:充水系统应不小于0.002,充气系统和分支管应不小于0.004。安装时横管坡度的正负偏差值不超过设计要求坡度值的1/3。

(3)管道应进行调直,安装时应进行拉线及吊线检查,使管道的纵横方向弯曲及立管垂直度等的偏差值不超过规定数值。

**7. 管道水压试验**

(1)室内给水管道试验压力应不小于0.6MPa,生活饮用水和生产、消防合用的管道,试验压力应为工作压力的1.5倍,但不得超过1.0MPa。水压试验时在10min内压力降不大于0.05MPa,然后将试验压力降至工作压力做外观检查,以不漏为合格。试验时应充分排除系统中的空气,试压用的压力表应在校验有效期内。

(2)水压试验时应做好水压试验记录。

**8. 给水系统的吹洗**

给水管道的吹洗一般采用饮用水。吹洗时,水在管内的流速应不小于1.5m/s,吹洗工作应连续进行。吹洗的合格标准:在设计无特殊规定的情况下,通常只需以肉眼观察进、出口水的透明度,趋向一致即可认为合格。

**9. 明装分户水表安装**

(1)表外壳距墙外表面的净距为10～30mm,表前后直管超过300mm时,应煨弯使超出的管段沿墙敷设。

(2)水表前应有阀门,两边与管道连接应有活络接头,水表安装应牢固平整,不得歪斜。

(3)水表安装标高应符合设计要求。

**10. 给水配件安装**

(1)给水配件安装的标高应符合设计要求。

(2)安装镀铬给水配件应使用扳手,不得使用管子钳,以保护镀铬表面完好无损。接口应严密、牢固、不漏水。

(3)镶接卫生器具的铜管,弯管时弯曲应均匀,弯管椭圆度应小于8%,并不得有凹凸现象。

(4)给水配件应安装端正,表面洁净并清除外露油麻。

(5)给水配件的启闭部分应灵活,必要时应调整阀杆压盖螺母及填料。

### (三)质量检验标准

(1)室内给水管道的水压试验必须符合设计要求。当设计未注明时,各种材质的给水管道系统试验压力均为工作压力的1.5倍,但不得小于0.6MPa。

(2)给水系统交付使用前必须进行通水试验并做好记录。

(3)生活给水系统管道在交付使用前必须冲洗和消毒,并经有关部门取样检验,符合国家《生活饮用水卫生标准》(GB 5749)方可使用。

(4)室内直埋给水管道(塑料管道和复合管道除外)应做防腐处理。埋地管道防腐层材质和结构应符合设计要求。

(5)给水引入管与排水排出管的水平净距不得小于1m。室内给水与排水管道平行敷设时,两管间的最小水平净距不得小于0.5m;交叉铺设时,垂直净距不得小于0.15m。给水管应铺在排水管上面,若给水管必须铺在排水管的下面时,给水管应加套管,其长度不得小于排水管管径的3倍。

(6)管道及管件焊接的焊缝表面质量应符合下列要求:

1)焊缝外形尺寸应符合图纸和工艺文件的规定,焊缝高度不得低于母材表面,焊缝与母材应圆滑过渡;

2)焊缝及热影响区表面应无裂纹、未熔合、未焊透、夹渣、弧坑和气孔等缺陷。

(7)管道的支、吊架安装应平整牢固,其间距应符合相关规定。

(8)水表应安装在便于检修、不受曝晒、污染和冻结的地方。安装螺翼式水表,表前与阀门应有不小于8倍水表接口直径的直线管段。表外壳距墙表面净距为10~30mm;水表进水口中心标高按设计要求,允许偏差为±10mm。

(9)给水管道和阀门安装的允许偏差和检验方法应符合表7-5的规定。

表7-5　　　　给水管道和阀门安装的允许偏差和检验方法

| 项次 | 项目 | | 允许偏差/mm | | 检验方法 |
| --- | --- | --- | --- | --- | --- |
| 1 | 水平管道纵横方向弯曲 | 钢管 | 每米<br>全长25m以上 | 1<br>≤25 | 用水平尺、直尺、拉线和尺量检查 |
| | | 塑料管复合管 | 每米<br>全长25m以上 | 1.5<br>≤25 | |
| | | 铸铁管 | 每米<br>全长25m以上 | 2<br>≤25 | |
| 2 | 立管垂直度 | 钢管 | 每米<br>5m以上 | 3<br>≤8 | 吊线和尺量检查 |
| | | 塑料管复合管 | 每米<br>5m以上 | 2<br>≤8 | |
| | | 铸铁管 | 每米<br>5m以上 | 3<br>≤10 | |
| 3 | 成排管段和成排阀门 | | 在同一平面上间距 | 3 | 尺量检查 |

注:本表摘自《建筑给水排水及采暖工程施工质量验收规范》(GB 50242—2002)。

### 关键细节 1　管道螺纹连接的处理要求

管径小于或等于 100mm 的镀锌管应采用螺纹连接，螺纹应无断丝或缺丝现象；接口处无生料带、油麻外露现象，丝扣外露 2~3 扣。管径大于 100mm 的镀锌管宜用法兰或卡套式专用管件连接，镀锌管与法兰的焊接处应再次镀锌。

### 关键细节 2　镀锌钢管螺纹加工质量控制要点

(1)管子应放置平整、垫实，绞板卡爪应夹紧，使管子中心线与绞板中心保持一致，防止绞出歪牙。

(2)控制切削量，手工或机械套丝时应根据管径大小确定切削次数，管径大于 25mm 的，切不可一次套成，应分 2 或 3 次套成。

(3)套丝时应用机油等冷却液对螺纹充分冷却，以防止烂牙。

(4)采用机械套丝时宜低速切削；手工套丝时应用力均匀，不能有冲击力。

(5)套丝结束前应慢慢放松板牙，以保持螺纹锥度，保证连接紧密。

### 关键细节 3　PP—R 给水管道安装质量控制要点

同种材质的给水聚苯烯管材和管件之间应采用热熔连接和电容连接，焊接时应采用专用的热熔或电容焊接积聚。安装 PP—R 供水管道时不得有轴向扭曲；管道穿越楼板时应设内径为 $D_e$＋(30~40)mm 的硬质套管，套管高出地面 20~50mm；管道穿越基础墙时应设置金属套管。套管顶部与基础墙预留孔的孔顶应有不小于 100mm 的空间距离；管道穿越车行道路时，覆土厚度应不小于 700mm，达不到此厚度时必须采取相应的保护措施。

### 关键细节 4　管道支架和管座固定要求

管道支架和管座必须设在牢固的结构物上，同时满足以下要求：

(1)墙内埋设的支架，埋入墙内部分一般不得小于 120mm，且应开脚。埋入前，应将墙洞内清理干净并用水浇湿，用 1:2 水泥砂浆和适量石子将其填实紧密。

(2)采用膨胀螺栓锚固时，膨胀螺栓距结构物边缘的尺寸、螺栓间距及螺栓的承载能力应符合设计要求。

(3)在预埋铁件上焊接支架时，焊缝长度及高度应符合设计要求。

(4)埋地管道的支座(墩)必须设置在坚实老土上，松土地基必须夯实。严禁将管墩浇筑在冻土或未经处理的松土上。

### 关键细节 5　管道嵌墙埋设与直接埋设对预留凹槽的要求

管道嵌墙、直接埋设时，应在砌墙时预留凹槽。凹槽的深度等于 $D_e$＋20mm，宽度为 $D_e$＋(40~60)mm。凹槽用 M7.5 水泥砂浆填补密实。管道在楼地面层内直接埋设时，预留的管槽深度应不小于管外径 $D_e$＋20mm，管槽宽度宜为管外径 $D_e$＋40mm。管道穿墙时可预留孔洞，墙管或孔洞内径应为管外径 $D_e$＋50mm。

### 关键细节 6　室内给水管道试压应注意的质量问题

室内给水管道的水压试验必须符合设计要求，当设计未注明时，各种系统的试验压力均为工作压力的 1.5 倍且不得小于 0.6MPa。水压试验前，支管应不连接卫生器具配水件。管道注满水后，排出管内空气，封堵各排气出口，进行严密性检查。试验时应缓慢升压,升到规定试验压力,10min 内压力降不得超过 0.02MPa,然后升至工作压力检查,压力应不下降,同时不渗、不漏为合格。

## 二、室内消火栓系统安装

### (一)材料要求

(1)消火栓系统管材应根据设计要求选用,管材必须符合要求,不得有弯曲、锈蚀、起皮及凹凸不平等现象。

(2)消火栓箱体的规格、类型应符合设计要求,箱体表面平整、光洁。金属箱体无锈蚀、划伤,箱门开启灵活。箱体方正,箱内配件齐全。栓阀外型规矩,无裂纹,启闭灵活,关闭严密,密封填料完好,有产品出厂合格证。

### (二)作业条件

(1)管道安装所需要的基准线应测定并标明,如吊顶标高、地面标高、内隔墙位置线等。

(2)设备基础经检验符合设计要求,达到安装条件。

(3)安装管道所需要的操作架应由专业人员搭设完毕。

(4)检查管道支架、预留孔洞的位置、尺寸是否正确。

### (三)安装准备

(1)在设计图纸的要求下,根据施工方案、技术、安全交底的具体措施选用材料,测量尺寸,绘制草图,预制加工。

(2)对有关专业图纸,查看各种管道的坐标、标高是否有交叉或排列位置不当,及时与设计人员研究解决,办理洽商手续。

(3)检查预埋件和预留洞是否准确。检查管材、管件、阀门、设备及组件等是否符合设计要求。

(4)根据要求安排合理的施工顺序。

### (四)系统安装要求

(1)消防系统的管材、管件应有出场合格证书,相关产品应有认证的证件。

(2)消防水箱间的主要通道宽度不小于 1000mm;钢板消防水箱四周应设检修通道。其宽度不小于 700mm;消防水箱顶部至楼板或梁底的距离不得小于 600mm,消防水箱底部距地面高度不小于 400mm。

(3)消火栓箱的规格、型号及左右进管,左右开门,暗装、明装形式等应符合设计要求;明装消防栓箱体时,要按标准图的要求固定箱体,如在轻质隔墙板上架设时,应做固定支架。暗装箱体时应与电气、装修密切配合;消防栓阀门与启动泵报警按钮应布置在靠近开门的一侧。

(4)水流指示器应垂直安装在水平管段上侧,标记方向与水流方向一致,前后应有 5 倍管径长度的直管段。安装后水流指示器的浆片、膜片应动作灵活,电信号输出符合产品参数规定。信号阀安装在水流指示器前的供水管上,与水流指示器之间距离不小于 300mm。

(5)报警阀应设在明显易于造作的位置、距离地面的高度宜为 1m 左右。报警阀处应有排水措施,环境温度应不低于+5℃,报警阀组装时应按说明书和设计要求,控制阀应有启闭指示装置,并使阀门工作处于常开状态。

(6)安装喷头应用专用工具。喷头距墙、柱、顶板、风道、梁的喷距应严格按照设计要求施工。

(7)消防管道试压可分层分段进行,上水时最高点要有排气装置,高低点各装一块压力表,上满水后检查管路有无渗漏,如有法兰、阀门等部位渗漏,应在加压前紧固,升压后再出渗漏时做好标记,卸压后处理。必要时泄水处理。冬季试压环境温度不得低于+5℃,夏季试压最好不直接用外线上水防止结露。试压合格后及时办理验收手续。当系统设计工作压力等于或小于 1.0MPa 时,水压强度试验压力为设计工作压力的 1.5 倍并不小于 1.4MPa;当系统设计工作压力大于 1.0MPa 时,水压强度试验压力应为该工作压力加 0.4MPa,但不大于 1.6MPa。

水压强度试验的测试点应设在系统的最低点。向管网注水时,应缓慢升压,系统达到试验压力后,稳压 30min,压力降小于 0.05MPa 且管网无变形为合格。

当采用气压试验时,应用 0.3MPa 压缩空气或氮气进行试压,其压力应保持 24h,压力降不大于 0.01MPa 为合格。

### 关键细节7 箱式消火栓安装质量控制要点

箱式消火栓安装要求如下:

(1)室内消火栓,栓口应朝外,阀门中心距地面 1.1m,允许偏差 20mm,阀门距箱侧面为 140mm,距箱后表面为 100mm,允许偏差 5mm。

(2)消防水龙带与水枪和快速接头的绑扎应紧密牢固,扎好后应根据箱内构造将水龙带卷折,挂在箱内托盘或挂钩上。

(3)若当地消防主管部门对消火栓安装尺寸及水龙带安装方式有统一规定,应当服从该统一规定。

### 关键细节8 管道、箱类和金属支架涂漆质量控制要点

(1)油漆前应清除金属表面的铁锈、焊渣及污垢,露出金属本身光泽。禁止一边除锈,一边涂漆。油漆应涂在干燥的金属表面上。涂漆应在水压试验后进行。

(2)油漆的种类应符合设计要求,除锈后应涂防锈漆,再刷面漆。禁止直接刷面漆,涂漆遍数应符合设计要求,必须在第一遍干燥后再涂第二遍,刷漆时颜色应一致,所刷油漆应薄而均匀,附着良好,以免发生流淌现象。所刷油漆应无脱皮、起泡或漏涂。

### (五)室内消火栓系统质量检验标准

(1)室内消火栓系统安装完成后应取屋顶层(或水箱间内)试验消火栓和首层取两处消火栓做试射试验,达到设计要求为合格。

(2)安装消火栓水龙带,水龙带与水枪和快速接头绑扎好后,应根据箱内构造将水龙带挂放在箱内的挂钉、托盘或支架上。

(3)箱式消火栓的安装应符合下列规定:

1)栓口应朝外并应不安装在门轴侧;

2)栓口中心距地面为 1.1m,允许偏差±20mm;

3)阀门中心距箱侧面为140mm,距箱内表面为100mm,允许偏差±5mm;
4)消火栓箱体安装的垂直度允许偏差为3mm。

### 三、室内排水管道安装

#### (一)材料要求

(1)管材为硬聚氯乙烯(UPVC)。所用胶粘剂应是同一厂家配套产品,应与卫生洁具连接相适宜,并有产品合格证及说明书。

(2)管材内外表层应光滑,无气泡、裂纹,管壁厚薄均匀。

#### (二)作业条件

(1)暗装管道(含竖井、吊顶内的管道)应核对各种管道的标高、坐标的排列有无矛盾。
(2)预留孔洞、预埋件已配合完成。
(3)明装管道安装时室内地平线应弹好,墙面抹灰工程已完成。
(4)材料、施工机具等已准备就绪。

#### (三)室内排水管道安装质量检验标准

(1)隐蔽或埋地的排水管道在隐蔽前必须做灌水试验,其灌水高度应不低于底层卫生器具的上边缘或底层地面高度满水15min水面下降后,再灌满观察5min,液面不下降,管道及接口无渗漏为合格。

(2)生活污水铸铁管道的坡度必须符合设计或表7-6的规定;生活污水塑料管道的坡度必须符合设计或表7-7的规定,水平尺、拉线尺量检查。

表7-6　　　　　　　　生活污水铸铁管道的坡度

| 项　次 | 管径/mm | 标准坡度/‰ | 最小坡度/‰ |
| --- | --- | --- | --- |
| 1 | 50 | 35 | 25 |
| 2 | 75 | 25 | 15 |
| 3 | 100 | 20 | 12 |
| 4 | 125 | 15 | 10 |
| 5 | 150 | 10 | 7 |
| 6 | 200 | 8 | 5 |

注:本表摘自《建筑给水排水及采暖工程施工质量验收规范》(GB 50242—2002)。

表7-7　　　　　　　　生活污水塑料管道的坡度

| 项　次 | 管径/mm | 标准坡度/‰ | 最小坡度/‰ |
| --- | --- | --- | --- |
| 1 | 50 | 25 | 12 |
| 2 | 75 | 15 | 8 |
| 3 | 110 | 12 | 6 |
| 4 | 125 | 10 | 5 |
| 5 | 160 | 7 | 4 |

注:本表摘自《建筑给水排水及采暖工程施工质量验收规范》(GB 50242—2002)。

(3)排水主立管及水平干管管道均应做通球试验,通球球径不小于排水管道管径的2/3,通球率必须达到100%。

(4)在生活污水管道上设置的检查口或清扫口,当设计无要求时应符合下列规定:

1)在立管上应每隔一层设置一个检查口,但在最底层和有卫生器具的最高层必须设置。如为两层建筑,可仅在底层设置立管检查口;如有乙字弯管,则在该层乙字弯管的上部设置检查口。检查口中心高度距操作地面一般为1m,允许偏差±20mm;检查口的朝向应便于检修。暗装立管,在检查口处应安装检修门。

2)在连接2个及2个以上大便器或3个及3个以上卫生器具的污水横管上应设置清扫口。当污水管在楼板下悬吊敷设时,可将清扫口设在上一层楼地面上,污水管起点的清扫口与管道相垂直的墙面距离不得小于200mm;若污水管起点设置堵头代替清扫口时,与墙面距离不得小于400mm。

3)在转角小于135°的污水横管上应设置检查口或清扫口。

4)污水横管的直线管段应按设计要求的距离设置检查口或清扫口,埋在地下或地板下的排水管道的检查口应设在检查井内。井底表面标高与检查口的法兰相平,井底表面应有5%坡度,坡向检查口。

(5)金属排水管道上的吊钩或卡箍应固定在承重结构上。固定件间距:横管不大于2m;立管不大于3m。楼层高度小于或等于4m,立管可安装1个固定件。立管底部的弯管处应设支墩或采取固定措施;排水塑料管道支、吊架间距应符合表7-8的规定。

表7-8　　　　　　　排水塑料管道支吊架最大间距　　　　　　　　　　　m

| 管径/mm | 50 | 75 | 110 | 125 | 160 |
|---|---|---|---|---|---|
| 立　管 | 1.2 | 1.5 | 2.0 | 2.0 | 2.0 |
| 横　管 | 0.5 | 0.75 | 1.10 | 1.30 | 1.6 |

注:本表摘自《建筑给水排水及采暖工程施工质量验收规范》(GB 50242—2002)。

(6)排水通气管不得与风道或烟道连接,且应符合下列规定:

1)通气管应高出屋面300mm,但必须大于最大积雪厚度;

2)在通气管出口4m以内有门、窗时,通气管应高出门、窗顶600mm或引向无门、窗一侧;

3)在经常有人停留的平屋顶上,通气管应高出屋面2m,并应根据防雷要求设置防雷装置;

4)屋顶有隔热层时应从隔热层板面算起。

(7)安装未经消毒处理的医院含菌污水管道,不得与其他排水管道直接连接;饮食业工艺设备引出的排水管及饮用水水箱的溢流管,不得与污水管道直接连接,并应留出不小于100mm的隔断空间。

(8)通向室外的排水管,穿过墙壁或基础必须下返时,应采用45°三通和45°弯头连接,并应在垂直管段顶部设置清扫口。

(9)由室内通向室外排水检查井的排水管,井内引入管应高于排出管或两管顶相平,并有不小于90°的水流转角,如跌落差大于300mm可不受角度限制;用于室内排水的水平管道与水平管道、水平管道与立管的连接,应采用45°三通或45°四通和90°斜三通或90°斜四通。立管与排出管端部的连接,应采用两个45°弯头或曲率半径不小于4倍管径的90°弯头。

(10)室内排水和雨水管道安装的允许偏差和检验方法应符合表7-9。

表7-9　　　　室内排水和雨水管道安装的允许偏差和检验方法

| 项次 | 项 | | 目 | 允许偏差/mm | 检验方法 |
|---|---|---|---|---|---|
| 1 | 坐 | | 标 | 15 | 用水准仪(水平尺)、直尺、拉线和尺量检查 |
| 2 | 标 | | 高 | ±15 | |
| 3 | 横管纵横方向弯曲 | 铸铁管 | 每米 | ≤1 | |
| | | | 全长(25m以上) | ≤25 | |
| | | 钢 管 | 每米 管径小于或等于100mm | 1 | |
| | | | 每米 管径大于100mm | 1.5 | |
| | | | 全长(25m以上) 管径小于或等于100mm | ≤25 | |
| | | | 全长(25m以上) 管径大于100mm | ≤38 | |
| | | 塑料管 | 每米 | 1.5 | |
| | | | 全长(25m以上) | ≤38 | |
| | | 钢筋混凝土管、混凝土管 | 每米 | 3 | |
| | | | 全长(25m以上) | ≤75 | |
| 4 | 立管垂直度 | 铸铁管 | 每米 | 3 | 吊线和尺量检查 |
| | | | 全长(5m以上) | ≤15 | |
| | | 钢 管 | 每米 | 3 | |
| | | | 全长(5m以上) | ≤10 | |
| | | 塑料管 | 每米 | 3 | |
| | | | 全长(5m以上) | ≤15 | |

注:本表摘自《建筑给水排水及采暖工程施工质量验收规范》(GB 50242—2002)。

### 关键细节9　塑料管承插粘结连接前的处理要求

黏接连接前,应先进行清洁处理,清除接口处的油污,然后用刷子把胶粘剂涂于承插口连接面,在5~15s内立即将管子插入承口。胶粘剂固化时间约1min,因此须注意在插入后应有稍长于1min的定位时间,待其固化后才能松手。

### 关键细节10　塑料排水管伸缩接头安装对伸缩节间距的要求

塑料排水管的伸缩接头安装,伸缩节间距不得大于4000mm,一般应逐层设置;管端插入伸缩节处预留的间隙为:夏季5~10mm;冬季15~20mm。排水支管在楼板下方接入时,伸缩节应设置于水流汇合管件之下;排水支管在楼板上方接入时,伸缩节应设置于水流汇合管件之上;立管上无排水支管时,管子的任何地方均可设伸缩节;污水横支管超过2000mm时应设伸缩节;当层高小于或等于4000mm时,污水管和通气立管应每层设一伸缩节,当层高大于4000mm,应根据管道设计伸缩量和伸缩节处最大允许伸缩量;立管在穿越楼层处固定时在伸缩节处不得固定;在伸缩节处固定时,立管穿越楼层处不得固定。

#### 关键细节11 室内排水管道通水试验要求

(1)排水系统竣工后的通水试验按给水系统1/3配水点同时开放,检查各排水点是否畅通,接口有无渗漏。

(2)通水试验应根据管道布置,分层、分区段做通水试验,先从下层开始局部通水,再做系统通水。通水时在浴缸、面盆等处放满水,然后同时排水,观察排水情况,以不堵不漏、排水畅通为合格。试验时应做好通水试验记录。

### 四、室内热水供应系统

#### (一)管道及配件安装要点

**1. 热水供应系统**

(1)热水供应系统的管道应采用塑料管、复合管、镀锌钢管和铜管。

(2)补偿器的型式、规格必须符合设计要求并应有出厂合格证。现场组装的方形补偿器弯管的曲率半径应大于4D。其悬臂长度偏差应不大于10mm。平面扭曲偏差不得大于3mm/m,且全长不得大于10mm。

**2. 管道附件安装**

(1)减压器安装前应核对其规格,调压范围应符合规定,安装后应调压至设计规定的使用压力并做好调试后的标志和调试记录。

(2)除污器安装,热介质应从管板孔的网格外进入,进行系统试压或清扫后,应将除污器打开,清除垃圾。

(3)疏水器前宜安装过滤器,疏水器应安装在管道和设备的排水线以下。如凝结水管高于蒸汽管道或设备排水线,疏水器后应安装止回阀。

(4)蒸汽喷射器的喷嘴与混合室、扩压管的中心线必须一致,出口后的直管段一般为2~3m。

(5)减压器、除污器、疏水器、蒸汽喷射器的几何尺寸(指其成组安装的长、宽、高组对尺寸)的允许偏差为10mm。

**3. 补偿器安装**

补偿器安装时应符合下列要求:

(1)补偿器安装位置应符合设计要求,并应按补偿器种类设置好固定支架、滑动支架和导向支架。

(2)方形补偿器安装在两个固定支架的中间,水平安装时应与管道坡度一致;垂直安装时,热水管道应有排气装置,蒸汽管道应有疏水装置。

(3)套管式补偿器应按管道中心线安装,不得偏斜,其两侧的管道支架应采用导向支架。

**4. 管道安装**

(1)采暖与热水管道的安装应有如下坡度:

1)热水采暖、热水供应管道及汽水同向流动的蒸汽管道,坡度为 0.003,不得小于 0.002。

2)汽水逆向流动的蒸汽管道,坡度不得小于 0.005。

3)连接散热器的支管坡度应符合相关规定。

(2)干管与立管的连接,应有利于热胀冷缩,一般宜有 2 只以上的弯头连接,干管上三通不宜直接与立管连接。

(3)管道安装应整齐美观,排列有序以利于检修。

1)明装的管径小于或等于 32mm 不保温采暖双立管道,两管道中心距为 80mm,允许偏差 5mm,送水或送汽管应置于面向的右侧。

2)散热器立管与支管相交,32mm 以下的立管应煨弯绕过支管。

**5. 套管安装**

(1)套管安装应牢固不松动。套管比管道大二号,套管与管道之间的间隙应均匀,以利于管道自由地热胀冷缩。

(2)安装在楼板内的套管,其顶部应高出地面 20mm,底面应与楼板面相平。安装在墙壁内的套管,其两端应与饰面相平。

**6. 热水系统管道吹洗**

(1)蒸汽吹洗前应缓慢升温暖管,且恒温 1h 后进行吹洗,然后自然降温至环境温度;再升温暖管、恒温进行第二次吹洗,如此反复一般不少于三次。

(2)需保温的管道吹洗工作宜在保温前进行,必要时可采取局部人体防烫措施。

(3)蒸汽吹洗检查,可用刨光木板置于排汽口处检查,板上无铁锈、脏物为合格。

(4)吹洗合格后应做好吹洗记录。

**7. 管道保温**

热水供应系统管道应保温(浴室内明装管道除外),保温材料、厚度、保护壳等应符合设计规定。保温层厚度和平整度的允许偏差应符合有关规范规定。

**(二)管道及配件安装质量检验标准**

(1)热水供应系统安装完毕,管道保温前应进行水压试验。试验压力应符合设计要求。当设计未注明时,热水供应系统水压试验压力应为系统顶点的工作压力加 0.1MPa,同时在系统顶点的试验压力不小于 0.3MPa。

(2)热水供应管道应尽量利用自然弯补偿热伸缩,直线段过长则应设置补偿器。补偿器型式、规格、位置应符合设计要求,并按有关规定进行预拉伸。

(3)热水供应系统竣工后必须进行冲洗。

(4)管道安装坡度应符合设计规定。

(5)温度控制器及阀门应安装在便于观察和维护的位置。

(6)热水供应管道和阀门安装的允许偏差和检验方法应符合表 7-10 的规定。

表 7-10　　　　　热水供应管道和阀门安装的允许偏差和检验方法

| 项次 | 项目 | | | 允许偏差/mm | 检验方法 |
|---|---|---|---|---|---|
| 1 | 水平管道纵横方向弯曲 | 钢管 | 每米<br>全长 25m 以上 | 1<br>≤25 | 用水平尺、直尺、拉线和尺量检查 |
| | | 塑料管复合管 | 每米<br>全长 25m 以上 | 1.5<br>≤25 | |
| | | 铸铁管 | 每米<br>全长 25m 以上 | 2<br>≤25 | |
| 2 | 立管垂直度 | 钢管 | 每米<br>5m 以上 | 3<br>≤8 | 吊线和尺量检查 |
| | | 塑料管复合管 | 每米<br>5m 以上 | 2<br>≤8 | |
| | | 铸铁管 | 每米<br>5m 以上 | 3<br>≤10 | |
| 3 | 成排管段和成排阀门 | | 在同一平面上间距 | 3 | 尺量检查 |

注：本表摘自《建筑给水排水及采暖工程施工质量验收规范》(GB 50242—2002)。

(7)热水供应系统管道应保温(浴室内明装管道除外)，保温材料、厚度、保护壳等应符合设计规定。保温层厚度和平整性的允许偏差应符合表 7-11 的规定。

表 7-11　　　　　管道及设备保温的允许偏差和检验方法

| 项次 | 项目 | | 允许偏差/mm | 检验方法 |
|---|---|---|---|---|
| 1 | 厚度 | | $+0.1\delta$<br>$-0.05\delta$ | 用钢针刺入 |
| 2 | 表面平整度 | 卷材 | 5 | 用 2m 靠尺和楔形塞尺检查 |
| | | 涂抹 | 10 | |

注：1. $\delta$ 为保温层厚度。
2. 本表摘自《建筑给水排水及采暖工程施工质量验收规范》(GB 50242—2002)。

### (三)辅助设备安装质量检验标准

(1)在安装太阳能集热器玻璃前，应对集热排管和上、下集管做水压试验，试验压力为工作压力的 1.5 倍；热交换器应以工作压力的 1.5 倍做水压试验。蒸汽部分应不低于蒸汽供汽压力加 0.3MPa；热水部分应不低于 0.4MPa；敞口水箱的满水试验和密闭水箱(罐)的水压试验必须符合设计的规定。

(2)水泵就位前的基础混凝土强度、坐标、标高、尺寸和螺栓孔位置必须符合设计要求。

(3)水泵试运转的轴承温升必须符合设备说明书的规定(用温度计实测检查)。

(4)安装固定式太阳能热水器，朝向应正南。如受条件限制时，其偏移角不得大于 15°。集热器的倾角：对于春、夏、秋三个季节使用的，应采用当地纬度为倾角；若以夏季为主，可比当地纬度减少 10°。

(5)由集热器上、下集管接往热水箱的循环管道，应有不小于 5‰的坡度。

(6)自然循环的热水箱底部与集热器上集管之间的距离为 0.3~1.0m。

(7)制作吸热钢板凹槽时,其圆度应准确,间距应一致。安装集热排管时,应用卡箍和钢丝紧固在钢板凹槽内。

(8)太阳能热水器的最低处应安装泄水装置。

(9)热水箱及上、下集管等循环管道均应保温。

凡以水做介质的太阳能热水器,在0℃以下地区使用时应采取防冻措施。

(10)太阳能热水器安装的允许偏差和检验方法应符合表7-12的规定。

表7-12　　　　　太阳能热水器安装的允许偏差和检验方法

| 项　目 | 允许偏差 | 检验方法 | | |
|---|---|---|---|---|
| 板式直管太阳能热水器 | 标　高 | 中心线距地面/mm | ±20 | 尺　量 |
| | 固定安装朝向 | 最大偏移角 | 不大于15° | 分度仪检查 |

注:本表摘自《建筑给水排水及采暖工程施工质量验收规范》(GB 50242—2002)。

### 关键细节12　管道活动支架安装时对管子的要求

管道活动支架应保证管子能自由伸缩:

(1)管子下垫有滑托时,滑托与管子间应焊牢,焊接时要注意防止咬肉及烧穿管子。

(2)导向支架滑托与滑槽两侧间应留有3～5mm间隙。

(3)滑托在支架上的安装位置应向膨胀的反方向留有一定的偏移量。

(4)有热伸长管道的吊杆也应向热膨胀的反方向偏移。

### 关键细节13　安全阀安装质量控制要点

安全阀安装时,安全阀垂直度应符合要求,发生倾斜时,应校正垂直。弹簧式安全阀要有提升手把和严禁随意拧动调整螺栓的限定装置。调校条件不同的安全阀,在热水管道投入试运行时应及时进行调校。安全阀的最终调整应在系统上进行,开启压力和回座压力应符合设计规定。安全阀最终调整合格后,重新进行铅封,并填写《安全阀调整试验记录》。

### 关键细节14　热水箱安装质量控制要点

热水箱安装时上循环管接至水箱上部,一般比水箱顶低200mm左右,但要保证正常循环时淹没在水面以下并使浮球阀安装后工作正常。下循环管接至水箱下部,为防止水箱沉积物进入集热器,出水口宜高出水箱底50mm以上。

为保证水的正常循环,热水箱底部与集热器最高点之间的距离大于200mm,上下集热管设在集热器以外时应大于600mm。

### 关键细节15　管道运行时变形严重、滑出支架的原因

(1)固定支架和活动支架不加区分,有时用U字螺栓将管子全部轧牢,使管子不能自由伸缩;

(2)利用弯管做自然补偿时,未按照管子伸长情况设置固定支架,使管子不能按设计要求的方向伸缩。

### 五、卫生器具安装

**(一)材料要求**

(1)对卫生器具的外观质量和内在质量必须进行检验(应有产品的合格证),对特殊产品应有技术文件。

(2)高低水箱配件应采用有关部门推荐产品。

(3)对卫生器具的镀铬零件及制动部分进行严格检查,必须完好无裂纹及损坏等缺陷。

(4)卫生器具检验合格后应包扎好单独放置,以免碰坏。

(5)卫生器具应分类、分项整齐地堆放在现场材料间并妥善保管,以免损坏。

(6)卫生器具进场后班组材料员和现场材料员对照材料单进行规格数量验收。

**(二)作业条件**

(1)卫生器具同与它相连接的管道的相对位置安排合理、正确。

(2)所有与卫生器具相连接的管道应保证排水管和给水管无堵、无漏,管道与器具连接前已完成灌水、通球、试气、试压等试验,并已办好隐蔽检验手续。

(3)用于卫生器具安装的预留孔洞坐标、尺寸已经测量,符合要求。

(4)土建已完成墙面和地面全部工作内容、室内安装基本完成后,卫生器具才能就位安装(除浴缸就位外)。

(5)蹲式大便器应在其台阶砌筑前安装。

**(三)卫生器具安装要点**

**1. 卫生器具安装位置的确定**

卫生器具安装位置的确定应用吊坠、直尺、水平长尺、拉线等工具。施工时应根据卫生洁具的具体尺寸确定洁具安装的位置。

**2. 根据卫生洁具安装位置和设计(规范)要求确定洁具安装标高**

通常卫生洁具的固定方式可采用预埋地脚螺栓或使用膨胀螺栓两种方式。预埋地脚螺栓或膨胀螺栓的直径应与卫生洁具上的孔径相适应,一般来讲螺栓直径应比孔径小 2mm。

**3. 卫生洁具的就位找平**

(1)卫生洁具的固定必须牢固无松动,固定螺栓应使用镀锌件,并使用软垫片压紧,不得使用簧垫片。

(2)坐便器底座不得使用水泥砂浆垫平抹光。装饰工程中面盆、小便斗的标高应控制在标准允许的偏差范围内;盆的热水和冷水阀门的标高及排水管出口位置应正确,严禁在多孔砖或轻型隔墙中使用膨胀螺栓固定卫生洁具(为高、低水箱及面盆、水盘等)。

(3)就位时用水平尺找平,就位后加软垫片,拧紧地脚螺钉,用力要适当,防止器具破裂,卫生洁具与地坪接口处用筋石灰抹涂后再安装器具,严禁用水泥涂抹接口处。

(4)卫生洁具安装位置应正确。允许偏差:单独器具为±10mm;成排器具为±5mm。卫生器具安装要平直牢固,垂度允许偏差不得超过 3mm,卫生器具安装标高,如设计无规定应按施工规范安装,允许偏差:单独器具为±15mm,成排器具为±10mm,器具水平度允许偏差为 2mm。

（5）卫生洁具安装好后若发现安装尺寸不符合要求,应用铁器锤打器具的方法来调整尺寸,用扳手松开螺帽重校正位置。

**4. 洗脸盆的安装**

洗脸盆安装时标高应符合设计要求并且要牢固可靠。具体安装要点有以下几方面：

（1）有沿洗脸盆的沿口应置于台面上,无沿洗脸盆的沿口应紧靠台面底。台面高度一般均为 800mm。

（2）洗脸盆由型钢制作的台面构件支托,安装洗脸盆前应检测台面构架的洗脸盆支托梁的高度,安装洗脸盆时盆底可加橡胶垫片找平,无沿盆应有限位固定。

（3）有沿洗脸盆与台面结合处,应用 YJ 密封膏抹缝。

（4）洗脸盆给水附件安装：单冷水的水龙头位于盆中心线,高出盆沿 200mm。冷、热水龙头中心距 150mm。暗管安装时,冷、热水龙头平齐。

（5）洗脸盆排水附件安装：

洗脸盆排水栓下安装存水弯的,应符合如下要求：P 型存水弯出水口高度为 400mm 与墙体暗设排水管连接,S 型存水弯出水口与地面预留排水管口连接,预留的排水管口中心距离一般为 70mm,墙、地面预留的排水管口,存水弯出水管插入排水管口后,用带橡胶圈的压盖螺母拧紧在排水管上,外用装饰罩罩住墙、地面。

**5. 坐便器的安装**

（1）坐便器应以预留排水管口定位。坐便器中心线应垂直墙面。坐便器找正找平后,画好螺孔位置。

（2）坐便器排污口与排水管口的连接,带 S 型存水弯的坐便器为地面暗接口,地面预留的水管口为 DN100 应高出地面 10mm。排水管口距背墙尺寸应根据不同型号的坐便器确定。

**6. 壁挂式小便器的安装**

（1）墙面应埋置螺栓和挂钩,螺栓的位置应根据不同型号的实样尺寸确定。

（2）壁挂式小便器水封出水口有连接法兰,安装时应拆下连接法兰,将连接法兰先拧在墙内暗管的外螺纹管件上,调整好连接法兰凹入墙面的尺寸。

（3）小便器挂墙后,出水口与连接法兰采用胶垫密封,用螺栓将小便器与连接法兰紧固。

（4）壁挂式小便器墙内暗管应为 DN50,管件口在墙面内 45mm 左右。暗管管口为小便器的中心线位置,离地面高度根据所选用的型号确定。

**7. 地漏的安装**

（1）地漏应安装在室内地面最低处,箅子顶面应低于地面 5mm,其水封高度不小于 50mm。

（2）地漏安装后应进行封堵,防止建筑垃圾进入排水管内。

（3）地漏箅子应拆下保管,待交工验收时进行安装,防止丢失。

**8. 卫生器具与给排水管的连接**

（1）卫生器具与支管连接应紧密、牢固,不漏,不堵。

（2）卫生器具支托架安装必须平整牢固,与器具接触应紧密。

(3)卫生器具安装完毕后,对每个器具都应进行24h盛水试验,要求面盆、水盘满水马桶水箱至溢水口,浴缸至1/3处,检查器具是否渗漏及损坏。

(4)卫生器材盛水试验后应做通水试验,检查器具给水、排水管路是否通畅,管路是否渗漏,器具和管道连接处是否渗漏,应保证无漏、无堵现象。

(5)卫生器具安装调试完毕后,应采取产品保护措施,防器具损坏及杂物入内堵塞。

(6)对卫生器具盛水、通水试验要做记录。

(四)卫生器具安装质量检验标准

**1. 卫生器具安装质量要求**

(1)卫生器具交工前应做满水和通水试验,满水后各连接件不渗、不漏;通水试验时给、排水畅通。

(2)排水栓和地漏的安装应平正、牢固,低于排水表面,周边无渗漏。地漏水封高度不得小于50mm。

(3)卫生器具给水配件应完好无损伤,接口严密,启闭部分灵活。

(4)卫生器具安装的允许偏差和检验方法应符合表7-13的规定。

表7-13　　　　　卫生器具安装的允许偏差和检验方法

| 项次 | 项目 | | 允许偏差/mm | 检验方法 |
|---|---|---|---|---|
| 1 | 坐标 | 单独器具 | 10 | 拉线、吊线和尺量检查 |
|   |     | 成排器具 | 5 |   |
| 2 | 标高 | 单独器具 | ±15 |   |
|   |     | 成排器具 | ±10 |   |
| 3 | 器具水平度 |  | 2 | 用水平尺和尺量检查 |
| 4 | 器具垂直度 |  | 3 | 吊线和尺量检查 |

注:本表摘自《建筑给水排水及采暖工程施工质量验收规范》(GB 50242—2002)。

(5)卫生器具给水配件安装标高的允许偏差和检验方法应符合表7-14的规定。

表7-14　　　　卫生器具给水配件安装标高的允许偏差和检验方法

| 项次 | 项目 | 允许偏差/mm | 检验方法 |
|---|---|---|---|
| 1 | 大便器高、低水箱角阀及截止阀 | ±10 | 尺量检查 |
| 2 | 水嘴 | ±10 |  |
| 3 | 淋浴器喷头下沿 | ±15 |  |
| 4 | 浴盆软管淋浴器挂钩 | ±20 |  |

注:本表摘自《建筑给水排水及采暖工程施工质量验收规范》(GB 50242—2002)。

(6)有饰面的浴盆应留有通向浴盆排水口的检修门;小便槽冲洗管应采用镀锌钢管或硬质塑料管。冲洗孔应斜向下方安装,冲洗水流同墙面成45°角。镀锌钢管钻孔后应进行二次镀锌。

(7)卫生器具的支、托架必须防腐良好,安装平整、牢固,与器具接触紧密、平稳。

(8)浴盆软管淋浴器挂钩的高度如设计无要求,应距地面1.8m。

**2. 卫生器具排水管道安装质量要求**

(1)与排水横管连接的各卫生器具的受水口和立管均应采取妥善可靠的固定措施;管道与楼板的结合部位应采取牢固可靠的防渗、防漏措施。

(2)连接卫生器具的排水管道接口应紧密不漏,其固定支架、管卡等支承位置应正确、牢固,与管道的接触应平整。

(3)卫生器具排水管道安装的允许偏差及检验方法应符合表7-15的规定。

表7-15　　　　卫生器具排水管道安装的允许偏差及检验方法

| 项次 | 检查项目 | | 允许偏差/mm | 检验方法 |
|---|---|---|---|---|
| 1 | 横管弯曲度 | 每1m长 | 2 | 用水平尺量检查 |
| | | 横管长度≤10m,全长 | <8 | |
| | | 横管长度>10m,全长 | 10 | |
| 2 | 卫生器具的排水管口及横支管的纵横坐标 | 单独器具 | 10 | 用尺量检查 |
| | | 成排器具 | 5 | |
| 3 | 卫生器具的接口标高 | 单独器具 | ±10 | 用水平尺和尺量检查 |
| | | 成排器具 | ±5 | |

注:本表摘自《建筑给水排水及采暖工程施工质量验收规范》(GB 50242—2002)。

(4)连接卫生器具的排水管管径和最小坡度,如设计无要求时,应符合表7-16的规定。

表7-16　　　　连接卫生器具的排水管管径和最小坡度

| 项次 | 卫生器具名称 | | 排水管管径/mm | 管道的最小坡度/‰ |
|---|---|---|---|---|
| 1 | 污水盆(池) | | 50 | 25 |
| 2 | 单、双格洗涤盆(池) | | 50 | 25 |
| 3 | 洗手盆、洗脸盆 | | 32~50 | 20 |
| 4 | 浴盆 | | 50 | 20 |
| 5 | 淋浴器 | | 50 | 20 |
| 6 | 大便器 | 高、低水箱 | 100 | 12 |
| | | 自闭式冲洗阀 | 100 | 12 |
| | | 拉管式冲洗阀 | 100 | 12 |
| 7 | 小便器 | 手动、自闭式冲洗阀 | 40~50 | 20 |
| | | 自动冲洗水箱 | 40~50 | 20 |
| 8 | 化验盆(无塞) | | 40~50 | 25 |
| 9 | 净身器 | | 40~50 | 20 |
| 10 | 饮水器 | | 20~50 | 10~20 |
| 11 | 家用洗衣机 | | 50(软管为30) | |

注:本表摘自《建筑给水排水及采暖工程施工质量验收规范》(GB 50242—2002)。

### 关键细节 16  排水栓和地漏安装质量控制要点

(1)瓷盆的排水栓下应涂油灰,盆底应垫好橡胶圈,用紧锁螺母紧固,使排水栓与瓷盆连接牢固且密封。水泥制作的盆槽,应将排水口仔细凿平,并在排水栓外涂上纸筋石灰水泥,在水槽下部用紧锁螺母锁紧。排水栓应低于盆槽底表面2mm,低于地表面5mm。

(2)地漏应安装在地面最低处,其箅子顶应低于地面5mm。地漏与地坪之间的孔洞应用细石混凝土仔细补洞,防止地面漏水。

(3)地面排水栓及地漏安装后,应采取措施将口密封,防止建筑垃圾落入堵塞管道。

### 关键细节 17  支架在基层上安装质量控制要点

(1)支架在混凝土墙上安装时,用墨线弹出准确坐标,打孔后直接使用膨胀螺栓固定支架。

(2)安装在砖墙上时,用规定的冲击钻头在已经弹出的坐标点上打出相应深度孔,放入燕尾螺栓,用不小于32.5强度等级的水泥捻牢。

(3)在轻质隔墙板上安装时,安装孔应打透墙体,在墙的另一侧增加薄钢板固定,但薄钢板必须嵌入墙内时,外表面与建筑装饰面抹平。

### 关键细节 18  卫生器具与排水管的连接处理

卫生器具与排水管的连接,凡不用下水栓而直接由卫生器具排水口与排水承口直接连接的,一般以纸筋水泥或油灰做密封填料。在器具排水口均匀涂抹,然后按画线正确就位。安装完后应用水冲洗器具,冲去可能进入管内的多余填料。

## 六、室内采暖系统安装

### (一)材料要求

(1)对进场材料进行质量验收,不符合要求的材料严禁使用。

(2)施工中使用的材料要有质保书或合格证,特殊产品应有技术文件。

(3)材料进场的要求:应按施工阶段分批进料。

### (二)技术要求

(1)设计图纸及其他技术文件齐全并经会审通过。

(2)有批准的施工方案或施工组织设计。

(3)对施工队伍进行技术交底,内容包括图纸、工艺、技术措施、质量标准、特殊材料及施工安全措施,同时做好书面记录。

### (三)室内采暖系统安装质量检验标准

**1. 管道及配件安装质量要求**

(1)当设计未注明时,管道安装坡度应符合下列规定:

1)汽、水同向流动的热水采暖管道和汽、水同向流动的蒸汽管道及凝结水管道,坡度应为3‰,不得小于2‰;

2)汽、水逆向流动的热水采暖管道和汽、水逆向流动的蒸汽管道,坡度应不小于5‰;

3)散热器支管的坡度应为1%,坡向应利于排汽和泄水。

(2) 采暖系统安装完毕,管道保温之前应进行水压试验。试验压力应符合设计要求。当设计未注明时,应符合下列规定:

1) 蒸汽、热水采暖系统,应以系统顶点工作压力加 0.1MPa 做水压试验,同时在系统顶点的试验压力不小于 0.3MPa。

2) 高温热水采暖系统,试验压力应为系统顶点工作压力加 0.4MPa。

3) 使用塑料管及复合管的热水采暖系统,应以系统顶点工作压力加 0.2MPa 做水压试验,同时在系统顶点的试验压力不小于 0.4MPa;使用钢管及复合管的采暖系统,应在试验压力下 10min 内压力降不大于 0.02MPa,降至工作压力后检查,不渗、不漏。

(3) 系统试压合格后,应对系统进行冲洗并清扫过滤器及除污器;系统冲洗完毕应充水、加热,进行试运行和调试。

(4) 补偿器的型号、安装位置及预拉伸和固定支架的构造及安装位置应符合设计要求。

根据设计图纸的要求进行检查,核对:

1) L 形伸缩器的长臂 L 的长度应为 20~50m,否则会使短臂移动量过大而失去作用;

2) Z 形补偿器的长度应控制在 40~50m 的范围内。

3) S 形伸缩器安装应进行隐蔽验收,记录伸缩器在拉伸前及拉伸后的长度值。监理(建设)单位现场专业人员应签认。

方形补偿器制作时,应用整根无缝钢管煨制,如需要接口,其接口应设在垂直臂的中间位置,且接口必须焊接方形补偿器,水平安装并与管道的坡度一致;如其臂长方向垂直安装,必须设排汽及泄水装置。

(5) 平衡阀及调节阀型号、规格、公称压力及安装位置应符合设计要求。安装完后应根据系统平衡要求进行调试并作出标志。

蒸汽减压阀和管道及设备上安全阀的型号、规格、公称压力及安装位置应符合设计要求。安装完毕后应根据系统工作压力进行调试并做出标志。

(6) 热量表、疏水器、除污器、过滤器及阀门的型号、规格、公称压力及安装位置应符合设计要求。

(7) 钢管管道焊口尺寸的允许偏差应符合相关规定。

(8) 采暖系统入口装置及分户热计量系统入户装置应符合设计要求。安装位置应便于检修、维护和观察。

(9) 散热器支管长度超过 1.5m 时,应在支管上安装管卡。上供下回式系统的热水干管变径应顶平偏心连接,蒸汽干管变径应底平偏心连接。在管道干管上焊接垂直或水平分支管道时,干管开孔所产生的钢渣及管壁等废弃物不得残留管内,且分支管道在焊接时不得插入干管内;膨胀水箱的膨胀管及循环管上不得安装阀门。当采暖热媒为 110~130℃ 的高温水时,管道可拆卸件应使用法兰,不得使用长丝和活接头。法兰垫料应使用耐热橡胶板。

焊接钢管管径大于 32mm 的管道转弯,在作为自然补偿时应使用煨弯。塑料管及复合管除必须使用直角弯头的场合外,应使用管道直接弯曲转弯。

(10) 管道、金属支架和设备的防腐和涂漆应附着良好,无脱皮、起泡、流淌和漏涂缺陷。

(11)采暖管道安装的允许偏差和检验方法应符合表7-17的规定。

表7-17　　　　　　采暖管道安装的允许偏差和检验方法

| 项次 | 项 目 | | 允许偏差 | 检验方法 |
|---|---|---|---|---|
| 1 | 横管道纵、横方向弯曲/mm | 每米 管径≤100mm | 1 | 用水平尺、直尺、拉线和尺量检查 |
| | | 每米 管径>100mm | 1.5 | |
| | | 全长(25m以上) 管径≤100mm | ≤13 | |
| | | 全长(25m以上) 管径>100mm | ≤25 | |
| 2 | 立管垂直度/mm | 每米 | 2 | 吊线和尺量检查 |
| | | 全长(5m以上) | ≤10 | |
| 3 | 弯管 | 椭圆率 $\dfrac{D_{max}-D_{min}}{D_{max}}$ 管径≤100mm | 10% | 用外卡钳和尺量检查 |
| | | 椭圆率 管径>100mm | 8% | |
| | | 褶皱不平度/mm 管径≤100mm | 4 | |
| | | 褶皱不平度/mm 管径>100mm | 5 | |

注：1. $D_{max}$、$D_{min}$分别为管子最大外径及最小外径。
2. 本表摘自《建筑给水排水及采暖工程施工质量验收规范》(GB 50242—2002)。

**2. 辅助设备、散热器及金属辐射板安装质量要求**

(1)散热器组对后,以及整组出厂的散热器在安装之前应做水压试验。如设计无要求,试验压力应为工作压力的1.5倍,但不小于0.6MPa。

(2)辐射板在安装前应做水压试验,如设计无要求,试验压力应为工作压力1.5倍,但不得小于0.6MPa。

(3)水平安装的辐射板应有不小于5‰的坡度坡向回水管,辐射板管道及带状辐射板之间的连接,应使用法兰。

(4)水泵、水箱、热交换器等辅助设备安装的质量检验与验收应按本章有关规定执行。

(5)散热器组对应平直紧密,组对后的平直度允许偏差应符合表7-18的规定。

表7-18　　　　　　组对后的散热器平直度允许偏差

| 项次 | 散热器类型 | 片　数 | 允许偏差/mm |
|---|---|---|---|
| 1 | 长翼型 | 2～4 | 4 |
| | | 5～7 | 6 |
| 2 | 铸铁片式 钢制片式 | 3～15 | 4 |
| | | 16～25 | 6 |

注：本表摘自《建筑给水排水及采暖工程施工质量验收规定》(GB 50242—2002)。

组对散热器的垫片应符合下列规定：
1)组对散热器垫片应使用成品,组对后垫片外露应不大于1mm；
2)当设计无要求时,散热器垫片材质应采用耐热橡胶拉线和尺量。

(6)散热器支架、托架安装,位置应准确,埋设牢固。散热器支架、托架数量应符合设计或产品说明书要求。如设计未注明时,应符合表 7-19 的规定。

表 7-19　　　　　　　　　　散热器支架、托架数量

| 项次 | 散热器型式 | 安装方式 | 每组片数 | 上部托钩或卡架数 | 下部托钩或卡架数 | 合计 |
|---|---|---|---|---|---|---|
| 1 | 长翼型 | 挂墙 | 2～4 | 1 | 2 | 3 |
| | | | 5 | 2 | 2 | 4 |
| | | | 6 | 2 | 3 | 5 |
| | | | 7 | 2 | 4 | 6 |
| 2 | 柱型柱翼型 | 挂墙 | 3～8 | 1 | 2 | 3 |
| | | | 9～12 | 1 | 3 | 4 |
| | | | 13～16 | 2 | 4 | 6 |
| | | | 17～20 | 2 | 5 | 7 |
| | | | 21～25 | 2 | 6 | 8 |
| 3 | 柱型柱翼型 | 带足落地 | 3～8 | 1 | — | 1 |
| | | | 8～12 | 1 | — | 1 |
| | | | 13～16 | 2 | — | 2 |
| | | | 17～20 | 2 | — | 2 |
| | | | 21～25 | 2 | — | 2 |

注:本表摘自《建筑给水排水及采暖工程施工质量验收规范》(GB 50242—2002)。

散热器背面与装饰后的墙内表面安装距离应符合设计或产品说明书要求。如设计未注明,应为 30mm 现场清点检查。

(7)铸铁或钢制散热器表面的防腐及面漆应附着良好,色泽均匀,无脱落、起泡、流淌和漏涂缺陷。

(8)散热器安装允许偏差和检验方法应符合表 7-20 的规定。

表 7-20　　　　　　　　　散热器安装允许偏差和检验方法

| 项次 | 项目 | 允许偏差/mm | 检验方法 |
|---|---|---|---|
| 1 | 散热器背面与墙内表面距离 | 3 | 尺量 |
| 2 | 与窗中心线或设计定位尺寸 | 20 | |
| 3 | 散热器垂直度 | 3 | 吊线和尺量 |

注:本表摘自《建筑给水排水及采暖工程施工质量验收规范》(GB 50242—2002)。

### 关键细节 19　钢管焊接连接质量控制要点

(1)焊接连接时,管道附件及管道的焊缝上不得开孔或连接支管。管道的对口焊接距离弯管的起弯点不得小于管子外径且不得小于 100mm,焊缝离支架边缘必须大于 50mm。

(2)钢管的焊接连接,可采用氧-乙炔气焊或电弧焊。DN50以下的管子可使用氧-乙炔气焊。大于DN50的管子宜使用电弧焊。

(3)管壁厚度大于或等于3mm必须有坡口,按V形坡口的组对要求,应留有1.5～2mm对口间隙,以保证焊透。气割的坡口,应除去表面氧化皮,并将影响焊接质量的高低不平处打磨平整。

(4)管子对口时,应使两根管子中心线在同一直线上,且不准强行对口焊接。管子对口时的错口偏差应不超过管壁厚度20%且不超过2mm。

(5)距管端15～20mm范围内的油污、铁锈等应清除干净。

### 关键细节20  管道采用法兰连接时应注意的问题

管道采用法兰连接时,法兰应垂直于管子中心线,用角尺找正法兰与管子垂直,管端插入法兰,插入深度为法兰厚度的1/2。法兰的内外面均需焊接,法兰内侧的焊缝不得凸出密封面,法兰焊接后内孔应光滑,法兰盘面上应平整。法兰在转配连接时,两法兰应相互平行。

### 关键细节21  伸缩器安装质量控制要点

(1)伸缩器规格应符合设计要求,应能满足管道热伸长的补偿量。伸缩器安装时应进行预拉伸,方形伸缩器一般取管道伸长量的50%;伸缩器安装时的预拉伸应做好预拉伸记录。

(2)伸缩器安装位置应符合设计要求并应按伸缩器种类设置好固定支架、滑动支架和导向支架。

(3)方形伸缩器安装在两个固定支架的中间,水平安装时应与管道坡度一致;垂直安装时热水管道应有排汽装置,蒸汽管道应有疏水装置。

(4)方形伸缩器两侧的第一只支架应为活动支架,不得设置导向支架,但在离起弯点6m以后,应设置至少一只导向支架。

(5)套管式伸缩器应按管道中心线安装,不得偏斜,其两侧的管道支架应采用导向支架。套管伸缩器的预拉伸量应符合设计规定。

### 关键细节22  管道保温处理要求

(1)当采用一种绝热制品,保温层厚度大于100mm,保冷层厚度大于80mm时,绝热层的施工应分层进行。

(2)绝热层拼缝时,拼缝宽度要求:

1)保温层不大于5mm;保冷层不大于2mm。

2)同层错缝,上下层压缝;角缝为封盖式搭缝。

(3)施工后的绝热层严谨覆盖设备铭牌。

(4)有保护层的绝热,对管路横向和纵向接缝搭接尺寸应不小于50mm,对设备的搭接尺寸宜为30mm。

## 第二节 通风与空调安装

### 一、风管系统安装

#### （一）风管安装技术要求

(1) 现场风管接口的配置不得缩小其有效截面。
(2) 支、吊架不得设置在风口、风阀、检查门及自控机构处。
(3) 如设计无要求，支、吊架的间距应符合下列规定：
1) 风管水平安装，直径或边长尺寸小于等于 400mm 的，间距应不大于 4m；大于 400mm 的，间距应不大于 3m。
2) 风管垂直安装，间距应不大于 4m，单根立管至少应有 2 个固定点。
3) 水平悬吊的主、干风管长度超过 20m 时应设置防止摆动的固定点，每个系统应不少于 1 个。
(4) 如设计无要求，法兰垫料的材质及厚度应按以下规定选择：
1) 输送空气温度低于 70℃ 的风管，应采用橡胶板、闭孔海绵橡胶板、密封胶带或其他孔弹性材料等。
2) 输送空气温度高于 70℃ 的风管，应采用石棉橡胶板等。
3) 输送含有腐蚀性介质气体的风管，应采用耐酸橡胶板或软聚氯乙烯板等。
4) 输送产生凝结水或含有蒸汽的潮湿空气的风管，应采用橡胶板或闭孔海绵橡胶板等。
(5) 法兰垫片的厚度宜为 3~5mm，法兰截面尺寸小的取小值，截面尺寸大的取大值。无法兰连接的垫片应为 4~5mm，垫片应与法兰齐平，不得凸入管内。连接法兰的螺栓应均匀拧紧，达到密封的要求，连接螺栓的螺母应在同一侧。
(6) 风管及部件穿墙、过楼板或屋面时，应设预留孔洞，尺寸和位置应符合设计要求。
穿出屋面的风管超过 1.5m 时应设拉索，拉索应镀锌或用钢丝绳。拉索不得固定在风管法兰上，严禁拉在避雷针或避雷网上。
(7) 柔性短管的安装应松紧适度，不得扭曲。可伸缩性的金属或非金属软风管（指接管如从主管接出到风口的短支管）的长度不宜超过 2m 并不应有死弯及塌凹。
(8) 保温风管的支、吊架宜设在保温层的外部并不得破坏保温层。

#### （二）风管安装质量检验标准

(1) 在风管穿过需要封闭的防火、防爆的墙体或楼板时，应设预埋管或防护套管，其钢板厚度应不小于 1.6mm。风管与防护套管之间应用不燃且对人体无危害的柔性材料封堵。
(2) 风管安装必须符合下列规定：
1) 风管内严禁其他管线穿越；
2) 输送含有易燃、易爆气体或安装在易燃、易爆环境的风管系统应有良好的接地，通过生活区或其他辅助生产房间时必须严密并不得设置接口。

3)室外立管的固定拉索严禁拉在避雷针或避雷网上。

(3)输送空气温度高于80℃的风管,应按设计规定采取防护措施。

(4)风管部件安装必须符合下列规定:

1)各类风管部件及操作机构的安装,应能保证其正常的使用功能并便于操作。

2)斜插板风阀的安装,阀板必须为向上拉启;水平安装时,阀板还应为顺气流方向插入。

3)止回风阀、自动排气活门的安装方向应正确。

(5)手动密闭阀安装,阀门上标志的箭头方向必须与受冲击波方向一致。

(6)净化空调系统风管的安装还应符合下列规定:

1)风管、静压箱及其他部件必须擦拭干净,做到无油污和浮尘,当施工停顿或完毕时,端口应封好。

2)法兰垫料应为不产尘、不易老化和具有一定强度和弹性的材料,厚度为5~8mm,不得采用乳胶海绵;法兰垫片应尽量减少拼接,并不允许直缝对接连接,严禁在垫料表面涂涂料。

3)风管与洁净室吊顶、隔墙等围护结构的接缝处应严密。

(7)集中式真空吸尘系统的安装应符合下列规定:

1)真空吸尘系统弯管的曲率半径应不小于4倍管径,弯管的内壁面应光滑,不得采用褶皱弯管;

2)真空吸尘系统三通的夹角不得大于45°;四通制作应采用两个斜三通的做法。

(8)风管系统安装完毕后,应按系统类别进行严密性检验,漏风量应符合设计与其他相关规定。风管系统的严密性检验应符合下列规定:

1)低压系统风管的严密性检验应采用抽检方法,抽检率为5%且不得少于1个系统。在加工工艺得到保证的前提下采用漏光法检测。检测不合格时,应按规定的抽检率做漏风量测试;中压系统风管的严密性检验,应在漏光法检测合格后,对系统漏风量测试进行抽检,抽检率为20%,且不得少于1个系统;高压系统风管的严密性检验,为全数进行漏风量测试。系统风管严密性检验的被抽检系统,全数合格的视为通过;如有不合格,应再加倍抽检,直至全数合格。

2)净化空调系统风管的严密性检验,1~5级的系统按高压系统风管的规定执行;6~9级的系统按规定进行严密性测试。

(9)风管的安装应符合下列规定:

1)风管安装前应清除内、外杂物并做好清洁和保护工作。

2)风管安装的位置、标高、走向应符合设计要求。现场风管接口的配置不得缩小其有效截面。

3)连接法兰的螺栓应均匀拧紧,其螺母宜在同一侧。

4)风管接口的连接应严密、牢固。风管法兰的垫片材质应符合系统功能的要求,厚度应不小于3mm。垫片应不凸入管内,亦不宜突出法兰外。

5)柔性短管的安装应松紧适度,无明显扭曲。

6)可伸缩性金属或非金属软风管的长度不宜超过2m,并不应有死弯或塌凹。

7)风管与砖、混凝土风道的连接接口,应顺着气流方向插入并应采取密封措施。风管穿出屋面处应设有防雨装置。

(10)无法兰连接风管的安装还应符合下列规定:

1)风管的连接处应完整无缺损,表面应平整,无明显扭曲。

2)承插式风管的四周缝隙应一致,无明显的弯曲或褶皱;内涂的密封胶应完整,外粘的密封胶带应粘贴牢固、完整无缺损。

3)薄钢板法兰形式风管的连接,弹性插条、弹簧夹或紧固螺栓的间隔应不大于150mm且分布均匀,无松动现象。

4)插条连接的矩形风管,连接后的板面应平整、无明显弯曲。

(11)风管的连接应平直、不扭曲。明装风管水平安装,水平度的允许偏差为3/1000,总偏差应不大于20mm。明装风管垂直安装,垂直度的允许偏差为2/1000,总偏差应不大于20mm。暗装风管的位置应正确、无明显偏差;除尘系统的风管宜垂直或倾斜敷设,与水平夹角宜大于或等于45°,小坡度和水平管应尽量短。

对含有凝结水或其他液体的风管,坡度应符合设计要求并在最低处设排液装置。

(12)风管支、吊架的安装应符合下列规定:

1)风管水平安装,直径或长边尺寸小于等于400mm的,间距应不大于4m;大于400mm的,间距应不大于3m。螺旋风管的支、吊架间距可分别延长至5m和3.75m;对于薄钢板法兰的风管,其支、吊架间距应不大于3m。

2)风管垂直安装,间距应不大于4m,单根直管至少应有2个固定点。

3)风管支、吊架宜按国标图集与规范选用强度和刚度相适应的形式和规格。直径或边长大于2500mm的超宽、超重等特殊风管的支、吊架应按设计规定进行施工。

4)支、吊架不宜设置在风口、阀门、检查门及自控机构处,离风口或插接管的距离不宜小于200mm。

5)当水平悬吊的主、干风管长度超过20m时,应设置防止摆动的固定点,每个系统应不少于1个。

6)吊架的螺孔应采用机械加工。吊杆应平直,螺纹完整、光洁。安装后各副支、吊架的受力应均匀,无明显变形;风管或空调设备使用的可调隔振支、吊架的拉伸或压缩量应按设计的要求进行调整。

7)抱箍支架,折角应平直,抱箍应紧贴并箍紧风管。安装在支架上的圆形风管应设托座和抱箍,其圆弧应均匀且与风管外径相一致。

(13)不锈钢板、铝板风管与碳素钢支架的接触处应有隔绝或防腐绝缘措施。

(14)非金属风管的安装还应符合下列规定:

1)风管连接两法兰端面应平行、严密,法兰螺栓两侧应加镀锌垫圈。

2)应适当增加支、吊架与水平风管的接触面积。

3)硬聚氯乙烯风管的直段连续长度大于20m,应按设计要求设置伸缩节;支管的重量不得由干管来承受,必须自行设置支、吊架。

4)风管垂直安装,支架间距应不大于3m。

(15) 复合材料风管的安装还应符合下列规定：
1) 复合材料风管的连接处,接缝应牢固,无孔洞和开裂。当采用插接连接时,接口应匹配、无松动,端口缝隙应不大于 5mm。
2) 采用法兰连接时,应有防冷桥的措施。
3) 支、吊架的安装宜按产品标准的规定执行。
(16) 净化空调系统风口安装还应符合下列规定：
1) 风口安装前应清扫干净,其边框与建筑顶棚或墙面间的接缝处应加设密封垫料或密封胶,应不漏风。
2) 带高效过滤器的送风口,应采用可分别调节高度的吊杆。集中式真空吸尘系统的安装应符合下列规定：
1) 吸尘管道的坡度宜为 5/1000,并坡向立管或吸尘点。
2) 吸尘嘴与管道的连接,应牢固、严密。
(17) 各类风阀应安装在便于操作及检修的部位,安装后的手动或电动操作装置应灵活、可靠,阀板关闭应保持严密。

防火阀直径或长边尺寸大于等于 630mm 时,宜设独立支、吊架。

排烟阀(排烟口)及手控装置(包括预埋套管)的位置应符合设计要求。预埋套管不得有死弯及瘪陷。

除尘系统吸入管段的调节阀宜安装在垂直管段上。
(18) 风帽安装必须牢固,连接风管与屋面或墙面的交接处应不渗水。
(19) 排、吸风罩的安装位置应正确,排列整齐,牢固可靠。
(20) 风口与风管的连接应严密、牢固,与装饰面相紧贴;表面平整、不变形,调节灵活、可靠。条形风口的安装,接缝处应衔接自然,无明显缝隙。同一厅室、房间内的相同风口的安装高度应一致,排列应整齐。

明装无吊顶的风口,安装位置和标高偏差应不大于 10mm;风口水平安装,水平度的偏差应不大于 3/1000;风口垂直安装,垂直度的偏差应不大于 2/1000。

### 🎯 关键细节 23　支吊架预埋件和膨胀螺栓固定要点

(1) 预埋铁件的埋入部分不得涂刷红丹漆式沥青等防腐涂料,且预埋铁件上的铁锈和油污必须清除。
(2) 采用膨胀螺栓固定支、吊架时必须根据所承受的负荷认真选用。
(3) 安装膨胀螺栓必须先在墙、屋顶等砖体或混凝土层上钻一个与膨胀螺栓套管直径和长度相同的孔洞。在考虑支架的施工方案时,必须了解建筑物的结构情况。

### 🎯 关键细节 24　风管连接密封处理要点

风管连接的密封处理要点有以下几方面：
(1) 通风、空调系统应根据输送各类不同介质和空气的温度选用法兰垫片材质。
(2) 法兰垫片的厚度应根据风管壁厚及系统要求的密闭程度决定,一般为 3～5mm。
(3) 垫片不能凸入风管内,否则它将会减少风管的有效截面并增加系统的噪声、积尘和阻力。因此在连接风管前,垫片必须按法兰上的孔洞位置冲眼;在安装过程中将垫片眼对准法兰孔并穿上螺栓,防止垫片凸入风管或错位;安装过程中不得将风管强拉硬撑,保证垫片不产生移位面,准确放在法兰中间位置。

(4)紧固法兰连接螺母时,为保证连接后的严密性,螺母必须对称紧固均匀受力,不能成排或沿圆周一个挨一个地紧固,而且螺母应在法兰的同一侧,使外观整齐美观,也便于紧固。

### 🎯 关键细节 25　如何进行风管的调平与调直

(1)支、吊、托架应按设计或规范要求的间距等距离排列,但遇有风口、风阀等部件,应适当错开一定距离。支、吊、托架的预埋件或膨胀螺栓的位置应正确牢固。各吊杆或支架的标高调整后应保持一致;对于有坡度要求的风管,其标高按其坡度保持一致。

(2)圆形风管用法兰管口翻边宽度调整风管的同心度。矩形风管可调整或更换法兰,使其对角线相等,并保证风管表面和平整度控制在5~10mm范围内。

(3)在进行风管平整度检验时,对矩形风管应在横向拉线,用尺量其凹凸的高度;对圆形风管应纵向拉线,用尺量其凹凸的高度。

(4)法兰与风管垂直度可按实际偏差情况来处理。如偏差较小,可用增加法兰垫片厚度并掌握法兰螺母拧紧度来调整;如偏差较大,法兰则需要返工重新找方,翻边铆接。

(5)法兰互换性差,可对螺栓孔进行扩孔处理,一般可扩大1~2mm。如误差过大,则另行钻孔。

(6)法兰平整度差,可用增大法兰垫片厚度进行调整,但增厚的法兰垫片必须保证完整性,对接的垫片必须用密封胶黏接,以保证风管连接后的严密性。施工时各个螺栓的螺母必须保持松紧度一致。

### 🎯 关键细节 26　百叶风口安装质量控制要点

(1)为保证组装后的叶片的水平或垂直,外框叶片轴孔必须同心,在外框钻孔或冲孔时,应采用样板等加工方式。

(2)百叶风口的叶片必须调节灵活又不能松动,以便气流长期作用从而改变气流方向。因此在铆接叶片时应掌握松紧程度。如铆接过紧,可连续扳动叶片使其稍为松动;铆接过松时,可再次铆紧。

(3)为避免叶片与外框间隙过小而产生碰擦现象,应在制作过程中考虑留有一定的间隙,并保持外框和叶片的平整度。

(4)如百叶风口装配后涂刷油漆,有可能叶片或活动轴被油漆黏牢,影响叶片的调节,所以在涂刷时应特别注意,或者可以改变一下涂刷的程序,即在装配前进行。

### 🎯 关键细节 27　柔性短管安装质量控制要点

(1)柔性短管的长度不宜过长,一般为150~250mm。

(2)柔性短管一般的材质是厚质帆布和人造革等。输送潮湿空气或安装在潮湿环境的柔性短管应选用涂胶帆布;输运腐蚀性气体的柔性短管应选用耐酸橡胶或软聚氯乙烯板;输送洁净空气的应选用里面光滑、不产尘、不透气的材料(如软橡胶板、人造革、涂胶帆布等),其结合缝应牢固可靠。

(3)为保证柔性短管在系统运转过程中不扭曲,应安装得松紧适度。对于装在风机的吸入端的柔性短管,可安装得稍紧些,防止风机运转时被吸入,减小柔性短管的截面尺寸。在安装过程中,不能将柔性短管作为找平找正的连接管或异径管来使用。

## 二、通风与空调设备安装

### (一)通风机安装质量检验标准

(1)通风机的安装应符合下列规定:

1)型号、规格应符合设计规定,其出口方向应正确;

2)叶轮旋转应平稳,停转后不应每次停留在同一位置上;

3)固定通风机的地脚螺栓应拧紧并有防松动措施。

(2)通风机传动装置的外露部位以及直通大气的进、出口,必须装设防护罩(网)或采取其他安全设施。

(3)通风机叶轮转子与机壳的组装位置应正确;叶轮进风口插入风机机壳进风口或密封圈的深度应符合设备技术文件的规定,或为叶轮外径值的1/100。

(4)现场组装的轴流风机叶片安装角度应一致,达到在同一平面内运转,叶轮与筒体之间的间隙应均匀,水平度允许偏差为1/1000。

(5)安装隔振器的地面应平整,各组隔振器承受荷载的压缩量应均匀,高度误差应小于2mm。

(6)安装风机的隔振钢支、吊架,其结构形式和外形尺寸应符合设计或设备技术文件的规定;焊接应牢固,焊缝应饱满、均匀。

(7)通风机安装的允许偏差和检验方法应符合表7-21的规定。

表 7-21　　　　　　　　　通风机安装的允许偏差

| 项次 | 项目 | | 允许偏差 | 检验方法 |
| --- | --- | --- | --- | --- |
| 1 | 中心线的平面位移 | | 10mm | 经纬仪或拉线和尺量检查 |
| 2 | 标高 | | ±10mm | 水准仪或水平仪、直尺、拉线和尺量检查 |
| 3 | 皮带轮轮宽中心平面偏移 | | 1mm | 在主、从动皮带轮端面拉线和尺量检查 |
| 4 | 传动轴水平度 | | 纵向 0.2/1000<br>横向 0.3/1000 | 在轴或皮带轮0°和180°的两个位置上,用水平仪检查 |
| 5 | 联轴器 | 两轴芯径向位移 | 0.05mm | 在联轴器互相垂直的四个位置上,用百分表检查 |
| | | 两轴线倾斜 | 0.2/1000 | |

注:本表摘自《通风与空调工程施工质量验收规范》(GB 50243—2002)。

### (二)通风系统设备安装质量检验标准

(1)除尘器的安装应符合下列规定:

1)型号、规格、进出口方向必须符合设计要求。

2)现场组装的除尘器壳体应做漏风量检测,在设计工作压力下允许漏风率为5%,其中离心式除尘器为3%。

(2)布袋除尘器、电除尘器的壳体及辅助设备接地应可靠。

(3)静电空气过滤器金属外壳接地必须良好。

(4)电加热器的安装必须符合下列规定：

1)电加热器与钢构架间的绝热层必须为不燃材料；接线柱外露的应加设安全防护罩。

2)电加热器的金属外壳接地必须良好。

3)连接电加热器的风管的法兰垫片应采用耐热不燃材料。

(5)过滤吸收器的安装方向必须正确，并应设独立支架，与室外的连接管段不得泄漏。

(6)除尘器部件及阀的安装：

1)除尘器的活动或转动部件的动作应灵活、可靠，并应符合设计要求。

2)除尘器的排灰阀、卸料阀、排泥阀的安装应严密，并便于操作与维护修理。

(7)除尘器的安装位置应正确、牢固平稳，允许误差应符合相关规定。

(8)现场组装的静电除尘器的安装，还应符合设备技术文件及下列规定：

1)阳极板组合后的阳极排平面度允许偏差为5mm，其对角线允许偏差为10mm。

2)阴极小框架组合后主平面的平面度允许偏差为5mm，其对角线允许偏差为10mm。

3)阴极大框架的整体平面度允许偏差为15mm，整体对角线允许偏差为10mm。

4)阳极板高度小于或等于7m的电除尘器，阴、阳极间距允许偏差为5mm。阳极板高度大于7m的电除尘器，阴、阳极间距允许偏差为10mm。

5)振打锤装置的固定应可靠；振打锤的转动应灵活。锤头方向应正确；振打锤头与振打砧之间应保持良好的线接触状态，接触长度应大于锤头厚度的0.7倍。

(9)现场组装布袋除尘器的安装，还应符合下列规定：

1)外壳应严密、不漏，布袋接口应牢固。

2)分室反吹袋式除尘器的滤袋安装必须平直。每条滤袋的拉紧力应保持在25～35N/m；与滤袋连接接触的短管和袋帽应无毛刺。

3)机械回转扁袋袋式除尘器的旋臂转动应灵活可靠，净气室上部的顶盖，应密封不漏气，旋转应灵活无卡阻现象；

4)脉冲袋式除尘器的喷吹孔应对准文氏管的中心，同心度允许偏差为2mm。

(10)消声器的安装应符合下列规定：

1)消声器安装前应保持干净，做到无油污和浮尘。

2)消声器安装的位置、方向应正确，与风管的连接应严密，不得有损坏与受潮。两组同类型消声器不宜直接串联。

3)现场安装的组合式消声器，消声组件的排列、方向和位置应符合设计要求。单个消声器组件的固定应牢固。

4)消声器、消声弯管均应设独立支、吊架手扳。

(11)空气过滤器的安装应符合下列规定：

1)安装平整、牢固，方向正确。过滤器与框架、框架与围护结构之间应严密无穿透缝。

2)框架式或粗效、中效袋式空气过滤器的安装，过滤器四周与框架应均匀压紧，无可见缝隙，并应便于拆卸和更换滤料。

3)卷绕式过滤器的安装,框架应平整、展开的滤料,应松紧适度、上下筒体应平行。

(12)蒸汽加湿器的安装应设置独立支架并固定牢固;接管尺寸正确、无渗漏。

(13)空气风幕机的安装、位置方向应正确、牢固可靠,纵向垂直度与横向水平度的偏差均应不大于2/1000。

(14)防尘器安装允许偏差和检验方法见表7-22。

表7-22　　　　　　除尘器安装允许偏差和检验方法

| 项次 | 项目 | | 允许偏差/mm | 检验方法 |
| --- | --- | --- | --- | --- |
| 1 | 平面位移 | | ≤10 | 用经纬仪或拉线、尺量检查 |
| 2 | 标高 | | ±10 | 用水准仪、直尺、拉线和尺量检查 |
| 3 | 垂直度 | 每米 | ≤2 | 吊线和尺量检查 |
| | | 总偏差 | ≤10 | |

注:本表摘自《通风与空调工程施工质量验收规范》(GB 50243—2002)。

### (三)空调系统设备安装质量检验标准

(1)空调机组的安装应符合下列规定:

1)型号、规格、方向和技术参数应符合设计要求;

2)现场组装的组合式空气调节机组应做漏风量的检测,其漏风量必须符合现行国家标准《组合式空调机组》(GB/T 14294)的规定。

(2)静电空气过滤器金属外壳接地必须良好。

(3)干蒸汽加湿器的安装,蒸汽喷管应不朝下(观察检查、全数检查)。

(4)组合式空调机组及柜式空调机组的安装应符合下列规定:

1)组合式空调机组各功能段的组装,应符合设计规定的顺序和要求;各功能段之间的连接应严密,整体应平直。

2)机组与供回水管的连接应正确,机组下部冷凝水排放管的水封高度应符合设计要求。

3)机组应清扫干净,箱体内应无杂物、垃圾和积尘。

4)机组内空气过滤器(网)和空气热交换器翅片应清洁、完好。

(5)空气处理室的安装应符合下列规定:

1)金属空气处理室壁板及各段的组装位置应正确,表面平整,连接严密、牢固。

2)喷水段的本体及其检查门不得漏水,喷水管和喷嘴的排列、规格应符合设计的规定。

3)表面式换热器的散热面应保持清洁、完好。当用于冷却空气时,在下部应设有排水装置,冷凝水的引流管或槽应畅通,冷凝水不外溢。

4)表面式换热器与围护结构间的缝隙,以及表面式热交换器之间的缝隙,应封堵严密。

5)换热器与系统供回水管的连接应正确且严密不漏。

(6)单元式空调机组的安装应符合下列规定:

1)分体式空调机组的室外机和风冷整体式空调机组的安装,固定应牢固、可靠;除应满足冷却风循环空间的要求外,还应符合环境卫生保护有关法规的规定。

2)分体式空调机组的室内机的位置应正确,并保持水平,冷凝水排放应畅通。管道穿墙处必须密封,不得有雨水渗入。

3)整体式空调机组管道的连接应严密、无渗漏,四周应留有相应的维修空间。

(7)转轮式换热器安装的位置、转轮旋转方向及接管应正确,运转应平稳。

(8)转轮去湿机安装应牢固,转轮及传动部件应灵活、可靠,方向正确;处理空气与再生空气接管应正确;排风水平管须保持一定的坡度并坡向排出方向。

(9)蒸汽加湿器的安装应设置独立支架并固定牢固;接管尺寸正确、无渗漏。

### (四)净化空调设备安装质量检验标准

(1)空调机组的安装应符合下列规定:

1)型号、规格、方向和技术参数应符合设计要求;

2)现场组装的组合式空气调节机组应做漏风量的检测,其漏风量必须符合现行国家标准《组合式空调机组》(GB/T 14294)的规定。

(2)净化空调设备的安装应符合下列规定:

1)净化空调设备与洁净室围护结构相连的接缝必须密封;

2)风机过滤器单元(FFU 与 FMU 空气净化装置)应在清洁的现场进行外观检查,目测不得有变形、锈蚀、漆膜脱落、拼接板破损等现象;在系统试运转时,必须在进风口处加装临时中效过滤器作为保护。

(3)高效过滤器应在洁净室及净化空调系统进行全面清扫和系统连续试车 12h 以上后,在现场拆开包装并进行安装。

安装前需进行外观检查和仪器检漏。目测不得有变形、脱落、断裂等破损现象;仪器抽检检漏应符合产品质量文件的规定。

检漏合格后立即安装,其方向必须正确。安装后的高效过滤器四周及接口应严密不漏;在调试前应进行扫描检漏。

(4)静电空气过滤器金属外壳接地必须良好。

(5)干蒸汽加湿器安装时蒸汽喷管应不朝下(观察检查、全数检查)。

(6)洁净室空气净化设备的安装应符合下列规定:

1)带有通风机的气闸室、吹淋室与地面间应有隔振垫;

2)机械式余压阀安装时阀体、阀板的转轴均应水平,允许偏差为 2/1000。余压阀的安装位置应在室内气流的下风侧,并应不在工作面高度范围内;

3)传递窗的安装应牢固、垂直,与墙体的连接处应密封。

(7)装配式洁净室的安装应符合下列规定:

1)洁净室的顶板和壁板(包括夹芯材料)应为不燃材料。

2)洁净室的地面应干燥、平整,平整度允许偏差为 1/1000。

3)壁板的构配件和辅助材料的开箱,应在清洁的室内进行,安装前应严格检查其规格和质量。壁板应垂直安装,底部宜采用圆弧或钝角交接;安装后的壁板之间、壁板与顶板间的拼缝应平整严密,墙板的垂直允许偏差为 2/1000,顶板水平度的允许偏差与每个单间的几何尺寸的允许偏差均为 2/1000。

4)洁净室吊顶在受荷载后应保持平直,压条全部紧贴。洁净室壁板若为上、下槽形板,其接头应平整、严密;组装完毕的洁净室所有拼接缝(包括与建筑的接缝)均应采取密封措施,应不脱落且密封良好。

(8)洁净层流罩的安装应符合下列规定:
1)应设独立的吊杆并有防晃动的固定措施;
2)层流罩安装的水平度允许偏差为1/1000,高度的允许偏差为±1mm;
3)层流罩安装在吊顶上,其四周与顶板之间应设有密封及隔振措施。

(9)风机过滤器单元(FFU、FMU)的安装应符合以下规定:
安装后的FFU风机过滤器单元应保持整体平整,与吊顶衔接良好。风机箱与过滤器之间的连接正确,过滤器单元与吊顶框架间应有可靠的密封措施。

(10)高效过滤器的安装应符合下列规定:
1)高效过滤器采用机械密封时,须采用密封垫料,其厚度为6~8mm,并定位贴在过滤器边框上,安装后垫料的压缩应均匀,压缩率为25%~50%。
2)采用液槽密封时,槽架安装应水平,不得有渗漏现象,槽内无污物和水分,槽内密封液高度宜为2/3槽深。密封液的熔点宜高于50℃。

### 关键细节28  通风机安装对叶轮旋转与转动装置的要求

通风机叶轮旋转的静平衡应做不少于三次盘动,叶轮每次应不停留在原来的位置上并不得碰壳。

通风机转动装置的外漏部位以及直通大气的进口、出口必须设置防护罩或防护网或采用其他的安全设施。

风幕机底板或支架的安装应牢固,整机安装前应检查叶轮是否有碰壳现象,机壳应接地。

### 关键细节29  减振器组装质量控制要点

在减振器组装过程中,如发现弹簧中心线与水平面不垂直、不同心,一般应采用在弹簧盒内的底部加斜垫铁来消除。如偏差过大,不易调整,应更换合格产品。

减振器应按设计或标准图的要求布置,应做到各减振器受力均匀。为避免引起耦合振动,减振器的布置尽量对称于设备的主惯性轴,或布置在设备重心的平面内,以使各减振器受力均匀,变形量相等。如安装在设备下的各减振器变形量不相等,应移动减振器,以使其变形量相等,使减振器上的设备重心与减振器垂直方向刚度中心重合。

如减振器的规格尺寸选用不当,应根据生产厂家的样本、使用说明书的选用方法进行核对,并选用合适的减振器。

### 关键细节30  旋风式除尘器安装质量控制要点

(1)严格控制其圆度偏差在5‰以内。为减少筒体内气流的阻力,提高除尘效率,筒体内外表面应平整光滑,弧度均匀。

(2)为提高离心除尘的作用,在展开下料时应做到旋风除尘器的进风口短管平直,并与筒体内壁形成切线方向。

(3)为减少除尘器与风管连接时的偏差,除尘器的出风口应平直,并须使出风口短管与筒体同心,其偏差不得大于2mm。

(4)螺旋导流板在焊接时应垂直于筒体,而且螺距要均匀一致。

(5)为提高除尘器的除尘效果,除尘器的集尘箱、检查口及所有法兰连接处,在连接时必须严密,不得漏气。

### 关键细节 31　水膜除尘器安装时对喷嘴的处理要求

水膜除尘器的喷嘴应同向等距离排列,喷嘴与水管应连接严密,保证液膜或液滴的完整、正常,防止含尘气流短路,避免排出的清洁气体夹带水分和增加气流的阻力。

除尘器必须做到内壁光滑,不能有突出的横向接缝,焊缝应设在外筒体的外壁上。

### 关键细节 32　组装式空调器安装质量控制要点

(1)空调器的框架和壁板应采取模具化生产,使各部位的尺寸准确一致,并在允许的偏差范围,如框架和壁板的外形尺寸偏差过大,即使在组装过程中修整,也难以达到满意的效果。经常采用密封胶现场堵漏。

(2)组装式空调器安装的顺序:一般是先将喷水室段、水表面冷却器段及直接蒸发表面冷却器段按设计的施工图定位,然后向两端安装其余空气处理段,段体与段体之间应根据生产厂家提供的组装方式(如螺栓连接或法兰连接等)连接,其接缝应采用6~8mm厚的闭孔海绵橡胶板垫片密封。为了防止密封垫片歪斜或脱落,应将其一面用黏合剂黏接在一个段体的法兰上。

(3)为了防止壁板与框架连接得不严密而漏风,壁板与框架等部件之间应垫闭孔海绵橡胶压条,并用带有弹簧垫圈的螺丝紧固,防止在运行中松动。

(4)空调器应组装在平整的基础上,基础的水泥砂浆抹面必须平整,其不平整度应不大于2mm。

### 关键细节 33　洁净系统安装质量控制要点

(1)洁净系统安装前,在施工现场将风管两端封闭塑料薄膜打开,再一次将风管内后来带入的灰尘进行擦拭。系统安装完毕或暂停安装时,必须将风管的开口处封闭,防止灰尘进入。

(2)洁净系统的风管、配件和部件必须采用不易起尘、积尘和便于清扫的材料制作。因此,对于采用普通碳素钢制作的零件,应镀锌或进行其他防锈蚀处理。

(3)在各工种交叉施工的情况下,应保持施工作业场地的清洁。施工组织应严格按风管的制作、油漆、安装和保温等工序合理进行,做到精心安排,严格遵守。应编制施工程序的安装计划,确保洁净工程的施工质量。

### 关键细节 34　洁净系统风管的密封要求

(1)洁净系统薄钢板风管的咬口形式,如设计无特殊要求,一般采用咬口缝隙较小的单咬口、转角咬口及联合角咬口较好。按扣式咬口漏风量较大,如采用必须做好密封处理。

(2)洁净系统的风管在制作过程中,施工人员应认真操作,风管的咬口缝必须达到连续、紧密、宽度均匀,无孔洞、半咬口及胀裂等现象。

(3)风管的咬口缝、铆钉孔及风管翻边的四个角必须用密封胶进行密封。风管翻边的四个角,如孔洞较大,用密封胶难于封闭,必须用焊锡焊牢。密封胶应采用对金属不腐蚀、流动性好、固化快、富于弹性及遇到潮湿不易脱落的产品。在涂抹密封胶时,为保证密封胶与金属薄板粘接牢固,涂抹前必须将密封处的油污擦洗干净。

### 三、空调制冷系统安装

#### (一)制冷设备检查

(1)用油封的活塞制冷机,如在技术文件规定期限内,外观完整,机体无损伤和锈蚀等现象,可仅拆卸缸盖、活塞、汽缸内壁、吸排气阀、曲轴箱等,并清洗干净。油系统应畅通,检查紧固件是否牢固并更换曲轴箱的润滑油。如在技术文件规定期限外,或机体有损伤和锈蚀等现象,则必须全面检查,并按设备技术文件规定拆洗装配,调整各部位间隙并做好记录。

(2)充入保护气体的机组在设备技术文件规定期限内,外观完整和氮封压力无变化的情况下不做内部清洗,仅做外表擦洗。如需清洗时,严禁混入水气。

(3)制冷系统中的浮球阀和过滤器均应检查和清洗。

#### (二)空调制冷系统安装质量检验标准

(1)制冷设备与制冷附属设备的安装应符合下列规定:

1)制冷设备、制冷附属设备的型号、规格和技术参数必须符合设计要求,并具有产品合格证书、产品性能检验报告。

2)设备安装的位置、标高和管口方向必须符合设计要求。用地脚螺栓固定的制冷设备或制冷附属设备,其垫铁的放置位置应正确、接触紧密;螺栓必须拧紧并有防松动措施。

(2)设备的混凝土基础必须进行质量交接验收,合格后方可安装。

(3)直接膨胀表面式冷却器的外表应保持清洁、完整,空气与制冷剂应呈逆向流动;表面式冷却器与外壳四周的缝隙应堵严,冷凝水排放应畅通。

(4)燃油系统的设备与管道,以及储油罐及日用油箱的安装,位置和连接方法应符合设计与消防要求。

燃气系统设备的安装应符合设计和消防要求。调压装置、过滤器的安装和调节应符合设备技术文件的规定,且应可靠接地。

(5)制冷设备的各项严密性试验和试运行的技术数据,均应符合设备技术文件的规定。对组装式的制冷机组和现场充注制冷剂的机组,必须进行吹污、气密性试验、真空试验和充注制冷剂检漏试验,其相应的技术数据必须符合产品技术文件和有关现行国家标准、规范的规定。

(6)制冷系统管道、管件和阀门的安装应符合下列规定:

1)制冷系统的管道、管件和阀门的型号、材质及工作压力等必须符合设计要求,并应具有出厂合格证、质量证明书。

2)法兰、螺纹等处的密封材料应与管内的介质性能相适应。

3)制冷剂液体管不得向上装成"Ω"形。气体管道不得向下装成"Ω"形(特殊回油管除外);液体支管引出时,必须从干管底部或侧面接出;气体支管引出时,必须从干管顶部或侧面接出;有两根以上的支管从干管引出时,连接部位应错开,间距应不小于2倍支管直径,且不小于200mm。

4)制冷机与附属设备之间制冷剂管道的连接,其坡度与坡向应符合设计及设备技术文件要求。当设计无规定时,应符合表7-23的规定。

表7-23　　　　　　　　　制冷剂管道坡度、坡向

| 管道名称 | 坡向 | 坡度 |
| --- | --- | --- |
| 压缩机吸气水平管(氟) | 压缩机 | ≥10/1000 |
| 压缩机吸气水平管(氨) | 蒸发器 | ≥3/1000 |
| 压缩机排气水平管 | 油分离器 | ≥10/1000 |
| 冷凝器水平供液管 | 储液器 | (1~3)/1000 |
| 油分离器至冷凝器水平管 | 油分离器 | (3~5)/1000 |

注:本表摘自《通风与空调工程施工质量验收规范》(GB 50243—2002)。

5)制冷系统投入运行前,应对安全阀进行调试校核,其开启和回座压力应符合设备技术文件的要求。

(7)燃油管道系统必须设置可靠的防静电接地装置,其管道法兰应采用镀锌螺栓连接或在法兰处用铜导线进行跨接,且结合良好。

(8)燃气系统管道与机组的连接不得使用非金属软管。燃气管道的吹扫和压力试验应为压缩空气或氮气,严禁用水。当燃气供气管道压力大于0.005MPa时,焊缝的无损检测的执行标准应按设计规定。当设计无规定且采用超声波探伤时,应全数检测,以质量不低于Ⅱ级为合格。

(9)氨制冷剂系统管道、附件、阀门及填料不得采用铜或铜合金材料(磷青铜除外),管内不得镀锌。氨系统的管道焊缝应进行射线照相检验,抽检率为10%,以质量不低于Ⅲ级为合格。在不易进行射线照相检验操作的场合,可用超声波检验代替,以不低于Ⅱ级为合格。

(10)输送乙二醇溶液的管道系统,不得使用内镀锌管道及配件。

(11)制冷管道系统应进行强度、气密性试验及真空试验,且必须合格。

(12)制冷机组与制冷附属设备的安装应符合下列规定:

1)制冷设备及制冷附属设备安装位置、标高的允许偏差,应符合表7-24的规定。

表7-24　　　　制冷设备与制冷附属设备安装允许偏差和检验方法

| 项次 | 项目 | 允许偏差/mm | 检验方法 |
| --- | --- | --- | --- |
| 1 | 平面位移 | 10 | 经纬仪或拉线和尺量检查 |
| 2 | 标高 | ±10 | 水准仪或经纬仪、拉线和尺量检查 |

注:本表摘自《通风与空调工程施工质量验收规范》(GB 50243—2002)。

2)整体安装的制冷机组,其机身纵、横向水平度的允许偏差为1/1000,并应符合设备技术文件的规定。

3)制冷附属设备安装的水平度或垂直度允许偏差为1/1000,并应符合设备技术文件

的规定。

4)采用隔振措施的制冷设备或制冷附属设备,其隔振器安装位置应正确;各个隔振器的压缩量应均匀一致,偏差应不大于2mm。

5)设置弹簧隔振的制冷机组,应设有防止机组运行时水平位移的定位装置。

(13)模块式冷水机组单元多台并联组合时,接口应牢固且严密不漏。连接后机组的外表应平整、完好,无明显扭曲。

(14)燃油系统油泵和蓄冷系统载冷剂泵的安装,纵、横向水平度允许偏差为1/1000,联轴器两轴芯轴向倾斜允许偏差为0.2/1000,径向位移为0.05mm。

(15)制冷系统管道、管件的安装应符合下列规定:

1)管道、管件的内外壁应清洁、干燥;铜管管道支吊架的型式、位置、间距及管道安装标高应符合设计要求,连接制冷机的吸、排气管道应设单独支架;管径小于等于20mm的铜管道,在阀门处应设置支架;管道上下平行敷设时,吸气管应在下方。

2)制冷剂管道弯管的弯曲半径应不小于3.5D(管道直径),其最大外径与最小外径之差应不大于0.08D,且应不使用焊接弯管及皱褶弯管。

3)制冷剂管道分支管应按介质流向弯成90°弧度与主管连接,不宜使用弯曲半径小于1.5D的压制弯管。

4)铜管切口应平整,不得有毛刺、凹凸等缺陷,切口允许倾斜偏差为管径的1‰,管口翻边后应保持同心,不得有开裂及皱褶,并应有良好的密封面。

(16)管道焊接。

1)采用承插钎焊焊接连接的铜管,其插接深度应符合表7-25的规定,承插的扩口方向应面向介质流向。当采用套接钎焊焊接连接时,其插接深度应不小于承插连接的规定;采用对接焊缝组对管道的内壁应齐平,错边量不大于0.1倍壁厚,且不大于1mm。

表7-25　　　　　　承插式焊接的铜管承口的扩口深度表　　　　　　mm

| 铜管规格 | ≤DN15 | DN20 | DN25 | DN32 | DN40 | DN50 | DN65 |
|---|---|---|---|---|---|---|---|
| 承插口的扩口深度 | 9～12 | 12～15 | 15～18 | 17～20 | 21～24 | 24～26 | 26～30 |

注:本表摘自《通风与空调工程施工质量验收规范》(GB 50243—2002)。

2)管道穿越墙体或楼板时,管道的支吊架和钢管的焊接按有关规定执行。

(17)制冷系统阀门的安装应符合下列规定:

1)位置、方向和高度应符合设计要求。

2)水平管道上的阀门的手柄应不朝下;垂直管道上的阀门手柄应朝向便于操作的地方。

3)自控阀门安装的位置应符合设计要求。电磁阀、调节阀、热力膨胀阀、升降式止回阀等的阀头均应向上;热力膨胀阀的安装位置应高于感温包,感温包应装在蒸发器末端的回气管上,与管道接触良好,绑扎紧密。

4)安全阀应垂直安装在便于检修的位置,其排气管的出口应朝向安全地带,排液管应装在泄水管上。

(18)制冷剂阀门安装前应进行强度和严密性试验。强度试验压力为阀门公称压力的

1.5倍,时间不得少于5min;严密性试验压力为阀门公称压力的1.1倍,持续时间30s不漏为合格。合格后应保持阀体内干燥。阀门进、出口封闭破损或阀体锈蚀的还应进行解体清洗。

(19)制冷系统的吹扫排污应采用压力为0.6MPa的干燥压缩空气或氮气,以浅色布进行。

检查5min,无污物为合格。系统吹扫干净后,应将系统中阀门的阀芯拆下清洗干净。

### 关键细节35  制冷剂管道安装质量控制要点

(1)氟利昂压缩机的吸气水平管应坡向压缩机,坡度为4‰～5‰;排气管坡向油分离器,坡度为1‰～2‰。氨压缩机的吸气水平管应坡向蒸发器,坡度大于等于3‰;排气管应坡向氨油分离器,坡度大于或等于1‰。

(2)液态制冷剂支道应从干管的底部或侧面接出;气态制冷剂支管应从干管的顶部或侧面接出,这样才可避免气液混杂,减少流动阻力。

(3)高低温管道竖向布置时,热管应设在冷管上部。冷管与支架接触处应设置与保温层厚度相同的硬质保温瓦块或经过防腐处理的木垫,以免形成"冷桥"。

### 关键细节36  热力膨胀阀安装质量控制要点

(1)热力膨胀阀不同于一般截止阀,阀头应向上竖直安装,制冷剂应上进下出,即上为入口,下为出口。

(2)感温包一般安装在水平面气管道的上方,回气管径大于$\phi 25mm$,可装在回气管下侧45°位置,防止回气管道中积存制冷剂或冷冻油,影响热力膨胀阀的正常动作。

(3)空调机组是非满式蒸发器,常使用热力膨胀阀以保证从蒸发器出来的低压气态制冷剂具有一定的过热度。因此,热力膨胀阀的开度必须在系统运转时适中。

### 关键细节37  油浸过滤器安装质量控制要点

(1)金属网格油浸过滤器系统试运转前应用清洗剂或热碱水清洗干净,晾干后再浸上10号或20号机油,以增加过滤效能和减少空气通过过滤器的阻力。

(2)安装油浸过滤器时,应做到并列过滤器之间,过滤器与空调器箱体之间接缝严密。特别是并排过滤器安装,过滤器与过滤器之间的接缝缝隙应根据实际情况进行封闭,不能将污染空气漏过。

### 关键细节38  自动卷绕式过滤器安装与调整要点

(1)组装在空调器内的自动卷绕式过滤器,在组装空调器各空气处理段箱体时,应找平找正,以便过滤器框架处于平整状态。

(2)自动卷绕式过滤器的上滤料筒和下滤料筒在组装时必须调整到上、下滤料筒相互平行,否则会造成滤料走偏的现象。

(3)将成卷的无纺布滤料架装在上滤料筒上,然后拉下滤料装在下滤料筒上,下滤料筒转动而带动滤料进行卷绕。为保证下滤料筒卷绕的滤料不走偏,成卷的滤料必须卷绕得松紧一致。

(4)一般过滤器的无纺布的阻力增加至250Pa时,压差调节器控制电机的接点动作。因此在过滤器投入运转前,必须校验和调整,使压差调节器动作灵活、可靠。

## 关键细节39  如何进行压缩机负荷试车

压缩机符合试车要注意以下几方面问题：

(1) 压缩机冷却水的进水温度应不超过35℃，出水温度应不超过40℃。

(2) 压缩机各运转摩擦部件温度不得超过65℃。

(3) 压缩机轴封温度不得超过65℃。填料式轴封漏油量不超过每分钟10滴，机械密封漏油量不超过每小时10滴。

(4) 压缩机的吸气温度较蒸发温度高3～12℃；压缩机的排气温度为70～135℃。

(5) 压缩机的排气压力：氨不得超过1.5MPa，氟利昂—12不得超过1.1Ma。

吸气压力：氨不得超过0.4MPa，氟利昂—12不得超过0.35MPa。

(6) 压缩机的吸气管道和阀门应结干霜，汽缸不得结霜。

(7) 压缩机的油压：有卸载装置的，油压比吸气压力高0.15～0.3MPa；无卸载装置的，油压比吸气压力高0.05～0.15MPa。油面不宜低于指示器的1/3。

(8) 压缩机在运转中，只能有轻微的阀片起落声，不得有敲击声和其他杂音，无激烈的振动现象。

(9) 压缩机本身安全阀的管路是凉的，如发热则安全阀不严，有泄漏现象发生。

# 参考文献

[1] 张大春,金孝权.建筑工程质量员继续教育培训教材[M].北京:中国建筑工业出版社,2009.

[2] 全国建筑企业项目经理培训教材编写委员会.施工项目质量与安全管理[M].北京:中国建筑工业出版社,2002.

[3] 中国建筑工业出版社.新版建筑工程施工质量验收规范汇编[M].修订版.北京:中国建筑工业出版社,中国计划出版社,2003.

[4] 国家标准.GB 50203—2011 砌体结构工程施工质量验收规范[S].北京:中国建筑工业出版社,2012.

[5] 国家标准.GB 50208—2011 地下防水工程施工质量验收规范[S].北京:中国建筑工业出版社,2012.

[6] 《建筑施工手册》(第四版)编写组.建筑施工手册[M].4版.北京:中国建筑工业出版社,2003.